KB048424

유전자
스위치

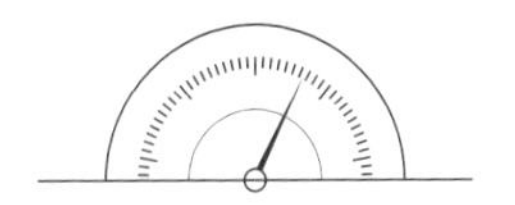

유전자 스위치

The Gene Switch

장연규 지음

히포크라테스

일러두기

1. 본문의 용어 설명은 저자가 생물학 교재에 근거하여 각주로 표기했다.
2. 본문에서 단행본은『 』로, 저널은《 》로 구분했다.
3. 본문에 실린 모든 그림과 표는 가공 또는 재가공해 수록했고, 그림과 표의 출처가 있는 경우 참고문헌에 별도로 표기했다.
4. 참고문헌에서 국내서는 위의 약물을 따랐으며, 국외서의 단행본·저널은 이탤릭체로 구분했다.

추천의 글

다윈과 멘델이 구축한 진화와 유전학의 튼튼한 기초 위에 라마르크의 정교함이 더해지다

장수철
연세대학교 학부대학 교수,
『아주 특별한 생물학 수업』 저자

멘델이 분리의 법칙, 독립의 법칙 등 가장 중요하고도 기본적인 유전법칙을 발견하면서 유전 현상에 관한 한 대부분이 규명되는 듯 보였습니다. 그런데 조금 생각해 보면, 한 사람에게서 발견되는 어떤 세포든 유전자와 유전정보를 담고 있는 유전체를 똑같이 가지고 있는데 어떻게 200여 가지의 세포가 출현할 수 있는지 설명이 필요함을 알 수 있습니다. 일란성 쌍둥이가 태어난 직후나 자란 이후 서로 다른 이유도 그렇고요. 바로 이 빈틈을 후성유전학이 훌륭하게 설명해 냅니다.
인간을 포함한 모든 생물의 유전체는 복잡하고 변화무쌍한 환경에 대응하여 필요한 때에 필요한 만큼 유전자를 사용할 수 있도록 여러 방식으로 조절할 수 있게 만들어져 왔습니다. 수많은 생물학자가 이에 관한 연구를 거듭했고, 후성유전학에 이르러 거의 마지막 퍼즐이 맞춰지고 있는 듯합니다. 다윈과 멘델이 구축한 진화와 유전학의 튼튼한 기초 위에 라마르크의 정교함이 더해졌다고 할까요. 요컨대 생명체는 유전자의 변이를 만들어 자손에게 전달하면서 환경의 변화에 적응하기도 하지만 이미 있는 유전자를 활용하는 방식으로도 환경 변화에 대응한다고 볼 수 있습니다. 그러니까 후성유전학은 암, 노화, 유전병, 생체시계 등의 생명 현상을 설명하는 것은 물론이고 진화의 설명 범위를 더 넓힌 것입니다.

이 책에는 보기 좋고 알기 쉬운 그림이 많이 보입니다. 독자의 이해를 돕기 위한 비유도 발견됩니다. 후성유전학 자체를 ON/OFF 스위치로 비유한 것, 성염색체를 분자저울로 설명한 것이 대표적입니다. 이런 시도는 저자가 자신의 지적 재산을 얼마나 사람들과 나누고 싶어 하는지를 엿볼 수 있게 합니다. 저자가 대학에서 학생들이 교과 내용에 하나라도 더 쉽게 다가갈 수 있도록 노력하는 모습과 다르지 않습니다.

저자는 자신의 오랜 연구 경험과 해박한 지식을 바탕으로 여러분께 후성유전학 이야기를 해주길 원했습니다. 저자는 긴 시간 동안 글을 고치고 다듬어 이 책을 냈습니다. 그 결과 이 책은 비교적 쉽고 재미있습니다. 아마 독자 여러분께서는 후성유전학을 이해하는 데에서 더 나아가 이 책을 즐길 수 있을 것입니다.

알기 쉽게 설명한 후성유전학 안내서

최광민
연세대학교 시스템생물학과 교수

장연규 교수는 효모에서 시작해 인간 배아줄기세포에 이르기까지 유전자 발현의 후성유전학적 조절을 연구하고 나아가 암 줄기세포의 특성을 분석하는 일선의 현장 연구자입니다. 또한 장 교수는 연세대 우수강의교수상을 수상한 열정적인 교육자이기도 합니다. 『유전자 스위치』는 장 교수가 자신이 대학에서 해온 강의를 바탕으로 쓴 책입니다. 일반인에게 다소 어려운 개념을 전문성을 잃지 않으면서도 알기 쉽게 설명한 후성유전학의 안내서라 할 수 있습니다.

유전학은 대중 서적에서 다루기 까다로운 주제입니다. 한데 장 교수는 유전학의 층위에서 작동하는 후성유전학의 원리에 관해 여러 연구 사례를 차근차근 인용하면서 그 기능과 의미를 명료하게 설명해 냅니다. 후성유전학 연구가 본격적으로 시작된 지 20여 년이 지났지만, 국내에는 대학 교과서를 제외하고 아직 적절한 소개서가 없는 실정입니다. 이 책이 전공 학생과 일반 독자에게 진지한 도움이 되길 바랍니다.

서문

'유전genetics'은 흔히 쓰는 익숙한 말입니다. 그러나 유전과 깊은 관련이 있는 '후성유전epigenetics'은 처음 듣는 말이라 낯설게 느끼시는 분들도 있을 것입니다. 여러분이 보편적으로 알고 있는 유전학 지식에 따르면 우리의 형질을 결정하는 요인은 보통 부모로부터 물려받은 DNAdeoxyribonucleic acid일 것입니다. 많은 생명 현상을 유전학 지식으로 설명할 수 있지만 유전학만으로는 설명할 수 없는 생명 현상도 분명히 존재하고 있습니다. 이 미스터리 생명 현상에 대한 해답을 찾으려는 노력으로 탄생한 학문이 후성유전학입니다.

후성유전학은 전통적인 유전학과 불가분의 관계를 가진 파생 학문이기 때문에 완전히 새로운 학문 분야라고 볼 수만은 없습니다. 1940년대에 후성유전이라는 개념을 받아들이기 시작한 이후, 최근에야 학문적으로 급격하게 성장하기 시작했고 아직 중등교육 현장에는 도입되지 못한 상황입니다. 1915년에 발표된 상대성 이론이 거의 100년이 지나서야 우리나라 고등학교 물리 교과서에 실렸듯이 중등교육에서 후성유전학을 다루려면 시간이 좀 더 필요할 것으로 보입니다. 미국과 유럽에서는 현재 후성유전 분야의 책들이 활발하게 출판되고 있습니다. 대학 교재와 전문가용 도서뿐만 아니라 일반 독자를 위한 교양서까지 있을 정도입니다. 그러나 우리나라에서는 전공자를 위한 책들은 어느 정도 출간되고 있다지만 일반 교양서는 거의 찾아보기 힘들 지경이라 안타까웠습니다. 이 같은 까닭에, 후성유전의 중요성을 우리나라에도 널리 알리고 싶어 후성유전학 강의 경험을 토대로 일반인들도 쉽게 읽고 이해할 수 있을 만한 교양서 수준의 책을 쓰고자 용기를 냈습니다.

이 책은 총 12개의 장으로 구성되어 있습니다. 1장에서는 후성유전학이 기존의 유전학과 어떤 차이가 있는지와 장 바티스트 라마르크Jean-Baptiste Lamarck[1744-1829]의 획득형질 유전이 확인된 예를 설명했습니다. 음식, 약물, 화학물질 등의 환경 요인은 생식세포를 포함한 모든 세포에 후성유전 변화를 새긴다는 사실을 초파리나 설치류를 통한 연구에서 알게 되었습니다. 세포에 새겨진 후성유전적 변화는 개체의 형질 변화를 일으키며, 특히 생식세포에 새겨진 후성유전적 변화는 자손에게 대물림됩니다. 즉 후성유전으로 획득된 형질이 자손에게 유전된다는 것을 다루었습니다. 또한 유아기에 겪은 경험으로 생긴 후성유전적 변화는 뇌에 각인되며, 생식세포에 생긴 변화가 아님에도 불구하고 자손에게 유전되는 신기한 현상도 일어납니다. 인간의 경험이 뇌에 각인된다는 것은 사춘기 이전의 성장 환경과 교육 환경이 중요하다는 사실을 과학적인 근거로 설명해 줍니다. 시사하는 바가 적지 않아 상세하게 다루었습니다.

2장부터 5장까지에서는 후성유전의 흥미로운 예를 추가로 소개했습니다. 일란성 쌍둥이의 형질 차이와 여러 유형의 세포가 탄생하는 원리 등이 그 내용입니다. 이를 통해 후성유전학의 기본 지식과 개념을 이해할 수 있을 것이며, 같은 유전자를 가지고 태어난 일란성 쌍둥이의 삶이 달라지는 이유를 이해할 수 있게 될 것입니다. 특히 5장에서는 후성유전학의 전체 개념을 완성도 있게 다루었습니다. 6장과 7장에서는 유전학과 전통적인 유전의 틀을 깨는 생명 현상을 소개하면서 후성유전학에 대한 이해의 폭을 넓히려고 했습니다. 여기서는 후반부에서 다룰 후성유전의 원리를 이해하는 데 도움이 되도록, 유전자만으로는 설명되지 않는 미스터리한 생명 현상과 개체 형질 몇 가지를 간략하게 다루었습니다. 후반부인 8장부터 11장까지에는 후성유전학의 원리와 적용 사례를 좀 더 상세하게 실었고, 12장에서는 후성유전학의 원리를 의학 분야에 적용할 수 있는 가능성에 대해 다루었습니다.

후반부의 내용은 분자 수준의 원리까지 다루고 있어 다소 어렵게 느끼실 수도 있습니다. 그렇다면 분자 수준의 작동 원리를 설명한 부분을 건너뛰고 기본 원리와 적용 사례를 서술한 부분만 읽어도 후성유전학의 기본 개념을 이해하는 데에는 도움이 될 것입니다. 생물학 용어나 지식에 생소한 독자라면 우선 각 장의 앞부분부터 읽어서 기본 흐름을 이해한 후에 전체 내용을 읽기를 권해드립니다. '나가며'에서는 후성유전학의 중요성과 전망, 우리 생활에 미칠 영향 그리고 후성유전학으로부터 얻을 수 있는 메시지 등에 대한 생각을 정리했습니다. 마지막 에필로그에서는 본문에서 다루지 못한 주제와 후성유전학의 최신 동향 중에서 흥미로운 내용을 간단하게나마 소개했습니다. 이 책이 후성유전학에 관한 대중의 이해를 넓히는 데 조금이라도 도움이 되기를 소망합니다.

Contents

2부

같은 DNA, 다른 운명

3부

후성유전으로 풀어낸 생명 현상

4부

새롭게 밝혀진 질환의 원인, 후성유전 오류

1부

후성유전이란?

1 라마르크의 귀환, 후성유전

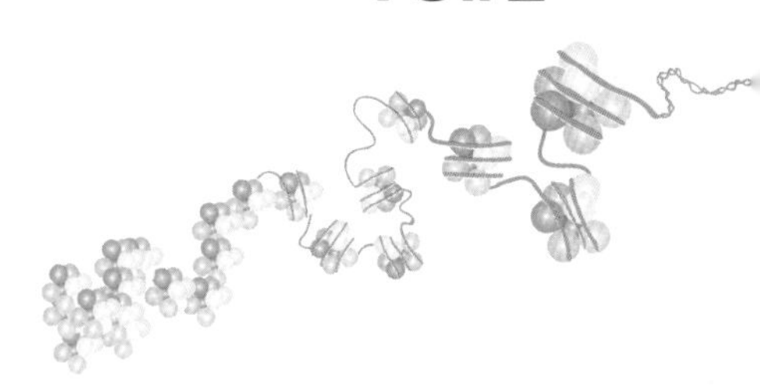

최초의 생명체가 어떻게 생겨났는지, 단세포 생물이 어떤 과정을 통해 현재의 다양한 생물종으로 변화되었는지, 생물이 진화하는 방식은 구체적으로 무엇인지에 대한 답을 얻기 위해 사람들은 끊임없이 노력해 왔습니다. 라마르크와 찰스 다윈Charles Darwin(1809-1882)의 진화론에 대한 논쟁, 그레고어 멘델Gregor Mendel(1822-1884)의 유전법칙 발견, 로절린드 프랭클린Rosalind Franklin(1920-1958)과 제임스 왓슨James Watson(1928-) 그리고 프랜시스 크릭Francis Crick(1916-2004)의 DNA 구조 발견과 같은 위대한 업적들이 쌓인 덕분에 생명 현상에 대해 우리는 많은 것을 알게 된 것입니다.

생명체의 형질을 결정하는 것은 부모로부터 물려받은 DNA라는 유전물질에서 기인합니다. 그렇기에 일란성 쌍둥이는 똑같은 DNA를 가지고 태어났으므로 같은 형질을 가질 것으로 기대되는 것이죠. 태어나자마자 서로 다른 나라로 입양되어 완전히 다른 환경에서 성장한 쌍둥이가 성인이 되어 만났다고 가정해 봅시다. 두 사람은 얼굴 모습, 체형,

식습관, 취미 등에서 닮은 점이 있다는 사실을 확인하게 될 것입니다. 우리는 다른 환경에서 자란 쌍둥이의 형질이 닮은 이유를 잘 알고 있습니다. 일란성 쌍둥이의 DNA가 똑같다는 사실을 알고 있기 때문입니다. 그런데 한 가정에서 자란 일란성 쌍둥이라고 하더라도 형질이 완전히 같지 않고 약간의 차이가 있다는 사실 또한 우리는 경험적으로 알고 있습니다. 같은 DNA를 가지고 있음에도 불구하고 서로 다른 형질을 가지게 되는 이유는 무엇일까요? 오랫동안 그 해답을 찾으려고 노력한 사람들 덕분에 후성유전학의 개념이 정립되었습니다.

2001년 동물 복제기술로 탄생한 제1호 복제 고양이인 CCCopycat는 체세포를 공여한 고양이인 레인보Rainbow와 똑같은 DNA를 가지고 있습니다. 형질이 DNA에 의해서만 결정되는 것이라면 CC의 형질은 레인보의 것과 같아야 할 것입니다. 그러나 CC의 형질은 레인보의 형질과 달랐습니다. 복제 고양이 연구를 통해 생물체의 형질을 결정하는 요소에는 DNA 외에도 다른 것이 있음을 확인한 것입니다. 물론 DNA는 형질의 결정에 가장 큰 영향을 주는 요소가 틀림없습니다. 다만 그것 이외에도 다른 요소가 더 존재한다는 이야기가 되는 것입니다. 가장 쉽게 떠올릴 수 있는 요소는 환경 요인입니다. 계절에 따라 털갈이를 통해 털의 색깔을 바꾸는 북극여우, 체온이 낮은 부위와 체온이 높은 부위의 털 색깔이 다른 샤미즈 고양이 등은 환경이 형질에 영향을 준 예라고 할 수 있습니다. 이렇게 유전자와 환경 요인이 생명체의 형질을 결정하는 요소라는 것을 밝혀냈지만 이후, 이것만으로는 설명할 수 없는 미스터리가 생물학자들에 의해 다수 발견되었습니다.

생물학자들의 노력에도 불구하고 미스터리에 대한 해답은 오랫동안 찾을 수 없었습니다. 1990년대에 들어 후성유전학의 개념과 지식이 정립되기 시작하면서 미해결 상태였던 미스터리를 풀 새로운 가능성이 보이기 시작했습니다. 전통적인 유전학에 따르면 우리의 형질을 결정하는 것은 부모로부터 물려받은 DNA일 것입니다. 물론 DNA 속의 유전정보가 형질을 결정하는 가장 중요한 요소임에는 이론의 여지가 없습니다. 그러나 DNA가 형질을 결정하는 유일한 요소라고 한다면 일란성 쌍둥이의 형질은 완전히 일치해야만 합니다. 그러나 앞에서 언급한 것처럼 일란성 쌍둥이라고 해도 분명히 형질의 차이가 존재한다는 점을 우리는 알고 있습니다.

후성유전학은 유전학으로 설명할 수 없는 이런 미스터리에 관한 해답을 제공하는 학문입니다. 게놈 프로젝트Genome project로 밝혀진 바에 따르면 DNA에는 엄청난 양의 유전정보가 들어 있다고 합니다. 또한 우리 몸에는 DNA 속의 유전정보 중에서 어떤 것을 사용할 것인지 또는 사용하지 않을 것인지를 결정하는 조절 시스템이 존재한다고 합니다. 이 시스템이 바로 '후성유전 조절 시스템'이라고 할 수 있습니다. 후성유전 조절 시스템은 DNA의 유전정보를 읽어내는 과정에서 유전자별로 사용 여부를 결정하는 역할을 합니다. 일란성 쌍둥이는 같은 DNA를 가지고 있지만 후성유전 조절 시스템이 똑같이 작동하지는 않습니다. 이렇게 후성유전 조절 시스템의 작동에 차이가 생기면 아무리 같은 DNA를 가지고 있어도 형질이 달라지게 되는 것입니다.

후성유전 조절 시스템은 수정란의 발생단계에서 매우 중요한 역할을 합니다. 한 개의 세포인 수정란이 발생을 통해 200여 개의 서로 다른 세포 유형을 만들어낼 수 있는 핵심 원리가 되기 때문입니다. 피부, 근육, 신경 등에 들어 있는 세포들은 서로 다른 특징을 보입니다. 모두 똑같은 DNA를 가지고 있지만 후성유전 조절 시스템이 작동하여 특정 유전자만 기능하도록 했기에 그렇게 되는 것입니다. 후성유전 조절 시스템이 없었다면 생명체는 매우 단순한 모양이었을 것입니다. 다시 말해서 인간과 같은 복잡한 생명체가 탄생할 수 있었던 것은 후성유전 조절 시스템 덕분이라고 할 수 있습니다.

일반적으로 유전이라 함은 부모의 DNA가 자식 세대로 전달되는 세대 간 유전을 말합니다. 반면에 후성유전은 기본적으로 우리 몸을 구성하는 체세포에 새겨진 후성유전적 변화가 모세포에서 딸세포로 전달되는 세포 간 유전을 의미합니다. 하지만 흥미롭게도 생식세포에 새겨진 후성유전적 정보는 세대 간에 유전되기도 합니다. DNA가 아닌 후성유전 조절 시스템에 새겨진 정보도 유전될 수 있으며, 후성유전 조절 시스템이 환경의 영향을 받는다는 것도 조금씩 밝혀지고 있습니다. 후성유전학의 등장으로 다윈의 진화론에 가려졌던 라마르크의 가설이 재조명되기 시작한 것입니다.

라마르키언, 라마르크의 후계자들

'라마르크와 다윈'은 진화론 논쟁에서 빼놓을 수 없는 생물학자들입니다. 두 사람은 다양한 생물종이 존재하게 된 이유에 대해 각각 획기적인 해석을 내놓았지만 학자로서의 운명은 상반되게 갈렸습니다. 다윈의 진화론에 대한 해석은 독보적이었으며, 생물학자들만 아니라 일반 대중들의 지지까지도 받았습니다. 다윈은 지금까지도 전 세계에 그 명성을 떨치고 있죠. 그러나 라마르크의 진화론에 대한 해석은 안타깝게도 평가절하 되었고 대중의 지지 또한 제대로 받지 못했습니다. 심지어 라마르크는 목이 길어진 기린 얘기로 사람들에게 조롱과 놀림의 대상이 되었습니다. 이렇게 꽤 오래전부터 많은 사람들이 라마르크를 실패한 생물학자로 기억하고 있습니다만, 후성유전학이 대두된 현재 시점에서는 두 과학자의 주장을 다시 살펴볼 필요가 있습니다.

위에 언급한 두 진화론을 비교하기 전에 다윈 진화론의 최대 약점을 간략히 알아보고, 이를 해결하는 데 후성유전 원리가 어떻게 기여할 수 있는지 짚어보고자 합니다. 다윈 진화론에서 환경 조건이 변하여 자연선택이 일어나기 전에 유전자 돌연변이로 인해 집단 내 개체들의 표현형이 다양해지는 것이 중요합니다. 그런데 이런 돌연변이는 자연계에서 매우 낮은 빈도로 일어나므로 집단의 유전적 다양성 확보가 어렵다는 한계가 있습니다. 하지만 후성유전적 변화 중 DNA 메틸화는 생체 내 자발적 화학반응의 결과로, 상당히 쉽게 다른 DNA 염기서열로 변화하여 높은 빈도로 돌연변이를 초래할 수 있습니다. 이는 자연발생적 유전자 돌연변이 빈도로 설명하기 어려운 집단의 유전적 다양성 확보 문제를 DNA 메틸화와 같은 후성유전적 변화로 해결될 수 있다는 희망을 주는 것이죠. 더 나아가 라마르크의 획득형질 유전을 설명하는 데도 도움을 줄 수 있습니다. 즉 생식세포에 발생하는 DNA 메틸화 같은 후성유전적 변화는 유전자 돌연변이로 쉽게 귀결되기 때문에, 후천적 노력으로 획득한 형질이 생식세포를 통해 안정적으로 자손에게 대물림될 수 있는 것입니다. 이는 환경 요인에 대한 노출이나 후천적 노력이 후성유전적 변화를 통해 새로운 형질을 획득하게 할 수 있으며, 심지어 돌연변이로도 전환되어 유전자를 바꿀 수 있다는 것을 시사합니다. 따라서 우리가 살아가면서 환경 요인을 선택하고 이를 극복하려는 노력이 타고난 유전자를 바꾸고 더 나아가 우리 운명을 바꿀 수도 있다는 점을 말해줍니다.

먼저 다윈의 자연선택설을 살펴봅시다. 생명체에는 자연발생적으로 다양한 돌연변이가 생기게 마련입니다. 돌연변이 형질의 대부분은 생물체에 도움이 되지 못하며, 오히려 건강한 삶을 방해하는 경우가 더 많습니다. 생명체의 생존을 위협하는 심각한 돌연변이가 일어나면 해당 개체는 도태되어 사라지는 것이 자연스러운 현상일 것입니다. 평소와 다른 극한 상황이 닥쳐서 생존이 위협받는 상황이라고 가정해 봅시다. 운이 좋게도 극한 상황을 이겨내는 데 도움이 될 돌연변이 형질이 집단 내에 있다면 그 생물종은 살아남을 확률이 높아질 것입니다. 목이 닿는 높이의 가지에는 나뭇잎이 남아 있지 않고 매우 높은 가지에만 나뭇잎이 남아 있어서 굶어 죽을 상황에 놓인 기린 집단을 가정해 봅시다. 집단 내에 이 상황을 극복할 돌연변이 형질이 없다면 멸종할 것이고, 운이 좋게도 집단 내에 목이 더 긴 돌연변이 기린이 있다면 멸종하지 않을 것입니다. 대부분 굶어 죽겠지만 목이 긴 돌연변이 기린은 높은 가지의 나뭇잎을 먹고 살아남을 것이기 때문입니다. 그렇게 살아남은 기린은 목이 긴 돌연변이 형질을 계속 가지고 있다가 다음 세대에 전해주게 될 것입니다. 다윈의 이론은 이 과정을 통해 목이 짧은 기린이 목이 긴 기린으로 진화했다고 설명합니다.

반면에 라마르크는 용불용설用不用說과 획득형질의 유전을 주장했습니다. 생명체가 환경의 변화를 겪으면 변화에 적응하여 생존하려고 노력하는데, 이 과정에서 집단 속의 일부 개체가 생존에 유리한 유전자 돌연변이를 유도하는 데 성공하게 된다는 것입니다. 다시 말해서 라마르크의 가설은 적응진화론이라 할 수 있겠습니다. 극한 환경에 적응하는 데 필요한 유전자의 돌연변이가 유도된 개체는 생존에 유리한 형질을 획득하게 되며, 이렇게 생존한 개체는 생식을 통해 새로운 획득형질을 자손에게 전달할 것입니다. 즉 기린의 목이 닿기 힘든 곳에만 먹이가 남아 있는 환경에서 높은 나뭇가지에 달린 잎사귀를 먹으려고 열심히 노력하다 보니 기린의 목이 길어지는 돌연변이가 유도되었고, 이렇게 획득한 돌연변이 형질이 자손에게 전달된다는 것입니다. 얼마 전까지만 해도 라마르크의 주장은 진화론에 대한 다윈의 이론을 확실히 돋보이게 하는 용도로만 주로 활용되었습니다. 또한 지금껏 라마르크는 진화론을 설명하려는 시도에서 오답을 제안한 대표적인 인물로만 인식되었습니다.

사실 라마르크의 이론이 완전히 폐기되었던 것은 아닙니다. 많이 쓰는 형질은 발달하고 쓰지 않는 형질은 퇴화한다는 '용불용설'은 발표 당시에도 인정되었습니다. 용불용설을 이해하는 데 가장 쉬운 예를 들어 보겠습니다. 헬스장에서 열심히 근육운동을 하면 근육질 몸매를 가지게 될 것입니다. 그러나 단단한 근육을 가진 사람이라도 운동을 더 이상 하지 않고 방에서 빈둥거리기만 한다면 근육은 소실되고 지방만이 쌓이게 될 것입니다. 사용 여부에 따라 근육이 발달하거나 퇴화하는 것은 용불용설의 대표적인 증거라고 할 수 있습니다. 사람들은 라마르크의 주장 중에서 용불용설만 받아들이고 획득형질의 유전은 받아들이지 않았습니다. 그러나 라마르크의 이론을 학계 모두가 받아들이지 않았던 것은 아니었습니다. 라마르키언Lamarckian이라 불리는 소수의 과학자들은 여전히 그의 주장에 동의했고 실험으로 증명하고자 노력했습니다. 그들 덕분에 라마르크의 주장은 끈질긴 생명력을 가지고 현재까지도 살아남았습니다. 우선 초창기 라마르키언들에 대해서 살펴보겠습니다.

콘래드 워딩턴Conrad Waddington(1905-1975)은 대표적인 라마르키언으로 당대 최고의 발생유전학자였습니다. 라마르크의 가설을 증명하기 위해 그가 수행한 연구는 극한 환경에 노출된 초파리가 환경 스트레스를 극복하여 생존하는 데 필요한 돌연변이 형질을 유도하는지를 알아내는 것이었습니다. 그는 초파리의 수정란을 고농도의 소금물에 담그거나 마취제인 에테르에 노출하고 어떤 돌연변이 형질이 유도되는지를 관찰했습니다. 관찰 결과 초파리에 매우 다양한 돌연변이 형질들이 생기는 것을 확인했으나 대부분이 생존에 도움이 되지 않는 괴상한 것들뿐이었습니다. 그는 환경조건을 극복하여 생존에 도움을 주는 돌연변이 형질을 끝내 발견하지 못했으며, 초파리 모델을 이용하여 라마르크의 적응진화론을 증명하려던 노력 또한 결국 물거품이 되고 말았습니다.

존 케언스John Cairns(1922-2018)는 1950년대에 대장균을 모델로 적응진화론을 연구한 생물학자입니다. 그는 특정 환경에 노출된 대장균에 생기는 유전자 돌연변이를 통해 라마르크의 이론을 증명하고자 했습니다. 특정 필수영양분을 만들지 못하는 돌연변이 대장균을 골라내는 데 성공한 후, 기본재료만 들어 있는 배양조건에서 이 돌연변이 대장균을 배양했습니다. 필수영양분 일부를 만들지 못하는 대장균은 기본재료만 있는 배양액에서는 살아남을 수가 없습니다. 그는 이 실험을 통해 생존에 유리한 새로운 돌연변이가 유도되는지를 알아낼 수 있을 것으로 생각했습니다. 실험 결과 죽지 않고 생존하는 대장균 개체가 발견되었는데, 존 케언스는 돌연변이 유전자를 정상적인 기능을 가진 유전자로 되돌리는 역방향 돌연변이가 일어난 것이라고 추론했습니다. 즉 필수영양분을 만들지 못하는 돌연변이 대장균이 기본 배양액에서 생존하기 위해 돌연변이를 일으켰고, 그 돌연변이가 야생형 대장균의 형질과 같아지는 방향으로 일어난 개체만 생존한 것이라고 설명했습니다. 케언스는 이 연구 결과가 진화에 대한 라마르크의 주장을 뒷받침한다고 생각했으나, 비슷한 시기에 활동한 막스 델브뤼크Max Delbrück(1906-1981)와 살바도르 루리아Salvador Luria(1912-1991) 등의 주류 학계 연구에 의해 그의 생각이 잘못되었다는 것이 밝혀지고 말았습니다.

콘래드 워딩턴이나 존 케언스 같은 라마르키언 생물학자들의 지속적인 노력에도 불구하고 획득형질이 유전된다는 실험 증거는 발견되지 않았습니다. 오히려 적응진화론의 오류를 증명하는 실험 결과만이 점점 쌓여갔고, 20세기 중반에 이르러 라마르크의 주장은 완전히 힘을 잃게 되었습니다. 이러한 악조건 속에서 새로이 등장한 후성유전학이라는 분야가 생물학자들의 관심을 받게 되면서 기적처럼 라마르크의 적응진화론도 재조명되기 시작했습니다.

후성유전학의 등장

후성유전학은 1942년 콘래드 워딩턴에 의해 처음 그 용어가 언급된 후 1990년대부터 활발한 연구가 이루어지고 있는 새로운 생물학 분야입니다. 후성유전학자들의 연구로 얻어진 실험 증거들은 라마르크의 주장을 허무맹랑한 것으로 치부할 수 없게 만들었습니다. 라마르크가 살았던 시대부터 멘델의 유전법칙이 발표된 이후 20세기 중반까지는 획득형질의 유전이라는 것이 엉뚱한 이론에 불과했지만, 후성유전학 시대가 열리면서 라마르크가 극적으로 부활할 기회가 온 것입니다. 후성유전학을 전공하는 연구자들이 모두 획득형질의 유전만을 공부하는 것은 아니지만 그렇다 하더라도 넓은 의미에서 본다면 이 연구자들 또한 라마르키언으로 볼 수 있는데, 라마르크의 영혼이 이들의 활약상을 보고 있다면 어찌 기쁨의 눈물을 흘리지 않을 수 있을까요? 먼저 라마르크의 기적적인 귀환을 가능하게 한 후성유전학이 무엇인지에 대해 알아보도록 합시다.

생명체는 생식을 통해 자손을 만듭니다. 정자와 난자가 수정하면 수정란이 되고, 수정란이 발생 과정을 거쳐 독립된 개체가 됩니다. 이때 부모 세대에서 자손 세대로 DNA가 온전히 보존되어 전해지는 것이 중요합니다. 수정란의 발생 과정에서 개체의 형질이 결정되는데, DNA의 유전정보를 이용해 만들어진 단백질이 정상적인 기능과 활성을 나타내야만 형질이 제대로 발현되는 것입니다. 따라서 생명체에게는 DNA를 안전하게 보관하는 것이 매우 중요한 일입니다. 생명체는 DNA를 토대로 단백질을 만들 때 DNA로부터 바로 유전정보를 읽어내지 않고 복사본을 만들어 사용합니다. 전사는 DNA로부터 RNA 사본을 만드는 과정을 말합니다. 그리고 전사를 통해 만들어진 RNA 사본으로부터 유전정보를 해독하여 단백질을 만드는데, 이 과정을 번역이라고 합니다. 번역 과정을 통해 만들어진 단백질은 개체의 형질 발현을 결정하는 매우 중요한 요소라고 할 수 있습니다. DNA의 유전정보가 읽히는 과정에 대해서는 2장에서 자세히 다루도록 하겠습니다.

개체의 형질이 유전자에 의해서만 결정된다면 일란성 쌍둥이는 절대 구분할 수 없어야만 합니다. 같은 유전자를 가지고 있으므로 완전히 같은 형질을 가질 것으로 예측되기 때문입니다. 그런데 일란성 쌍둥이도 약간씩 차이가 있다는 것을 쉽게 발견할 수 있습니다. 일란성 쌍둥이가 같은 유전자를 가지고 있음에도 불구하고 일부 형질이 다르게 발현되는 이유는 무엇일까요? 가장 먼저 생각해 볼 수 있는 원인으로는 쌍둥이 중 한쪽에만 돌연변이가 생긴 경우인데, 이때 돌연변이 유전자는 원래와는 다른 형태의 형질을 나타낼 것입니다. 돌연변이 외에도 형질 변화를 일으킬 수 있는 다양한 원인들이 있습니다. 예를 들면 전사 과정의 조절, RNA 복사본의 수명 조절, 단백질 수명과 품질관리 조절 여부 등이 있겠습니다. 이러한 다양한 원인들은 대부분 후성유전 시스템과 밀접한 관련이 있습니다. 특히 전사 과정 조절의 핵심 요소는 후성유전 시스템이 제공하는 전사 ON/OFF 스위치에 있습니다.

이제 후성유전 시스템에 대해 알아보겠습니다. 후성유전 시스템은 DNA의 부피를 줄이기 위해 포장을 하는 시스템이라고 할 수 있습니다. 그런데 부피를 줄이는 데만 집중하여 압축포장을 하게 되면 DNA를 RNA로 전사하고 유전정보를 해독하여 단백질을 만드는 것이 어려워지게 됩니다. 이 문제를 해결하려면 후성유전 시스템이 전사 과정의 총괄 관리자가 되어야만 합니다. 후성유전 시스템은 상황에 따라 포장 여부를 결정하는 권한을 가지고 있어야 하고, 전사 여부를 결정할 권한도 가지고 있어야 한다는 뜻입니다. 전사 여부를 결정하는 방식은 ON/OFF 스위치 방식인데, 전사 ON/OFF 스위치를 설치하는 대표적인 방법 중 하나는 메틸기를 부착하거나 떼는 것입니다. 후성유전적 전사 스위치의 설치에 대해서는 5장에서 자세히 다룰 것입니다.

중요한 사실은 후성유전 시스템은 돌연변이와 상관없이 형질을 결정할 수 있다는 점입니다. 전사 ON/OFF 스위치를 이용하여 전사 여부를 결정하고, 이에 따라 단백질의 생성 여부가 결정됩니다. 그런데 단백질의 생성 여부가 형질의 발현을 좌우하므로 후성유전 시스템에 의해 형질이 결정되는 경우도 생기게 됩니다. 따라서 일란성 쌍둥이의 형질 차이는 돌연변이에 의한 것일 수도 있고 후성유전 시스템이 다르게 작동한 결과일 수도 있게 되는 것입니다.

획득형질 유전의 증거

적응진화론의 핵심은 환경 변화에 대응하여 생존에 유리한 형질을 유도하고 이 형질을 자손에게 전한다는 것에 있습니다. 이를 뒷받침하려면 개체 형질이 외부 자극에 대응하여 유연하게 바뀔 수 있어야 합니다. 라마르키언들은 적응진화의 증거를 찾으려고 오랫동안 노력해 왔으나 실패만을 거듭했습니다. 그러나 후성유전학이 등장하면서 상황이 달라졌습니다. 후성유전 시스템은 외부 자극에 대응하여 전사를 조절함으로써 형질 변화를 유도할 수 있습니다. 우리 몸에 바이러스나 박테리아가 침입하면 면역반응이 활성화되어 항균물질과 항체를 만든다는 것은 상식적으로 이미 알고 있는 사실입니다. 병원균이 들어오면 우리 몸은 면역 관련 유전자의 전사를 촉진하는 방법으로 대응합니다. 면역반응의 활성화도 전사 ON 스위치를 켜면서부터 시작되는 것입니다. 따라서 병원균에 대응하여 항균물질을 만드는 것도 결국 후성유전 시스템에 의해 통제되는 거라고 볼 수 있습니다. 이런 숙주의 대응과 마찬가지로 병원균도 숙주의 시스템을 자신에게 유리한 방향으로 통제하기도 합니다. 예를 들면 최근 전 세계를 강타하고 있는 코로나 바이러스는 자손을 많이 만들기 위해 숙주인 인간 세포의 후성유전 조절 시스템을 망가트리는 전략을 사용하는 것으로 밝혀졌습니다.

병원균뿐만 아니라 나이, 음식, 공해 물질, 마약, 스트레스, 유아기에 경험하는 부모와의 유대감 등 대부분의 자극이 후성유전적 변화를 유도합니다. 생식세포를 포함한 모든 세포에서 후성유전적 변화가 생길 수 있으며, 생식세포의 후성유전적 변화로 인해 생긴 형질이 자손 세대로 전해질 수도 있습니다. 최근 후성유전학자의 활약 덕분에 후성유전적 변화로 얻어진 형질 변화가 자손 세대로 전달된다는 증거가 쌓여가고 있습니다. 그러면 여기서 라마르크 소환에 결정적인 역할을 한 실험적 증거를 몇 가지만 살펴보겠습니다.

초파리 모델에서의 증거

1990년대에 수전 린드키스트Susan Lindquist(1949-2016) 연구팀과 더글러스 루덴Douglas Ruden(1961-) 연구팀은 워딩턴의 실험을 확장하여 극심한 환경 스트레스가 초파리에 미치는 영향을 연구했습니다. 대부분 생물은 열에 노출되면 열충격단백질을 다량으로 만들어 단백질이 변성되지 않도록 방어하게 됩니다. 그러나 열에 노출되는 정도가 심해지면 열충격단백질의 역할도 한계에 도달하여 무력화되고 단백질이 변성되어 기능과 활성을 잃게 되며, 개체는 생존이 어려워집니다. 린드키스트와 루덴의 연구팀은 심한 열처리를 한 후 초파리를 배양하는 실험을 했는데, 그 결과 기괴한 형태를 가진 초파리 개체가 빈번히 발생했습니다.

놀랍게도 이러한 형질 변화는 유전자 돌연변이에 의한 것이 아니라 후성유전적 시스템의 오류와 관련되었다는 사실이 밝혀졌습니다. 또한 이렇게 얻어진 개체를 야생형 개체와 교배시켜 자손을 얻었을 때 후성유전적 변화로 얻어진 새로운 형질이 무려 13세대 자손까지 전해진다는 결과를 얻었습니다. 연구자들은 후성유전적 변화로 획득한 형질도 유전된다는 사실을 증명하는 데 성공한 것입니다. 다만 열처리로 인해 유도된 형질 변화가 열처리 스트레스를 극복하는 데 어떤 도움이 되는지 밝혀내지는 못했습니다.

임신한 쥐 모델에서의 증거

2005년 마이클 스키너Michael Skinner(1956-) 교수 연구팀은 쥐를 활용한 연구에서 획득형질의 유전을 뒷받침할 수 있는 증거를 얻어냈습니다. 그들은 임신한 쥐에 내분비 교란 물질을 처리한 후 자손 개체의 형질에 생기는 변화를 관찰했습니다. 실험에 사용된 내분비 교란 물질은 빈클로졸린vinclozolin으로 성호르몬과 유사한 물질이었습니다. 연구 결과 자손 개체 중 수컷에서 정자 수가 감소하고 정자의 생존율도 감소하여 불임률이 증가했습니다. 정자 결함을 가진 자손 1세대 숫쥐와 야생형 암쥐를 교배하여 얻은 자손 2세대에도 정자의 결함이 그대로 전해졌으며, 무려 4세대까지도 유전된다는 것이 밝혀졌습니다.

빈클로졸린뿐만 아니라 에스트로젠 화합물인 디에틸스틸베스트롤diethylstilbestrol; DES을 이용한 실험에서도 마찬가지의 결과를 확인할 수 있었습니다. 두 가지 실험에서 약물 처리로 생긴 생식세포의 결함은 후성유전적 변화로 인한 것이지 유전자 돌연변이와는 관련이 없었습니다. 임신한 쥐에게 후성유전 시스템과 관련된 일부 영양분을 뺀 먹이[1]를 제공하거나 심한 정신적 스트레스에 노출시키는 실험에서도 유사한 결과가 얻어졌습니다.

숫쥐 모델에서의 증거

아벨 어니스트Abel L. Ernest(1943-) 박사 연구팀과 조르주 쏠레이Georges Tholey 그룹은 다양한 환경 자극에 노출된 수컷 쥐의 자손 세대를 대상으로 형질 변화를 추적했습니다. 그 결과 자손 1세대에 생긴 형질 변화가 2세대, 3세대 자손에게도 전달된다는 것이 밝혀졌습니다.

숫쥐를 알코올에 일정 기간 노출한 후 야생형 암쥐와 교배했더니 자손 개체 중에서 수컷은 체중이 감소하고 인지 기능 장애 및 행동 장애를 보였으며 사망률이 증가했습니다. 1세대 수컷 자손에 나타난 이런 형질 변화는 2세대 및 3세대 수컷 자손에게도 그대로 전달되었습니다. 또한 마약을 투여한 숫쥐, 일정 기간 굶긴 숫쥐, 나이가 많은 숫쥐를 정상 암쥐와 교배한 예에서도 자손 세대 중 수컷에서 형질 변화가 생겼으며, 3세대 수컷 자손에까지 형질 변화가 그대로 전달되었습니다. 이 연구에서 환경 자극에 노출된 숫쥐의 형질 변화는 돌연변이가 아닌 후성유전적 시스템으로 인한 것이었으며, 형질 변화가 생식세포를 통해 자

1 DNA 메틸화 같은 후성유전 변화를 유도하는 효소 반응에는 메틸기를 제공하는 공여자가 필요합니다. 메틸기 공여 물질은 필수아미노산인 메싸이오닌을 기본재료로 만들어지므로 메틸화와 같은 후성유전 변화는 영양분 섭취 여부에 영향을 받게 됩니다.

손에게 전해진다는 것을 알 수 있었습니다. 다시 말해서 환경 자극으로 인한 후성유전적 변화가 정자의 DNA에 새겨졌으며, 이렇게 얻어진 획득형질도 유전된다는 것을 의미하는 실험이었던 것입니다.

임신한 암쥐를 이용한 실험에서는 수정란에서부터 자손이 태어날 때까지 모체의 영향을 지속적으로 받기 때문에 실험 결과가 약물 효과만으로 생겼다고 할 수는 없습니다. 하지만 숫쥐는 수정란의 형성에는 이바지하지만, 수정란에서 자손이 태어나기까지의 기간에는 직접적인 영향을 전혀 미칠 수 없습니다. 따라서 약물에 노출된 숫쥐를 이용한 실험 결과는 수컷의 정자에 새겨진 후성유전적 변화가 자손에게 전달된 것이라고 말할 수 있겠습니다.

경험을 통한 유전

포유류의 행동특성에 중추신경계가 미치는 영향에 대해서는 오랫동안 논쟁이 있었습니다. 즉 인간의 행동특성이 부모로부터 물려받은 유전자에 의해 결정되는지 아니면 양육 환경과 학습에 따라 결정되는지에 대해 의견이 갈렸던 것입니다. 새들이 둥지를 짓고 계절에 따라 먼 곳으로 이동하고, 수사자나 수컷 개코원숭이가 다른 수컷의 새끼를 죽이며, 연어와 같은 회귀성 어류가 산란을 위해 태어난 곳으로 돌아오는 등의 행동은 본능인 것 같습니다. 그런데 부모가 새끼를 돌보는 것은 본능에 의한 행동일까요? 아니면 학습에 의한 행동일까요? 부모 중 어느 쪽이 새끼를 돌보는지는 생물종에 따라 정해져 있는 경우가 많은데, 부체가 새끼를 돌보는 생물종도 있지만 대부분의 생물종에서는 모체가 새끼를 돌보게 됩니다. 우리가 흔히 사용하는 모성 본능이라는 말은 모체가 새끼를 돌보는 행동이 본능에 의한 것이라는 의미로 받아들여집니다.

하지만 영장류와 설치류를 모델로 한 연구에서 수유기의 새끼를 돌보는 모체의 행동은 본능이 아닌 젖먹이 때의 경험에 따라 결정된다는 사실이 밝혀졌습니다. 영장류와 설치류에서 공통으로 관찰되는 돌봄 행동에는 핥기와 털 고르기Licking and grooming; LG가 있습니다. 설치류의 경우 태어난 후 1주일간의 수유기에 모체가 새끼를 어떻게 돌보았는지에 따라 새끼의 행동특성이 결정되었고, 성체가 된 후에도 그 특성이 변하지 않고 그대로 유지되었습니다. 설치류는 출생 후 약 1주일간의 수유기에 돌봄 행동 관련 형질을 획득하며, 이때 획득한 행동특성은 평생 지속된다는 것입니다. 수유기에 낮은 수준의 돌봄을 받았거나 학대를 받은 새끼는 성체가 되어 자손을 얻었을 때 새끼를 잘 돌보지 않았습니다. 반면 수유기에 높은 수준의 돌봄을 받은 새끼는 성체가 되어 자손을 얻었을 때 새끼를 정성껏 돌보는 것으로 밝혀졌습니다. 즉 경험으로 획득한 행동특성이 대물림된 것입니다. 이러한 사실은 경험으로 획득한 형질도 다음 세대로 전해질 수 있다는 것을 말해주는 것입니다.

부모의 돌봄 수준과 자손의 행동특성 간의 상호관계를 제대로 이해하려면 포유류의 스트레스 반응에 대한 기본 지식이 필요합니다. 우리 몸은 스트레스에 두 가지 경로로 반응하는데, 갑자기 공포를 느낄 때 일어나는 단기성 반응경로와 만성 스트레스를 받을 때 일어나는 적응 반응경로가 있습니다. 단기성 반응경로의 경우 중추신경계가 신경 전도를 통해 부신 수질에 신호를 보내게 됩니다. 신경 전도를 통하는 방식은 속도가 매우 빠르므로 외부 자극을 받으면 스트레스 호르몬인 아드레날린이 단기간에 다량 분비됩니다. 부신 수질에서 분비된 아드레날린이 온몸으로 운반되면 혈당량이 증가하고, 골격근이 강화되며, 내장근이 이완되는 등의 스트레스 반응이 유도되고 외부 자극에 대항할 것인지 도망칠 것인지도 빠르게 결정할 수 있게 됩니다. 그러나 만성 스트레스에 지속해서 노출되는 경우 호르몬을 이용하여 부신 피질에 신호를 보내는 적응 반응경로가 이용되는데, 속도가 매우 느린 편입니다.

사람이 만성적 스트레스에 노출되면 뇌 조직의 시상하부와 뇌하수체에서 순서대로 호르몬이 분비되며, 이 호르몬이 부신 피질에 신호를 전달하고 신호를 전달받은 부신 피질에서는 스트레스 호르몬[2]을 분비하게 됩니다. 이 스트레스 호르몬은 혈류를 타고 온몸의 세포로 전달되어 만성 스트레스에 대한 생체반응을 유도합니다.

스트레스가 일정 기간 지속되면서 부신에서 분비되는 스트레스 호르몬의 양이 많아지면 이와 결합하는 해마의 수용체[3]가 활성화되어 전사인자로 기능하게 됩니다. 이 전사인자의 조절을 받는 유전자에서 단백질이 만들어지면 시상하부에 신호를 보내 호르몬 분비를 줄입니다. 시상하부의 호르몬 분비가 줄면 부신 피질에 전해지는 신호의 양이 줄어들게 되므로 스트레스 호르몬 분비도 감소하게 됩니다. 따라서 지속적

2 글루코코티코이드glucocorticoid가 여기에 해당합니다.
3 스트레스 호르몬 수용체: 여기서는 글루코코티코이드와 결합한 글루코코티코이드 수용체Glucocorticoid receptor;GR를 예로 들 수 있는데, 전사인자로 작용하여 유전자 발현을 조절함으로써 스트레스 호르몬의 혈중 농도를 적정 수준으로 회복시키는 역할을 합니다.

인 스트레스를 받아도 스트레스 호르몬이 과도하게 분비되지 않고 적정 수준을 유지하여 자연스럽게 몸이 스트레스에 적응한 상태를 유지하게 되는 것입니다.

1970년대에 부모의 돌봄 수준이 자손의 행동특성에 미치는 영향을 설치류 모델에서 연구한 결과가 발표되었습니다. 이 연구에 따르면 새끼를 돌보지 않고 내버려 두는 모체에게 양육된 새끼 쥐는 스트레스 호르몬이 높게 유지되는 특징을 보였습니다. 일반적으로 만성 스트레스에 노출되면 해마[4]에서 스트레스에 적응하는 생체반응이 작동하여 적정 수준의 스트레스 호르몬을 유지하게 되고 몸이 스트레스에 적응하게 됩니다. 그런데 새끼일 때 낮은 수준의 돌봄을 받는 스트레스에 노출되면 해마의 스트레스 호르몬 수용체가 제대로 발현되지 못합니다. 해마는 스트레스 적응 생체반응이 일어나는 곳입니다. 해마의 스트레스 호르몬 수용체가 발현되지 않으면 시상하부에서의 호르몬 분비를 억제할 수 없고, 이 영향으로 부신 피질에서의 스트레스 호르몬 분비도 제어할 수 없게 됩니다. 즉 어미 쥐의 나쁜 양육 태도가 새끼의 해마에 영향을 주어 만성 스트레스에 적응하는 반응경로를 망가지게 만든 것입니다.

설치류의 양육 태도가 유전자에 의한 것인지, 경험에 의한 것인지를 확인하는 연구도 진행되었습니다. 양육 태도를 결정하는 요인을 알아보기 위해 나쁜 양육 태도를 보인 모체에서 태어난 새끼는 좋은 양육

4 해마: 영어로 hippocampus라고 부르는 뇌조직의 일부로 만성 스트레스 반응을 제어하는 역할을 합니다.

태도를 보인 모체가 키우고, 좋은 양육 태도를 보인 모체에서 태어난 새끼는 나쁜 양육 태도를 보인 모체가 키우는 실험을 했습니다. 이 실험에서 어떤 모체에게서 태어났는지에 상관없이 새끼 쥐를 양육한 모체의 태도에 따라 새끼의 행동특성이 결정된다는 결과를 얻었습니다. 즉 모체가 자녀를 돌보는 행동특성은 유전된 형질이 아니라 경험으로 습득된 형질인 것입니다. 양육 태도가 좋은 모체에게 키워진 새끼는 모체가 되었을 때 자신의 새끼를 정성껏 양육하게 되므로 경험을 통해 습득된 양육 태도가 세대를 통해 전해지게 되는 것입니다.

흥미로운 것은 실험자가 손가락으로 모체의 돌봄 행동을 흉내 내는 것만으로도 좋은 양육 태도를 습득하는 데 충분한 효과가 있었다는 점입니다. 또한 모체와 부체를 합사했을 때 모체의 양육 태도와 새끼의 양육 태도 습득에 긍정적인 효과가 확인되었으며, 이는 새끼의 운명을 결정하는 데 있어 부체의 존재감을 일부 확인시키는 결과라 말할 수 있습니다. 따라서 환경 요인에 노출된 후 경험을 통해 습득된 형질도 다음 세대로 유전된다고 말할 수 있으며, 이 또한 후성유전이라고 할 수 있겠습니다.

최근에는 나쁜 양육을 경험한 새끼의 행동에 성별 차이가 있음이 밝혀졌습니다. 새끼가 암컷인 경우는 시상하부의 에스트로겐 수용체[5]가 제대로 발현되지 않았고 새끼가 성체가 되어 새끼를 낳았을 때 나쁜 양

5 에스트로겐 수용체: 여성호르몬인 에스트로겐과 결합하여 활성화되는 수용체는 전사인자로 기능하게 됩니다. 이로 인해 만들어지는 유전자산물은 모체 돌봄과 관련된 행동특성이 정상적으로 발현되도록 돕는 역할을 합니다.

육 태도를 그대로 답습했습니다. 새끼가 수컷인 경우는 해마의 스트레스 호르몬 수용체가 제대로 발현되지 않아서 만성 스트레스에 대한 적응력이 현저히 떨어졌습니다. 물론 암컷의 경우 자신이 경험한 모체의 양육 태도를 학습했을 수도 있습니다. 한편 모체의 양육 태도로 인한 영향이 새끼의 뇌에 각인된다는 것이 확인되었으며, 이 각인은 새끼가 성체가 되어도 그대로 유지됩니다.

연구 결과에 따르면 모체의 양육 태도로 인해 새끼에 새겨진 각인은 생식세포와 관련이 없으므로 생식을 통해 자손에게 전해지지는 않습니다. 그러나 모체의 양육 태도는 1세대 자손에게 후성유전적 변화를 각인하여 행동특성을 결정하고, 1세대 자손이 모체가 되었을 때 자신의 모체와 같은 양육 태도를 보이므로 2세대 자손에게 똑같은 후성유전적 각인을 새기게 됩니다. 이처럼 경험으로 획득한 행동특성이 다음 세대로 계속해서 전해지는 것을 경험을 통한 유전이라고 할 수 있습니다. 핥기, 털 고르기 같은 행동뿐만 아니라 학대, 무관심, 공동육아를 통해 학습한 사회적 경험 등으로 인해 결정된 행동특성도 경험 의존적 방법으로 유전될 수 있다는 뜻입니다. 다만 경험에 영향을 받는 유전자나 행동특성은 노출된 환경 자극의 종류에 따라 차이가 있을 것입니다.

지금까지 환경으로 인해 생긴 후성유전적 변화가 생식세포를 통해 유전되는 경우 그리고 후성유전적 변화가 생식세포를 거치지 않고 경험 의존적 방법으로 유전되는 경우를 살펴보았습니다. 이런 방식의 후성유전은 라마르크의 획득형질 유전과 닮은 점이 많습니다.

우리는 설치류에서 연구한 후성유전과 유사한 사례들이 인간에게서도 발견된다는 점에 주목할 필요가 있습니다. 청년기의 자살률에 대한 연구 결과 아동기에 학대를 당한 사람은 안정적인 가정에서 자란 사람보다 높은 자살률을 보였습니다. 또한 자살한 사람의 뇌 조직을 연구했더니 설치류에서 얻은 결과와 거의 일치했습니다. 아동기에 학대를 경험한 사람의 뇌에서는 해마의 스트레스 호르몬 수용체가 제대로 발현하지 못하는 각인이 발견되었으며, 성인이 된 후에도 만성 스트레스에 적응하지 못하고 민감하게 반응하는 행동특성을 보였습니다. 즉 아동기에 학대를 경험하여 새겨진 각인은 죽을 때까지 지워지지 않는다는 것을 알 수 있습니다.

그럼에도 불구하고 한 가지 희망적인 사실이 설치류 모델 연구에서 나왔습니다. 양육 태도가 나쁜 모체에게 키워진 새끼라 하더라도 성체가 되고 나서 후성유전적 변화를 유도하는 물질[6]을 제공받으면 행동특성이 정상에 가깝게 되돌아간다는 것이 실험으로 확인된 것입니다. 인간이 태어난 후 경험하는 물리적, 사회적 환경이 후성유전적 변화를 유도할 수 있으며, 이런 후성유전적 변화로 인해 원본 DNA에 저장된 것과 다른 형질이나 행동특성이 나타날 수도 있다는 것을 알게 되었습니다. 더욱 중요한 사실은 후성유전적 각인으로 인한 형질이 생식세포를 통해 유전되거나 경험 의존적 방식으로 유전될 수도 있다는 점입니다.

6 히스톤 탈아세틸화 효소 저해제나 메틸기 공여자인 메싸이오닌

2 디지털 암호로 된 DNA 속의 유전정보

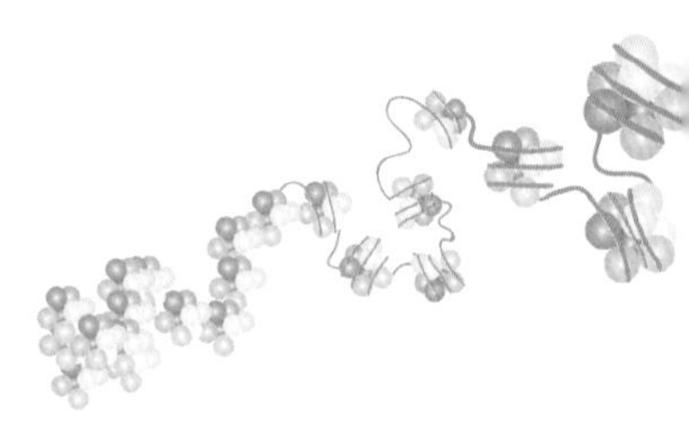

유전학에서는 기본적으로 부모로부터 물려받은 DNA 속의 유전정보가 자손 개체의 형질을 결정한다고 봅니다. 만약에 여기서 예상치 못한 새로운 형질이 생겨난다고 한다면 그것은 유전자에 돌연변이가 일어난 거라고 해석할 것입니다. 그러나 1장에서 다룬 후성유전학에서는 유전자 돌연변이가 없는 경우에도 후성유전 시스템의 작동에 의해 새로운 형질이 만들어져 자손 세대로 유전될 수 있다는 점을 언급했습니다. 유전학과 후성유전학이 바라보는 관점이 매우 다르다는 것을 알 수 있습니다. 여기서 한 가지 의문이 생기게 됩니다. 그렇다면 과연 후성유전학의 작동 원리는 기존 유전학의 원리와는 완전히 다른 별개의 것이라고만 봐야 할까요? 이 질문에 대한 대답은 의외로 그렇지 않다고 해야 할 것입니다. 두 가지 학문의 원리가 서로 불가분의 관계에 있기 때문입니다.

유전학과 후성유전학의 원리는 기능적으로나 물리적으로나 매우 긴밀하게 연계되어 있습니다. 후성유전 시스템이 형질에 영향을 미치는 방식을 좁은 의미에서 해석하면, RNA 복사본을 만들기 위해 원본 DNA 속의 유전정보를 읽어낼지 말지를 결정하는 스위치를 설치 또는 해체하는 식이라고 볼 수 있습니다. 다시 말해서 후성유전 시스템은 유전자 프로모터에 ON/OFF 분자스위치 중 어떤 것을 달지를 선택하는 방법으로 유전정보의 해독 여부를 결정한다는 뜻입니다. 유전학의 기본 원리는 원본 DNA로부터 RNA 복사본을 만드는 전사 과정과 RNA 복사본으로부터 단백질을 만드는 번역 과정에 의해 형질의 발현 여부가 결정된다는 것입니다.

그런데 여기서 유전 시스템의 전사 과정은 후성유전 시스템이 제공하는 분자스위치에 의해 제어된다고 할 수 있습니다. 이렇게 두 시스템이 밀접하게 연관되어 있으므로, 후성유전 시스템의 작동원리에 대해 언급하기 전에 유전학의 핵심 원리에 대해 살펴보는 것이 필요합니다.

DNA 속의 유전정보를 읽어내는 과정

생명체는 DNA에 유전정보를 저장하고 있으며, 이는 부모 세대에서 자손 세대로 물려줘야 할 소중한 자료가 됩니다. 만일 자손에게 DNA를 제대로 물려주지 못하는 생물종이 있다면 그 생물종은 종족 보존에 실패하여 멸종하게 될 것입니다. 따라서 DNA를 안전하게 포장하여 유전정보를 보호하는 것은 매우 중요한 일이라고 볼 수 있습니다. 여러분이 인터넷 상점을 통해 유리컵을 샀다고 가정해 봅시다. 판매자는 유리컵

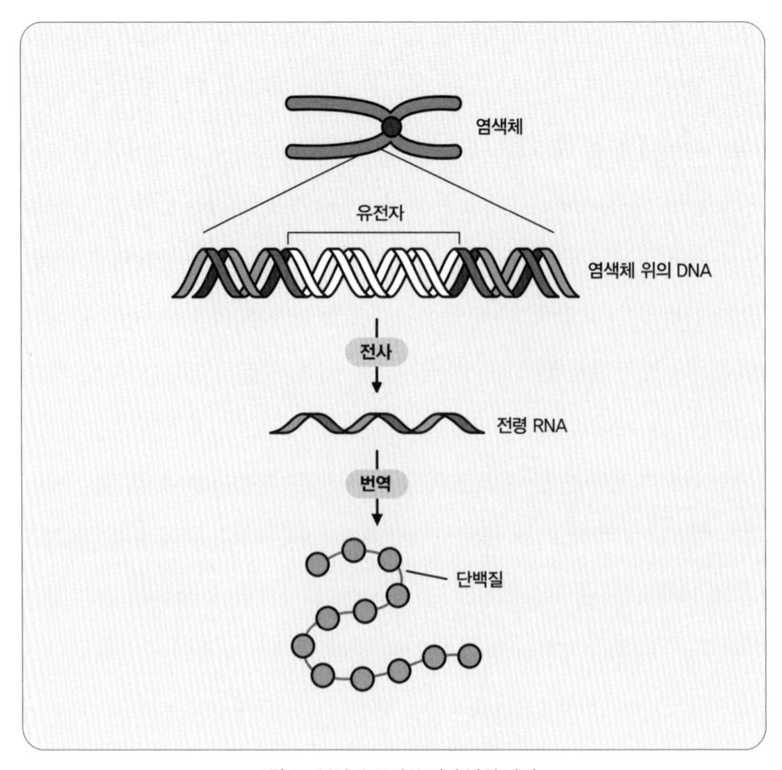

그림 1　분자 수준의 유전자 발현 과정

이 깨지지 않게 포장한 후 충전재를 채운 상자에 한 번 더 포장하여 주문자에게 배송할 것입니다. 이렇게 깨져도 다시 사면 그만인 유리컵 따위도 혹시 파손되지나 않을까 이중 삼중으로 안전하게 포장해서 보내는데, 후손 대대로 물려줄 소중한 유전정보가 들어 있는 DNA는 얼마나 공을 들여 포장해 놨겠습니까? 우리가 가지고 있는 DNA는 택배 상자에 들어 있는 유리컵과는 비교도 할 수 없을 정도로 완벽하고 정교하게 포장되어 세포의 핵 속에 안전하게 보관되어 있습니다. 그런데 안전에만 집중하다가 과잉 포장으로 정작 필요할 때 제대로 꺼내어 쓰기 어렵게 된다면 어떻게 되는 것일까요?

생명체는 삶을 영위하기 위해 끊임없이 DNA 속의 유전정보를 활용하여 다양한 활동을 해야만 합니다. 성장기에 세포분열을 통해 몸이 커져야 하거나, 수명을 다한 피부세포가 죽고 새로운 피부세포가 만들어져야 하거나, 머리카락이 빠지고 새로 나와야 하거나, 병원균이 침투할 때 항체를 만들어 방어해야 하거나, 외부의 자극에 따라 몸이 반응해야만 하는 등의 다양한 활동들이 우리 몸에서 끊임없이 일어납니다. 우리 몸은 그때마다 필요한 유전정보를 DNA로부터 자유롭게 활용할 수 있어야만 합니다. 만일 필요할 때마다 DNA의 유전정보를 활용할 수 없다면 생명체는 건강한 삶을 유지할 수 없게 되는 것입니다. DNA 속의 유전정보를 읽어내서 필요한 단백질을 만드는 과정을 유전자 발현이라고 합니다. 유전자 발현은 DNA 속의 유전암호로부터 RNA 복사본을 만드는 전사 과정과 RNA 복사본을 번역하여 단백질을 만드는 과정으로 나눌 수 있습니다(그림1).

이 책의 주제인 후성유전은 유전자의 발현 과정과 관련이 있습니다. 유전자 발현은 첫 단계인 전사 과정과 두 번째 단계인 번역 과정으로 나뉘는데, 후성유전적 작동 시스템과 관련이 깊은 것은 첫 단계인 전사 과정이라고 볼 수 있습니다. 유전자 발현의 첫 단계인 전사 과정이 시작되려면 DNA에서 전사 시작을 알리는 부위가 활성화되어야 합니다. 전사 시작을 알리는 부위에 ON/OFF 스위치를 달고, 필요에 따라서

ON/OFF를 제어하는 것이 바로 후성유전 시스템인 것입니다.

DNA에 유전정보를 저장하는 방법

유전자가 개체의 형질과 밀접하게 관련되어 있다는 것은 상식처럼 잘 알려져 있습니다. 하지만 유전자가 무엇인지에 대해 정확하게 말할 수 있는 사람은 그다지 많지가 않습니다. 또한 오늘날 과학수사, 친자감별 등 많은 분야에서 유전자를 친숙하게 이용하고 있어 언뜻 보기에 매우 오래된 개념 같지만, 정작 DNA의 정체가 처음으로 밝혀진 지는 겨우 70여 년밖에 되지 않았습니다. 1950년대 초에 로절린드 프랭클린은 X선 회절 분석을 이용하여 DNA 구조를 밝히는 연구를 진행했습니다. 제임스 왓슨과 프랜시스 크릭은 로절린드 프랭클린의 X선 회절 데이터를 근거로 DNA 구조를 밝히는 매우 짧은 논문을 발표했죠. 이 논문은 생물학 역사에서 가장 획기적인 업적으로 회자됩니다. 왓슨과 크릭이 논문을 발표한 이후에 DNA 속의 유전정보에 대한 비밀이 급속히 풀리기 시작했습니다. 그렇게 얼마 지나지 않아서 생물학자들은 DNA에 유전정보가 저장된 방식, DNA에 저장된 유전정보의 종류, DNA가 자손에게 전달되는 방식 등을 밝혀냈습니다.

과거부터 사람들은 고유한 언어체계를 이용하여 다른 사람과 정보를 교환하고 책이라는 물건에 그 지식을 저장해 필요할 때마다 꺼내 이용해 왔습니다. 현대사회에서는 책의 역할을 컴퓨터가 대체하여 방대한 지식을 저장해 사용하게 되었는데, 컴퓨터에 쓰이는 언어는 우리가 사용하는 언어와는 완전히 다르죠. 컴퓨터는 0과 1만으로 표현되는 이진법 체계의 디지털 언어를 사용합니다. 이렇게 단순한 언어를 사용하지만, 컴퓨터의 정보 처리 속도는 인간의 것과는 비교도 할 수 없을 정도로 빠르고 저장할 수 있는 그 용량도 매우 방대합니다. 신기하게도 DNA 또한 그러한 방식으로 작동해 왔습니다. 유전정보를 저장할 때 컴퓨터처럼 디지털 방식을 사용하는 것이죠. DNA 분자 속에는 아데닌A, 티민T, 구아닌G, 사이토신C이라는 네 가지 염기가 있습니다. 즉 A, T, G, C, 네 글자로 된 언어체계가 유전정보를 저장한다고 말할 수 있습니다.

이제 DNA에 정보가 저장되는 디지털 방식에 대해 상세히 알아보겠습니다. DNA가 사용하는 염기는 네 개이므로 염기 한 개에 정보를 한 가지씩 저장한다면 겨우 네 가지의 정보만을 저장할 수 있습니다. 따라서 저장할 수 있는 정보의 양이 매우 적게 됩니다. 그러나 염기 2개를 묶은 단위체에 정보를 저장한다면 훨씬 많은 16개의 정보를 저장할 수 있습니다. AA, AT, AG, AC, TA 등 16가지의 단위체를 만들 수 있기 때문입니다. 실제로 생명체의 DNA에 유전정보가 저장되는 방식은 염기 3개로 구성된 암호체계를 사용하며, 이 암호체계를 코돈codon이라고 합니다. 코돈으로 만들 수 있는 단어는 64개입니다. 다음의 모식도(그림 2)를 이용해서 쉽게 설명해 보겠습니다. 코돈의 염기는 A, T, G, C 중에서 무작위로 선택됩니다. 1번 염기로 A를 선택했다고 가정했을 때 2번 염기는 네 가지 경우가 생기고 다시 3번 염기에서 4가지 경우가 생기므

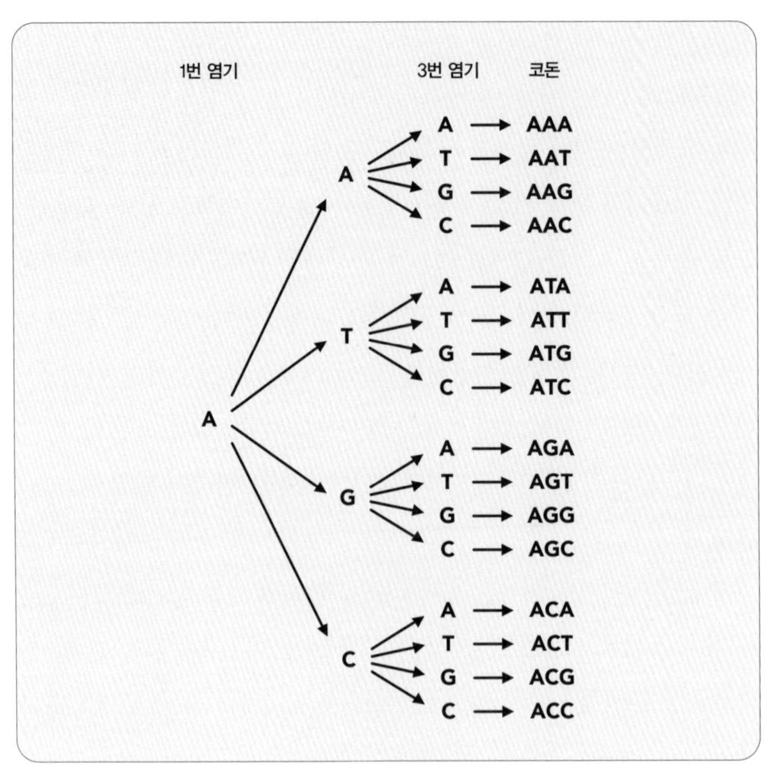

그림 2 염기와 코돈

로 16가지의 코돈이 만들어질 수 있습니다. 그런데 1번 염기도 네 가지의 경우가 있으므로 16×4, 즉 64가지의 코돈이 만들어질 수 있는 것입니다.

이제 코돈을 이용하여 DNA에 암호가 저장된 방식을 한글에 비유해서 알아보겠습니다. 한글의 글자 한 개를 염기의 A, T, G, C라고 하고, 의미가 있는 단어를 코돈이라고 가정해 봅시다. 유전암호 체계를 통해

	한글	유전암호 체계
글자/염기	엄, 마, 가, 방	A, T, G, C
단어/코돈	미소를, 지으며, 엄마가, 방 안에, 들어감	TAC, GGG, GGA, TTT, ATG
문장/단백질	미소를 지으며 엄마가 방 안에 들어감	타이로신-글라이신-글라이신-페닐알라닌- 메싸이오닌

만들어지는 단백질은 완성된 한글 문장에 비유할 수 있습니다. 띄어쓰기 없이 쓴 '미소를지으며엄마가방안에들어감'이라는 문장을 예로 들어보겠습니다. 여러분은 '미소를 지으며 엄마가 방 안에 들어감'이라고 금세 이해할 것입니다. 그러나 '미소를 지으며 엄마 가방 안에 들어감'이라고 완전히 다르게 이해하는 사람도 있을 것입니다. 이런 오류를 방지하려면 단어의 의미에 맞게 띄어쓰기도 해야 합니다. 그런데 DNA에 들어 있는 염기는 띄어쓰기가 없이 연결되어 있습니다. 따라서 별도로 띄어쓰기 약속이 정해져 있어야 하는 것입니다.

앞에서 DNA는 세 개의 염기를 묶은 코돈이라는 암호체계를 가지고 있다고 했습니다. 예를 들어서 TACGGGGGATTTATG는 TAC/GGG/GGA/TTT/ATG라는 5개의 코돈으로 구성된다고 해석되는 것입니다. 코돈마다 불러올 수 있는 아미노산의 종류는 정해져 있습니다. 따라서 TAC/GGG/GGA/TTT/ATG가 번역되면 5개의 아미노산이 순서대로 연결된 단백질이 만들어지게 되는데, 이 단백질은 행복 단백질로 알려진 엔도르핀endorphin 입니다. DNA의 유전정보를 이용해서 엔도르핀 호르몬을 만들 때 DNA의 암호 코돈으로부터 바로 아미노산을 해독하지는 않고 RNA 복사본을 중간단계로 이용합니다. DNA의 유전정보를 안전하게 보존하는 것이 중요하기 때문입니다. 그런데 RNA가 사용하는 염기는 A, U, G, C로 T 대신 U Uracil(유라실)가 들어가게 됩니다. 따라서 DNA의 TAC/GGG/GGA/TTT/ATG 코돈 부위를 전사한 RNA의 코돈은 UAC/GGG/GGA/UUU/AUG입니다.

64개의 코돈 중에서 61개는 아미노산을 지정하는 데 사용합니다. 나머지 3개의 코돈은 단백질 번역을 중단하게 하는 종결코돈으로 쓰이는데, 종결코돈에는 TAG, TAA, TGA가 있습니다. 그런데 생명체가 단백질을 만드는 데 사용하는 아미노산은 20종류입니다. 아미노산을 지정하는 데 사용하는 코돈이 61개이므로 한 가지 아미노산을 지정하는 데 2개 이상의 코돈이 사용되는 예도 있는 것입니다. 예를 들면 AAA와 AAG는 라이신을 지정하고 ATT, ATC 및 ATA는 아이소류신을 지정합니다. GGT, GGC, GGA 및 GGG는 글라이신을 지정합니다. 가장 많은 코돈에 의해 지정되는 아미노산은 류신과 아르지닌인데, 각각 6개의 코돈이 쓰입니다.

정리해 보면 DNA의 유전정보에는 아미노산 서열을 특정하는 유전암호, 전사 과정 및 번역 과정을 제어하는 암호 등이 포함됩니다. DNA로부터 전사와 번역을 통해 단백질을 만드는 과정을 이해하려면 DNA와 RNA에 대한 기초적인 이해가 먼저 필요합니다. 다음 단계로 넘어가기 위해서는 다소 지루하더라도 알아둬야 할 기본적인 지식이라고 할 수 있습니다. 조금만 참고 따라오시면 후성유전의 재미를 더욱더

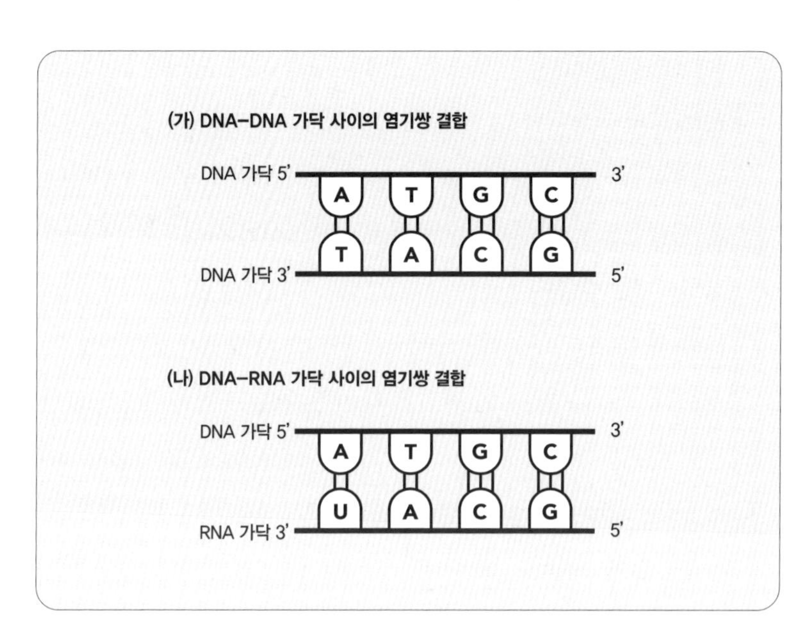

그림 3 DNA-DNA와 DNA-RNA 사이의 결합

편안하게 느끼실 수 있을 것입니다.

DNA와 RNA의 특징을 정리하면 다음과 같습니다.

(1) 핵산에는 DNA와 RNA가 있으며, 이는 뉴클레오타이드를 기본재료로 만들어진 중합체입니다.

(2) DNA 속의 디지털 암호는 A, T, G, C라는 4종류의 염기서열로 구성되어 있고, RNA는 A, U, G, C라는 4종류의 염기서열로 구성되어 있습니다.

(3) DNA는 두 가닥으로 되어 있는데, 뉴클레오타이드에 포함된 염기

끼리 수소결합을 하여 일정한 간격을 두고 꼬여 있는 이중나선 구조로 되어 있습니다.

(4) DNA의 두 나선 사이의 결합은 상보적 결합의 특성을 보입니다. 즉 아데닌A은 티민T과만 결합하고, 구아닌G은 사이토신C과만 결합합니다(그림3 (가)).

(5) DNA와 RNA를 구성하는 뉴클레오타이드 중합체가 만들어질 때 이웃한 뉴클레오타이드 단위체 사이의 연결은 한쪽 방향으로만 일어납니다(5번 탄소 원자에 결합된 인산기에서 시작해서 3번 탄소에 결합한 수산기로 끝나므로 모든 핵산 중합체는 5'에서 시작하고 3'에서 끝나는 방향성이 있다고 표현하는 것입니다).

(6) 두 가닥의 DNA가 결합하듯이 DNA와 RNA도 염기쌍 결합을 할 수 있으며, 이 경우에도 상보적 결합이 적용됩니다. 즉 A=U, T=A, G≡C 간의 표준염기쌍 결합을 하며, 이 덕분에 DNA로부터 RNA로 전사해도 유전정보의 변형이 일어나지 않습니다(그림3 (나)).

DNA 유전정보로부터 단백질을 만드는 원리

생명체가 성장이나 생존에 필요한 단백질을 합성하기 위해서는 DNA 속의 암호로부터 복사본 RNA를 만드는 전사 과정을 수행해야 합니다. 생명체의 유전암호는 DNA 속에 저장되어 있으므로 DNA의 정보를 읽어서 바로 단백질을 합성하면 되는데도 왜 굳이 전사 과정을 통해 복사본 RNA를 만드는 중간 과정을 거치는 걸까요? DNA는 생명체의 생존과 번식에 필요한 정보를 담고 있으며, 자손에게 그대로 물려주어야 할 매우 중요한 유전정보입니다. 만일 자외선, 방사선, 발암물질과 같은 외부 환경 요인이나 활성산소, DNA 복제 과정의 오류 등에 의해 DNA 원본에 결함이 생기게 되면 원래대로 복구하는 것은 어려워집니다. 이로 인해 암을 비롯한 여러 질병의 원인이 될 수도 있고, 불완전한 DNA를 자손에게 물려주게 되어 기형이 생기는 등의 문제가 발생하거나 아예 그 자손이 처음부터 어미의 배 속에서 사산될 수도 있을 것입니다. 따라서 원본 DNA를 온전하게 보존하고 손상 없이 그대로 자손에게 전달하는 일은 매우 중요한 일인 것입니다.

그러나 생명체는 살아가는 동안 생존하기 위해 끊임없이 DNA로부터 정보를 읽어 단백질을 만들어야 하고 세균의 침입을 막아내기 위해서도 계속해서 항체를 만들어야 합니다. DNA를 원본 그대로 보존하기 위해 단백질 합성을 멈추면 생명이 지속될 수 없고, 생명이 지속될 수 없다면 DNA 보존은 의미가 없는 일이 됩니다. 따라서 DNA를 원본 그대로 보존하면서도 생존과 번식에 필요한 단백질을 안전하게 생성해야 하는 것입니다. 이를 위해 우리의 몸은 DNA의 복사본인 RNA를 만드는 전사 과정을 거쳐 RNA로부터 단백질을 합성하는 2단계 방식을 도입했습니다. 이 방식은 전사 과정에서 문제가 생기더라도 언제든지 원본 DNA를 토대로 정상 RNA를 만들 수 있으므로 생존에도 훨씬 유리합니다.

전사 과정을 좀 더 잘 이해할 수 있도록 서울에서 부산까지 운행하는

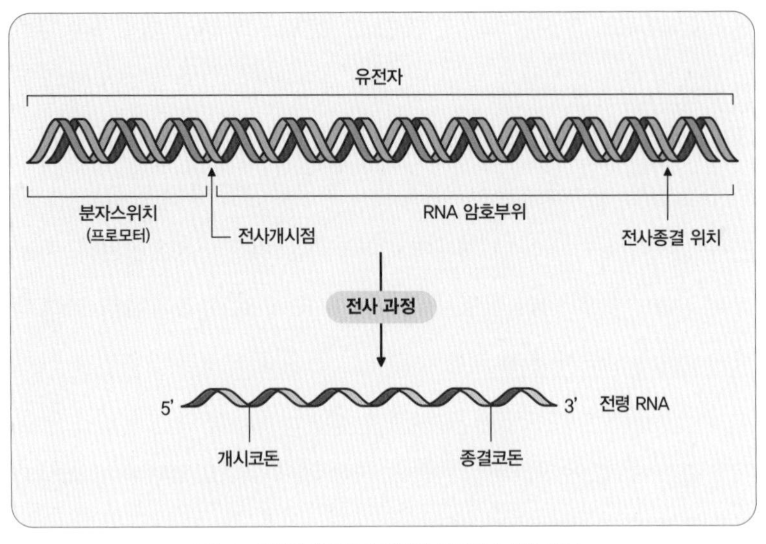

그림 4 유전자에 포함된 전사에 필요한 신호와 정보

기차에 비유해 설명해 보겠습니다. 일단 서울에서 부산까지 가는 열차를 운행하려면 여러 준비가 필요합니다. 우선 서울과 부산에 각각 기차역을 만들어야 하고, 두 역사를 이어줄 철도도 깔아야 합니다. 이어 기관차를 준비해 뒤로 객차를 줄줄이 연결하여 실제로 철도를 달릴 기차를 완성해야 하고, 원활한 운행과 사고예방을 위한 신호체계도 필요합니다. 여기서 DNA로부터 RNA를 합성하는 전사 과정을 가져와 봅시다. 먼저 전사 과정이 시작되려면 기차역을 만드는 것과 같은 과정이 선행되어야 하는데, 여기에 필요한 다양한 신호나 명령어가 DNA 속의 염기서열로 구성된 디지털 정보로 저장되어 있습니다. 좀 더 구체적으로 살펴보겠습니다. DNA 가닥에는 프로모터 부위와 특정 단백질을 암호화하는 부위가 한 세트로 들어 있습니다. 프로모터는 전사 과정 준비에 필요한 정보가 저장되는 분자스위치라고 할 수 있으며, 프로모터에 바로 이어서 특정 단백질을 암호화하는 부위가 들어 있습니다. 프로모터의 준비에 따라 전사개시의 스위치가 켜지면 전사개시점에서 전사 과정이 시작됩니다. DNA로부터 RNA가 만들어지다가 종결코돈을 지나 전사종결 신호를 만나면 전사 과정이 마무리되는 것입니다(그림4). 전령 RNA 속의 개시코돈과 종결코돈은 전사 과정과는 관련이 없고, 번역 과정에서 단백질의 아미노산 순서를 지정하는 신호 중 하나에 해당합니다.

기차역의 플랫폼에 해당하는 프로모터 부위는 티민과 아데닌이 반복된 TATA 박스와 같이 전사인자 결합에 필요한 신호나 전사 과정을 시작하라는 개시 신호 등을 의미하는 특정 염기서열을 포함하고 있으며, 플랫폼에서 열차가 출발을 준비하듯이 프로모터에서는 전사 과정의 시작을 준비하는 작업이 선행됩니다. 전사인자와 RNA 합성효소로 구성된 복합체는 프로모터 부위의 정해진 구역에서 조립되어 달릴 준비가 완료된 기관차를 완성하게 됩니다. 준비된 기관차에 승객을 태울 객차를 연결하듯, 프로모터 부위의 전사개시 신호에 따라 폴리뉴클레오타이드 중합체[1]를 생성하게 됩니다. 이때 RNA 중합효소는 DNA 주형 가닥의 염기서열에 따라 상보적 염기쌍 결합을 통해 RNA 형태의 폴리뉴

1 폴리뉴클레오티드 중합체: 일반적으로 RNA라고 부릅니다. DNA 속의 코돈 순서대로 뉴클레오티드가 중합 과정으로 연결되어 만들어진 핵산을 말합니다.

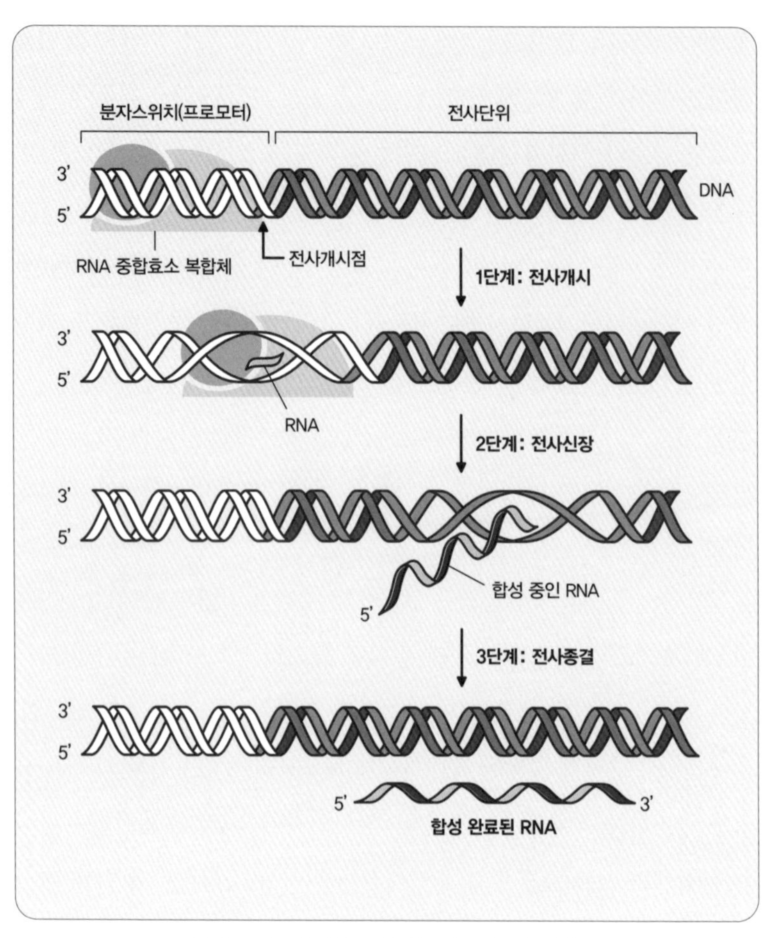

그림 5 DNA의 유전정보에서 RNA가 전사되는 원리

클레오타이드 중합체를 생성하는데, 이는 전사종결 신호를 만날 때까지 계속됩니다. 플랫폼인 프로모터를 출발한 전사인자와 RNA 중합효소의 기관차는 DNA라는 철도를 달리며 DNA 이중나선을 분리해 가며 염기서열 순서에 일치하도록 디지털 암호를 RNA 형태로 읽어내는 작업을 하는 것입니다(그림5).

전사 과정을 통해 생성된 RNA 속의 유전정보가 해독 과정을 통해 단백질로 번역되어야만 유전자 발현이 완성됩니다. 이렇게 합성된 단백질이 적절한 기능을 발휘하게 되면 기린의 기다란 목과 같은 특이한 개체 형질도 나타나게 되는 것입니다. 복사본 RNA 속의 유전암호가 단백질로 번역되는 과정은 진핵생물과 원핵생물에서 차이가 있습니다. 진핵생물은 DNA를 담아 두는 핵이라는 독립된 공간이 존재하는 생물종이고, 원핵생물은 DNA를 담아 두는 공간인 핵이 없어서 DNA가 세포질에 존재하는 생물종입니다. 진핵생물은 핵에서 전사된 RNA가 리보솜(단백질 생산 공장)이 있는 세포질로 이동한 후 세포질에서 번역 과정을 통해 단백질이 만들어집니다. 그러나 핵이 없는 원핵생물의 경우 DNA와 리보솜이 같은 공간에 있어서 전사 과정을 통해 RNA가 합성되는 동안에도 리보솜이 결합하여 단백질이 합성될 수 있으므로 전사 과정과 번역 과정이 연계되는 특징을 보여줍니다.

이상에서 일반적으로 유전자 발현은 DNA 속의 유전암호가 전사 과정을 통해 RNA로 복사되고, RNA 속의 암호는 다시 번역 과정을 통해 아미노산의 중합체인 단백질로 해독되는 것임을 알아보았습니다. 전사 과정을 위해서는 DNA 속의 단백질 합성을 위한 유전암호뿐 아니라 전사를 준비하고 시작하는 플랫폼인 프로모터라고 하는 DNA 염기서열이 중요하다는 사실도 알게 되었습니다. 특히 대부분의 후성유전적 작동 시스템은 전사개시 여부를 결정하는 데 중요한 전사 스위치로 작용합니다. 따라서 후성유전학의 원리는 기본적으로 전사 과정과 매우 밀접한 관련이 있다는 점을 기억해 두어야 할 것입니다.

3 DNA의 포장 시스템

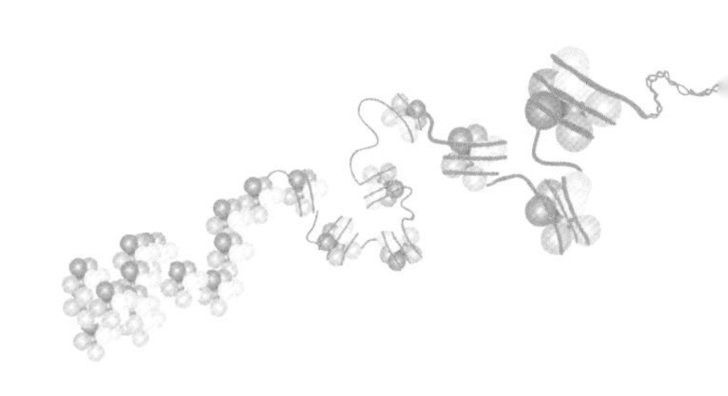

지구상에 존재하는 모든 생물체는 세포 속에 유전물질인 DNA를 보관하고 있습니다. 핵이 없는 원핵세포는 DNA를 세포질에 저장하고, 핵을 가진 진핵세포는 DNA를 핵에 저장합니다. 대표적인 원핵생물인 대장균의 경우 세포의 지름이 겨우 3㎛ 정도로 매우 작습니다. 맥주효모, 초파리, 생쥐 그리고 인간과 같은 진핵생물을 구성하는 진핵세포는 원핵세포보다 크기가 훨씬 큽니다. 진핵세포의 부피는 원핵세포의 약 1,000배 정도이지만 DNA를 저장하는 핵의 지름은 고작 5~8㎛ 정도에 불과합니다. 그런데 이렇게 마이크로미터 단위로 매우 작은 원핵세포나 진핵세포의 핵에 들어 있는 DNA의 길이는 최대 수 미터에 달합니다. 어떻게 그런 일이 가능한 것일까요? 이 질문에 대한 해답은 원핵세포와 진핵세포가 가진 특별한 DNA 포장 시스템에 있습니다. 일반적으로 진핵생물의 DNA 길이나 유전정보량은 원핵생물에 비교해 상대적으로 훨씬 큽니다. 따라서 진핵생물의 경우에는 원핵생물보다 정교하고 효율적인 DNA 포장 시스템이 필수적인 것입니다.

원핵생물과 진핵생물의 DNA 포장 시스템에 대해 자세히 다루기 전에 우선, 각 생명체가 가진 DNA의 크기와 DNA 포장 능력의 수준 차이에 대해 살펴보겠습니다. 원핵생물인 대장균은 460만 개의 뉴클레오타이드로 구성된 DNA를 가지고 있고, 가장 간단한 진핵생물인 출아형 맥주효모는 대장균의 2.8배에 달하는 뉴클레오타이드로 구성된 DNA를 가지고 있습니다. 영장류인 인간은 3억 2,000만 개에 달하는 뉴클레오타이드로 구성된 DNA를 가지고 있으며, 이는 대장균의 약 700배에 달합니다. 비교적 뉴클레오타이드의 양이 적은 대장균의 경우에도 DNA를 지름이 3㎛인 세포 안에 넣기 위해서는 DNA의 부피를 1,000분의 1 정도로 줄여야 합니다. 하물며 뉴클레오타이드의 양이 많은 인간의 경우에는 DNA의 총 길이가 약 2m입니다. 그런데 이 DNA를 저장할 세포핵의 지름은 5~8㎛밖에 되지 않습니다. 따라서 DNA의 부피를 약 10,000분의 1 정도로 줄여야만 세포핵에 넣을 수 있게 되는 셈입니다.

인간 세포핵의 크기를 테니스공 크기로 확대한다고 가정해 봅시다. 같은 비율로 확대하면 DNA의 길이는 40㎞ 길이의 극세사에 비유할 수 있습니다. 따라서 세포핵에 DNA가 들어 있는 것은 40㎞나 되는 극세사를 압축해 감아서 테니스공 안에 넣는 것으로 생각해 볼 수 있습니다. 이는 기계의 힘을 빌리더라도 절대 쉽지 않은, 불가능에 가까운 일입니다. 그런데도 불구하고 생명체는 DNA를 세포핵에 잘도 저장하고 있으며, 이런 일을 가능하게 한 것이 바로 DNA 포장 시스템입니다. 다시 말해서 DNA 포장 시스템 덕분에 방대한 분량의 유전정보를 아주 작은 세포핵에 저장하는 데 성공하게 됐다는 것입니다. 하지만 필요한 유전정보를 읽어내기 위해서 극도로 압축된 포장을 다시 풀어내야 하므로 수시로 유전정보를 읽어내는 과정이 매우 힘들어졌습니다. 이런 딜레마를 해결하기 위해 압축포장 된 DNA에서 필수적인 부분만 포장을 해체한 후 쉽게 재포장을 할 수 있는 기능이 있는데, 이런 기능이 바로 후성유전적 작동 시스템과 밀접한 관련이 있습니다.

이제 DNA 포장 시스템의 작동원리를 분자 수준에서 알아보겠습니다. 원핵생물은 DNA 결합 단백질을 이용해 먼저 부피를 줄이고, DNA 이중나선의 추가적인 꼬임 과정을 통해 부피를 더 작게 줄이는 방법으로 포장을 합니다. 진핵생물은 원핵생물보다 효율적인 포장 시스템을 가지고 있습니다. 진핵세포는 히스톤 단백질의 도움을 받아 염색질chromatin[1] 또는 염색체chromosome 형태로 DNA를 저장합니다. 진핵세포에서의 DNA 포장은 크게 세 단계로 나눌 수 있습니다. 첫 번째는 DNA가 히스톤 단백질 복합체에 감겨 뉴클레오솜nucleosome 구조를 형성하는 단계입니다. 네 종류의 핵심 히스톤H2A, H2B, H3, H4 단백질이 각각 한 쌍씩 결합하여 조립된 히스톤 팔량체가 극세사 형태의 DNA를 정교하게 감을 수 있는 실패로 쓰입니다.

약 146개 뉴클레오타이드 길이의 DNA가 히스톤 팔량체 위에 반시계 방향으로 약 1과 4분의 3바퀴 정도 감긴 상태를 뉴클레오솜이라고 하는데, 이런 방식으로 수많은 뉴클레오솜이 형성되어 부피가 줄

1 염색질: DNA와 히스톤histone 단백질의 결합으로 만들어진 복합체

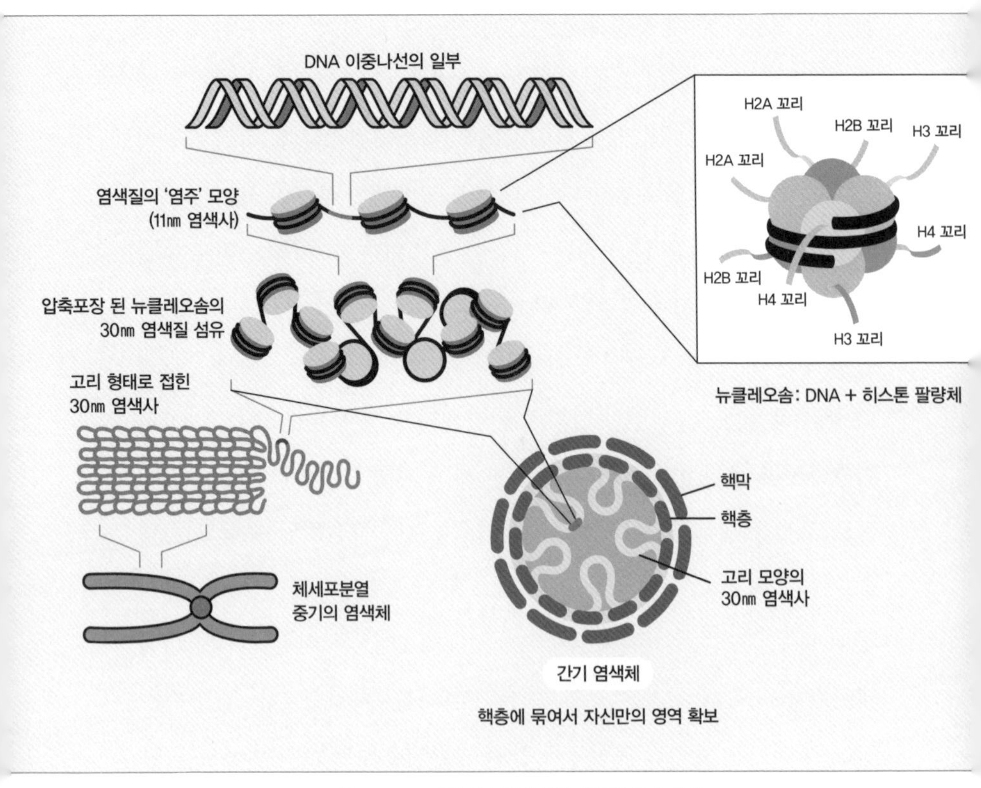

그림 6　DNA 포장 시스템에 의한 염색질 응축 과정

어듭니다. 이 단계에서 극세사 형태의 DNA는 11*nm* 정도로 굵어진 염색사(염색질 섬유) 다발이 되며, 부피는 약 7분의 1로 줄어듭니다. 두 번째는 히스톤 단백질 H1의 도움으로 여러 개의 뉴클레오솜이 뭉쳐서 30*nm* 정도의 굵은 염색사를 만드는 단계이며, 이 단계에서 부피는 약 50분의 1로 줄어듭니다. 세 번째는 세포분열[2]에 들어가기 전인 간기[3]

염색체의 경우 30nm 굵기의 염색사가 핵막 바로 아래의 핵층[4]과 일정한 간격으로 묶이면서 둥근 고리 형태로 바뀌는 추가적인 응축 단계입니다. 세 단계를 거치면 기본적인 DNA 포장이 완성됩니다. 기본적으로 세포는 DNA를 세 번째 단계까지 압축된 염색체 형태로 보관하고 있습니다.

한편 세포분열을 할 때는 30nm 염색사가 염색체 뼈대 구조(아래 설명 참조)에 묶여 둥근 고리 모양으로 응축되며, 최대 만 배 정도의 높은 압축률을 보입니다(그림6). 이와 같이 지름 30nm인 염색사가 고리 형태로 바뀌는 응축 과정은 간기와 체세포분열 중기에서 공통되게 일어납니다. 간기에서 염색사가 고리 형태를 형성할 때 핵막 아래의 핵층 구조를 사용하며, 핵층 구조의 주성분은 라민 단백질입니다. 흥미롭게도 이들은 체세포분열 중기에서 염색체의 응축을 위해 필요한 염색체 뼈대 단백질로 재활용됩니다. 즉 체세포분열 전기에서 핵막과 핵층이 붕괴되는데, 무너진 핵층의 구성성분은 체세포분열 동안 염색체의 응축에 필요한 뼈대 구조를 만드는 데 쓰입니다.

DNA는 여러 단계의 응축 과정을 통해 10,000분의 일 정도로 길이가 짧아진 세포분열 중기의 염색체로 전환될 수 있습니다. 이런 DNA 포장 시스템 덕분에 부피가 큰 유전물질인 DNA를 세포나 핵 속에 저장할 수 있게 된 것입니다.

---

2 세포분열: 하나의 모세포에서 완전히 동일한 두 개의 딸세포를 만드는 과정
3 간기: 모든 세포의 생활사는 세포분열 시기와 간기로 구성되는데, 간기는 세포분열을 준비하는 시기에 해당합니다.
4 핵층: 핵막 바로 아래에서 지지대 역할을 하는 단백질 그물망

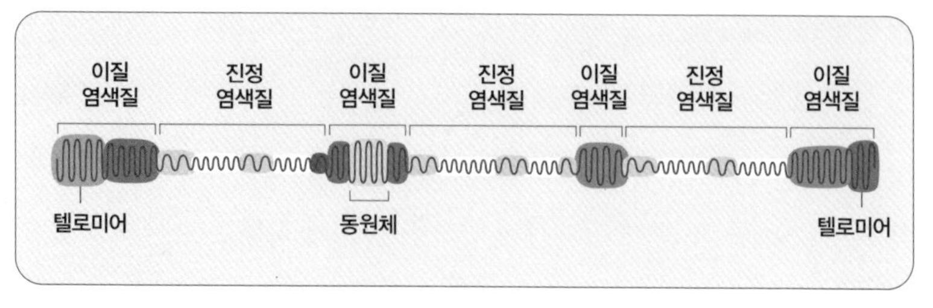

그림 7
간기 염색체는 응축 정도가 다른 이질염색질과 진정염색질로 구성됩니다. DNA 분자는 검정 선으로 표시했으며, 이질염색질과 진정염색질은 응축 정도에 따라 명암이 다른 색으로 나타냈습니다. 동원체와 텔로미어와 같은 이질염색질 부위는 진정염색질과 비교해 높은 압축률을 보입니다.

그런데 핵에 들어 있는 DNA는 모두 같은 굵기의 염색사로 압축포장 될까요? 다시 말해서 염색사의 지름이 모두 30nm인 것일까요? 그렇지 않습니다. 일반적으로 유전자가 밀집된 진정염색질euchromatin 구역은 지름이 30nm인 염색사 상태로 존재하며, 대부분은 여기에 속합니다. 그러나 유전자가 거의 포함되어 있지 않은 이질염색질heterochromatin 구역은 약 10,000분의 1로 압축포장 되어 있습니다. 이 구역은 압축이 심하게 일어나서 거의 전사가 불가능합니다. 이질염색질은 특별한 구역에서만 만들어지는데, 텔로미어[5]와 동원체[6]가 대표적인 이질염색질 구조입니다(그림7). 전사가 일어나지 않는 이질염색질 부위가 만들어지는 이유는 어떤 경우에도 압축포장이 풀리지 않는 구조가 세포의 안정성

5 텔로미어: 염색체의 최말단 부위
6 동원체: 염색분체가 연결되는 염색체의 중앙부위이며, 세포분열기에 방추사가 붙는 자리를 가지고 있습니다.

에 중요한 역할을 하기 때문입니다. 텔로미어 부위의 이질염색질 구조는 핵산 분해효소로부터 DNA를 보호하는 역할을 하고, 동원체 부위의 이질염색질 구조는 세포분열기에 염색체를 정확하게 두 개로 분리하여 딸세포에게 전해주는 역할을 하며, 이 과정을 통해서 유전정보가 딸세포에게 그대로 전해집니다.

진핵생물은 DNA 압축포장 시스템을 이용하여 방대한 분량의 유전정보를 세포핵 속에 안전하게 저장하는 데 멋지게 성공했습니다. 그러나 세상일이라는 것이 얻는 게 있으면 잃는 것도 있게 마련입니다. 포장 시스템 덕분에 DNA의 부피를 획기적으로 줄여 핵 속에 넣는 데는 성공했지만 다른 예상치 못한 문제가 생겼습니다. 부피를 줄인 포장법 때문에 DNA의 유전정보에 접근하는 것이 어려워져 버린 것입니다.

유전정보를 읽어내는 유전자 발현은 생명체의 생존과 번식에 필수적입니다. 2장에서 언급한 바대로 유전자 발현은 전사 과정과 번역 과정으로 되어 있습니다. 전사 과정을 통해 RNA 복사본을 만들려면 전사인자와 RNA 중합효소가 프로모터 부위에 조립되기 위해 접근할 수 있어야 합니다.

하지만 완벽한 압축포장 시스템 때문에 프로모터 부위로 접근하기 어려워서 전사 과정이 시작되지 못하고 덩달아 단백질 생성도 불가능해져 버립니다. 따라서 유전자 발현을 위해서는 포장 시스템이 압축포장을 풀고 염색질의 구조를 열어주어야 하는 것입니다. 다시 말하면 DNA 포장 시스템에는 포장해체와 재포장을 유연하게 제어할 수 있는 스마트 기능이 꼭 필요한 상황이 되었으며, 이런 기능을 제공하는 장치가 바로 후성유전적 작동 시스템이 되는 것입니다.

이제 필요할 때마다 DNA 포장을 해체했다가 재포장하는 후성유전 조절 시스템의 스마트 기능에 대해 알아보겠습니다. 포장 시스템의 핵심 구성원인 히스톤 단백질은 DNA의 부피를 줄여 제한된 공간에 보관하는 역할뿐 아니라 원본 DNA를 보호하는 수호천사 임무도 충실히 수행하고 있습니다. 생존에 필요한 유전정보를 활용하려면 압축포장 된 염색체의 포장을 해체하여 DNA에 접근해야 합니다. 따라서 DNA의 수호천사인 히스톤 단백질에게 염색질의 포장해체를 통해 유전정보 해독을 결정할 수 있는 권한을 부여하게 된 것입니다. 이에 따라 히스톤 단백질은 포장 시스템을 지배하는 마법사로서 DNA 부피를 줄이는 임무뿐 아니라 DNA 속의 유전정보 사용 여부를 결정하는 역할을 담당하게 됐습니다.

히스톤 단백질은 필요할 때마다 마법의 지팡이로 후성유전적 변화를 일으킬 수 있습니다. 히스톤은 후성유전적인 변화를 통해 전사인자와 RNA 중합효소가 프로모터 부위에 접근할 수 있도록 도와주며, 전사 여부를 결정하는 권한도 가지고 있습니다.

결론적으로 스마트 기능이 추가된 포장 시스템은 드디어 필요에 따라 전사를 담당하는 단백질이 프로모터 부위의 염색질에 쉽게 접근하여 유전정보로부터 RNA 복사본을 만들 수 있는 새로운 분자 스위치를 구축하게 된 것입니다. 이런 새로운 체계는 후성유전적 작동 시스템이며, DNA의 수호천사인 히스톤 단백질이 전사조절에 필요한 마법 지팡이를 가진 마법사가 된 배경이기도 합니다. 우리 몸의 모든 세포에는 뉴클레오솜마다 히스톤 팔량체라는 8명의 히스톤 마법사로 구성된 공동체가 살고 있습니다. 그리고 생물종에 따라 조금씩 차이는 있겠지만 히스톤 단백질 이외에도 전사조절 스위치로 활약하는 다양한 마법사들이 또한 존재합니다. 이들의 정체와 기능에 대해서는 다음에 자세히 다루겠습니다.

2부

같은 DNA,
다른 운명

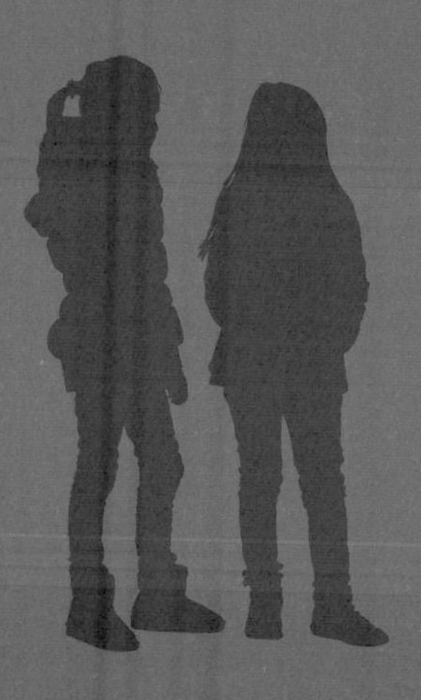

4

일란성 쌍둥이는 완전히 똑같을까?

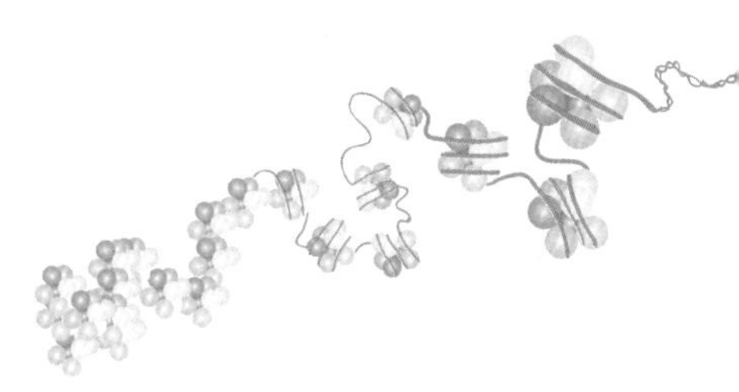

쌍둥이에는 이란성 쌍둥이와 일란성 쌍둥이가 있습니다. 이란성 쌍둥이는 두 개의 난자가 서로 다른 각각의 정자와 동시에 수정하여 착상될 때 탄생할 수 있습니다. 이란성 쌍둥이는 서로 다른 두 개의 수정란에서부터 출발합니다. 정자도 다르고 난자도 다르므로 쌍둥이는 다른 DNA를 가지고 있는 것입니다. 따라서 성격, 성별, 체격 등 많은 면에서 차이가 생기게 됩니다. 일란성 쌍둥이는 하나의 수정란이 두 개로 나누어져 발생한 경우로, 동일한 DNA를 가지고 태어납니다. 어린 시절의 일란성 쌍둥이는 너무 닮아서 부모조차도 구별하기 힘들 정도입니다. 하지만 일란성 쌍둥이가 성장하면서 성격, 식성, 행동 등에서 조금씩 차이가 생기게 됩니다. 일란성 쌍둥이에게서 나타나는 차이를 후성유전적 차이라고 할 수 있습니다.

연구에 의하면 후성유전적 차이는 나이가 들수록 점점 커지며, 태어나자마자 서로 다른 부모에게 입양되어 완전히 다른 환경에서 자란 경우에는 같은 부모에게서 자란 경우보다 차이가 더 큰 걸로 밝혀졌습니다. 따라서 후성유전적인 차이는 환경 조건의 영향을 받아 생긴다고 할 수 있을 것입니다.

후성유전학을 바로 정의하거나 후성유전학과 유전학의 차이를 간단하게 설명하기는 쉽지 않습니다. 좁은 의미의 후성유전학은 유전자 발현 중 전사 과정을 조절하는 스위치 기능과 밀접한 관련이 있습니다. 따라서 후성유전학이 무엇인지 제대로 알기 위해서는 먼저 유전자 발현에 대해 이해해야 합니다.

유전자 발현이란 한 마디로 그 과정을 통해 단백질을 만드는 것이라고 할 수 있습니다. 그리고 그 단백질이 발휘하는 기능 여부나 차이로 인해 세포나 개체의 형질이 결정되는 것입니다. 즉 개체의 형질을 결정하는 데는 유전자로부터 만들어진 단백질의 기능이 필수적인 요소라고 봐야 합니다. 따라서 DNA의 유전정보로부터 단백질을 합성하는 유전자 발현은 생명 현상의 근간이라고 할 수 있습니다. 그리고 이미 2장에서 언급했듯이 DNA로부터 유전정보를 해독하는 과정인 유전자 발현은 DNA의 유전정보를 복사하여 RNA로 읽어내는 전사 과정과 RNA로 복사된 유전정보를 해독하여 단백질을 만드는 번역 과정으로 나눌 수 있습니다.

유성생식을 하는 생명체는 정자와 난자가 수정하여 수정란이 만들어지면서부터 시작된다고 할 수 있습니다. 수정란은 하나의 세포에 불과하지만 세포분열[1]에 의해 세포 수가 급격히 늘어나고, 배발생을 통해

1 세포분열: 하나의 모세포에서 완전히 동일한 두 개의 딸세포를 만드는 과정

특정 구조와 기능을 가진 다양한 세포로 분화[2]되며, 완성된 하나의 개체로 성장하게 됩니다. 여기서 중요한 점은 자식이 부모로부터 물려받은 유전정보DNA는 평생 거의 변하지 않으며, 개체를 구성하는 세포는 하나의 수정란으로부터 생성된 것이므로 동일한 유전정보를 가지고 있다는 사실입니다. 다시 말해서 신경세포와 근육세포도 동일한 DNA를 가지고 있다는 뜻이죠. 그런데 뇌조직에 있는 신경세포와 골격근의 근육세포는 모양과 기능이 완전히 다릅니다. 두 가지 세포가 동일한 유전정보를 가지고 있음에도 기능과 구조가 완전히 다른 이유는 무엇일까요? 이 질문에 대한 답은 후성유전적 차이에서 찾을 수 있습니다.

라마르크는 1809년에 『동물철학』이라는 책을 발표하면서 용불용설을 제안했습니다. 이 개념은 1장에서 이미 다룬 바가 있지만 원활한 설명을 위해 다시 한번 짚고 넘어가겠습니다. 용불용설에 따르면 동물이 자주 사용하는 기관은 점점 발달하고 사용하지 않는 기관은 퇴화하여 소멸하게 됩니다. 라마르크는 기린의 목을 예로 들었는데, 짧은 목 유전자를 가진 기린이 높은 나무의 나뭇잎을 따 먹으려고 노력하면서 점점 목이 길어졌고 이후 길어진 목 형질이 자손에게 전달된 것이라고 주장했습니다. 그러나 라마르크는 획득형질이 자손에게 전해지는 과학적 근거를 제시하지는 못했습니다. 이후 찰스 다윈의 자연선택설에 의해 라마르크의 주장이 반박되었고, 멘델의 유전법칙이 과학계에서 인정받으면서 사람들은 획득형질은 유전되지 않는다고 믿게 되었습니다.

2 분화 과정: 줄기세포가 신호에 따라 특정 구조와 기능을 가지는 세포 유형으로 변신하는 과정

운동을 열심히 해서 강한 근육을 가지게 되었거나 성형수술로 예쁜 쌍꺼풀을 가지게 되었다고 해도 이 형질이 자손에게 유전되지 않는다는 것은 우리 모두가 아는 상식일 것입니다. 마찬가지로 짧은 목의 기린이 환경에 의해 목이 길어지더라도 생식세포의 유전자에 변화가 생긴 것이 아니라면 자손에게 전달할 수 없을 것입니다. 다시 말해서 부모로부터 물려받은 유전자는 후천적 환경에 의해 쉽게 변하기 어려우며 생식세포를 통해 자손에게 그대로 물려주게 된다는 것입니다. 이에 따르면 후천적으로 획득한 형질은 자손에게 유전되지 않는다고 볼 수 있습니다.

그렇다면 과연 유전자가 개체의 형질을 결정하는 유일한 인자일까요? 라마르크의 주장은 완전히 틀린 것일까요? 유전자가 형질을 결정하는 유일한 인자라는 주장은 멘델이 유전법칙을 발표한 이후부터 최근까지 정설로 받아들여져 왔습니다. 그러나 유전자가 아닌 다른 요인에 의해 형질이 결정되는 증거가 나오면서 후성유전학이라는 분야가 새로이 대두됐습니다. 후성유전학의 원리와 개념들은 멘델의 유전법칙으로 설명되지 않던 미스터리들을 풀어내는 데에 있어 새로운 통찰력을 제공해 주었고 라마르크의 주장을 다시금 되돌아보게 만드는 계기가 되었습니다.

일란성 쌍둥이의 형질 차이는 후성유전의 중요성을 보여주는 대표적인 예입니다. 일란성 쌍둥이는 하나의 수정란이 첫 번째 세포분열로 두 개의 세포가 되었을 때 우연히 두 개의 독립적인 세포로 나눠지면서 두 명의 개체로 발달한 경우라고 볼 수 있습니다. 따라서 일란성 쌍둥이의 유전자는 동일합니다. 세포분열과 배발생 과정에서 돌연변이가 일어나는 특별한 경우를 제외하고는 같은 유전자를 가지고 태어나는 것입니다. 그런데 같은 유전자를 가진 쌍둥이라고 할지라도 성격이나 재능에는 약간의 차이가 발생하게 되는데, 이것은 사람의 형질을 결정하는 데에 유전자 외의 다른 요인도 있을 가능성을 말해줍니다.

사람은 정자와 난자로부터 각각 23개씩의 염색체를 전달받아서 체세포에 총 46개의 염색체를 가지고 있습니다. 염색체를 책이라고 한다면 세포핵은 책장에 비유할 수 있습니다. 즉 사람의 체세포에는 46권의 책이 꽂혀 있는 책장이 들어 있는 셈입니다. 책장에 해당하는 핵은 마이크로미터 단위의 매우 작은 공간이고, 염색체를 이루는 DNA 사슬은 미터 단위로 아주 깁니다. 따라서 세포는 염색체를 최대한 압축포장 하여 핵이라는 작은 공간에 보관하고 있습니다. 그런데 단단하게 압축포장 된 상태로는 필요한 유전자를 전사하고 번역하여 단백질을 만드는 것이 거의 불가능합니다. 따라서 유전자 발현을 가능하게 하려면 압축포장 된 염색체에서 필요한 부분의 압축을 푸는 작업부터 시작해야 합니다. 여기서 압축을 자주 풀어야 할 부위와 절대 풀지 않아야 할 부위를 책에 태그tag를 붙이듯이 표시해 둔다면 쉽게 조절할 수 있을 것입니다.

일란성 쌍둥이는 각각 동일한 유전정보로 채워진 똑같은 46권의 책을 세포의 핵 속에 소장하고 있습니다. 그러나 쌍둥이들이 살아가며 노출되는 환경, 만나는 친구, 먹는 음식 등의 차이에 따라 압축포장 된 염색체에서 열림과 닫힘을 조절하는 태그가 붙여지는 위치나 과정이 다르게 일어날 수 있습니다. 아무리 일란성 쌍둥이라도 열림과 닫힘을 표

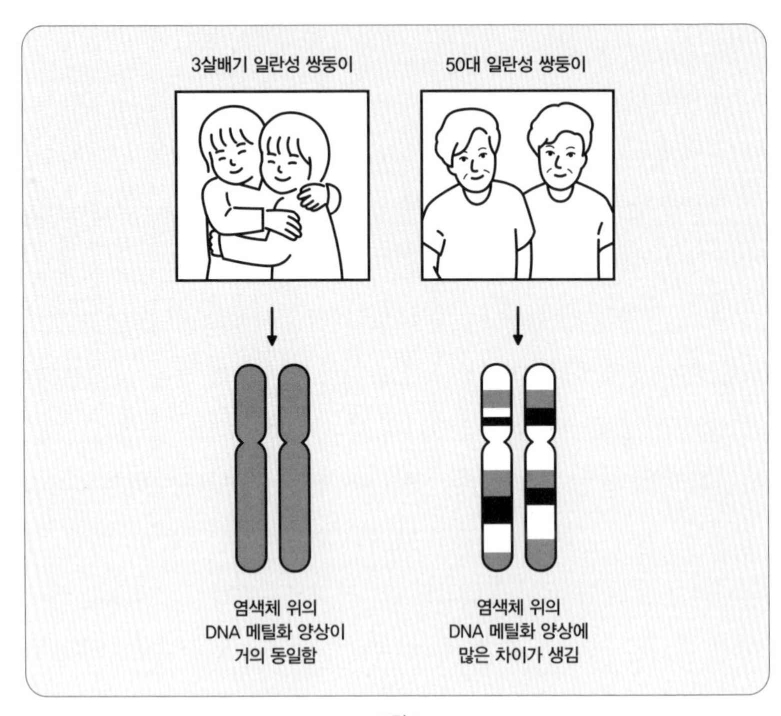

그림 8
동일한 DNA를 가진 일란성 쌍둥이도 나이가 들어감에 따라 DNA 메틸화 양상의 차이와 같은 후성유전적 변화가 생깁니다. 쌍둥이 자매로부터 따로 분리한 메틸화된 DNA에 각각 흰색과 검은색의 형광 표지를 한 후 염색체 위의 원래 주소지별로 상보적 결합하여 레이저감지기로 색을 분석한 결과입니다. 만약 유사한 메틸화 양상이면 두 형광색의 보색인 회색으로 나오게 되지만 서로 다른 메틸화 양상이면 흰색과 검은색이 겹치지 않는 곳이 많을 것입니다.

시하는 태그가 다르게 붙여지면 쌍둥이의 형질에 차이가 생길 수 있습니다. 다시 말해서 동일한 염색체를 가지고 있더라도 염색체를 압축하거나 압축을 푸는 부위와 횟수가 달라지는 것 때문에 형질의 차이가 생기게 되는 것입니다. 유전자 정보가 담긴 책에 태그를 붙이는 작업이 바로 대표적인 후성유전적 작동원리라고 할 수 있습니다. 태그 기능의 대표적인 예로는 사이토신 염기[3]에 메틸기를 붙이거나 떼기, 히스톤 단백질[4]에 아세틸기를 붙이거나 떼기 등이 있습니다. 이러한 화학적 변형은 전사 발현을 촉진하거나 억제하는 염색체의 태그 기능을 하게 됩니다.

스페인의 마넬 에스텔러Manel Esteller(1968-) 교수 연구팀은 어린 시절과 중년 나이의 일란성 쌍둥이에게서 발견되는 후성유전적 차이를 연구했습니다. 그 결과 염색체에서 동일한 위치의 사이토신cytosine에 결합하는 메틸기-CH_3의 양상이 형질의 차이와 관련이 있음을 밝혀냈습니다(그림8). 다른 연구에서는 태어난 후 사춘기까지 추적 연구한 일란성 쌍둥이의 경우 DNA 메틸화 패턴에 많은 변화가 확인되었으며, 이는 표현형의 차이로 이어졌음이 분명했습니다.

DNA 메틸화는 주로 사이토신에 새겨지는 화학적 변형이며 효소 반응 덕분에 가역적으로 일어납니다. 프로모터의 사이토신에 메틸화가 되어도 염색체의 유전정보는 전혀 바뀌지 않습니다. 즉 부모로부터 전해 받은 유전정보는 그대로 가지고 있는 것입니다. 다만 사이토신의 메틸화로 염색질이 단단하게 응축되면 해당 부위의 전사 발현이 억제되어 단백질이 만들어지지 않고, 반대로 사이토신의 메틸화가 제거되면 단단하게 응축되었던 염색질이 풀리면서 전사 발현이 가능해지고 단백질이 만들어집니다. 단백질의 합성 여부는 개체의 형질 발현에 영향을 줍니다. 따라서 같은 유전자를 가진 일란성 쌍둥이라도 사이토신의 메틸화가 서로 다르게 작동한다면 다른 형질을 발현하게 되는 것입니다.

---

3 사이토신 염기: DNA를 구성하는 4개 염기 중 하나
4 히스톤 단백질: DNA 포장에 사용되는 핵심 단백질

지금까지 DNA 메틸화와 같은 후성유전적 변화가 형질 변화에 영향을 준다는 내용을 알아보았습니다. 유전자 발현을 통해 만들어지는 단백질의 기능 차이가 개체의 형질을 결정하는 데 중요한 역할을 한다고 했습니다. DNA 메틸화와 같은 후성유전적 변화는 유전자 발현에 영향을 주어 단백질의 생성 여부를 결정하게 되고, 결국 세포나 개체의 형질까지 결정하게 되는 것입니다. 후성유전적 변화는 세포 속의 모든 유전자별로 독립적으로 일어나며, 전사 발현을 통한 RNA 합성 여부를 조절하는 중요한 분자스위치로 작용합니다. 동일한 유전자를 가진 일란성 쌍둥이에게서 발견되는 DNA 메틸화 양상의 차이는 전사 발현과 단백질 발현의 차이를 유도하여 형질의 차이를 만들게 됩니다. DNA 메틸화 외에도 다양한 후성유전적 변화가 존재하는데, 이것은 다음 장에서 자세히 다룰 것입니다.

5

우리 몸을 만드는 세포의 탄생 비밀

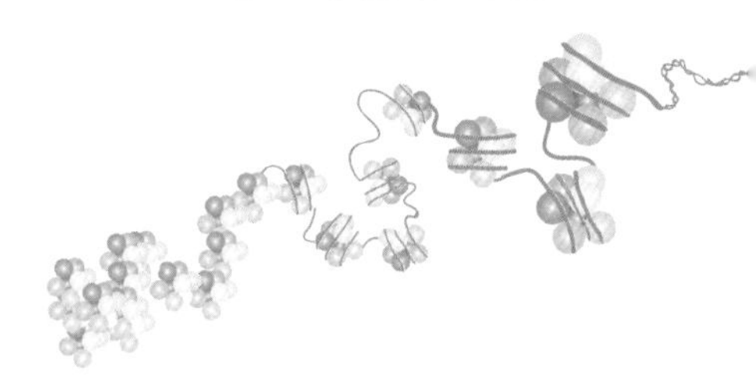

한 개의 세포에 불과한 수정란으로부터 수십조 개에 달하는 세포로 된 성체가 만들어지는 것은 신비로운 생명 현상입니다. 세포분열과 분화 과정을 거치면서 수정란에서는 다양한 종류의 세포들이 만들어지게 되는데, 인간의 경우에는 200여 가지 유형의 세포들이 만들어지게 됩니다. 여기서 중요한 것은 수십조 개에 달하는 세포가 모두 동일한 유전체[1]를 가지고 있다는 사실입니다. 그렇다면 하나의 수정란에서 만들어진 동일한 유전체의 세포들이 어떻게 완전히 다른 구조와 기능을 가진 200여 가지의 갖가지 다른 세포들로 변신할 수 있었던 걸까요?

4장에서도 언급했지만 배발생 과정에서 수정란이 완전히 다른 세포 유형으로 변신하는 것을 분화라고 합니다. 수정란에서 배발생 과정을 통해 기능과 구조가 완전히 다른 세포 유형으로 변신하는 분화 과정은 산 정상에서 계곡 아래로 굴려버린 바위의 운명에 비유할 수 있습니

1 유전체: 세포가 가지고 있는 유전자의 총합을 말하며, 게놈genome이라고 합니다.

다. 후성유전학의 아버지라 불리는 콘래드 워딩턴은 산 정상에서 산 아래로 굴러떨어진 바위처럼 수정란의 줄기세포도 일단 분화 신호를 받아 정해진 세포 유형으로 변하게 되면 다시 처음으로 되돌아가지 못한다고 설명했습니다. 당시에는 특정 유형으로 분화된 세포가 원래의 줄기세포 상태로 되돌아가는 것은 불가능하다고 생각했습니다. 하지만 2016년에 노벨상을 받은 일본 과학자 야마나카 신야山中 伸弥(1962-) 교수는 체세포를 줄기세포로 되돌아가게 하는 것이 가능하다 밝혔습니다. 다시 말해 계곡 아래로 굴러떨어진 바위를 거꾸로 산 정상에 되돌리는 것이 가능하다는 것입니다.

수정란이 배발생을 할 때 줄기세포 속에서는 어떤 일들이 일어나는 걸까요? 초기 배아의 줄기세포는 우리 몸의 어떤 세포로도 변신이 가능한 능력을 가지고 있습니다. 줄기세포가 특정 분화 신호에 노출되면 즉각적으로 어떤 유형의 세포가 될 것인지 운명이 정해지며, 운명이 결정된 세포는 자신만의 고유한 구조와 기능을 가진 특정한 세포로 변신하게 됩니다. 배발생 과정에서는 다양한 분화 신호에 따라 다양한 종류의 세포가 만들어지며, 이렇게 변신한 세포는 줄기세포로 되돌아가지 않습니다. 이런 과정을 통해 하나의 수정란으로부터 완전히 다른 구조와 기능을 가진 여러 종류의 세포들로 변신하게 되는 것입니다. 다만 하나의 수정란으로부터 유래된 세포들이기에 그 세포 유형과 종류에 상관없이 모두 동일한 유전정보를 보유하게 됩니다.

분화 신호라는 것이 대체 무엇이기에 이런 일이 가능한 것일까요? 해답은 분화 신호에 대응하여 유전자 발현을 지휘하는 후성유전적 작동 시스템에 있습니다. 수정란 속의 전체 유전정보를 유전체(또는 게놈)라고 합니다. 인간의 세포는 총 46개의 염색체로 된 유전체를 가집니다. 4장에서도 설명했듯이 각각의 염색체를 한 권의 책으로 비유한다면, 세포는 46권의 책이 소장된 책장을 가지고 있다고 할 수 있습니다. 우리 몸을 구성하는 200여 종류의 세포 유형은 하나의 수정란으로부터 만들어졌으므로 동일한 유전체를 보유하고 있습니다. 즉 동일한 46권의 책이 꽂힌 책장을 가지고 있는 것입니다. 이제 분화 과정에서 후성유전적 작동 시스템이 어떤 역할을 하는지 알아보겠습니다.

수정란에서 200여 종류의 세포 유형으로 변신하는 과정을 알아보기 전에 우선 서로 다른 유형의 세포들 사이에 어떤 차이점이 있는지를 알아보겠습니다. 신경세포와 피부세포는 기본적으로 동일한 유전체를 가지고 있으며, 세포의 기능 유지에 필요한 유전자가 발현되고 있을 것입니다. 그런데 신경세포의 특성을 나타내는 유전자는 피부세포에서는 발현되지 않을 것이고, 피부세포의 특성을 나타내는 유전자는 신경세포에서는 발현되지 않을 것입니다. 다시 말해서 세포의 유형에 따라 기능 유지에 필요한 유전자가 조금씩 다르다는 게 됩니다. 세포의 기능 유지에 필요한 유전자가 발현되려면 전사 ON/OFF 스위치가 제대로 작동되어야 합니다. 후성유전 조절 시스템은 이런 전사 스위치를 조절하는 역할을 합니다. 결론적으로 세포가 가진 유전체 중에서 어떤 유전자가 발현되느냐에 따라 세포 유형이 달라지며 세포의 정체성이 결정되는 것입니다.

세포 유형마다 사용되는 유전자의 조합이 달라질 수 있는 이유는 후성유전적 작동 시스템이 유전자별로 ON/OFF 전사 스위치를 선별하여 달아주기 때문입니다. 결국 출발점에 해당하는 수정란의 유전체에 포함된 모든 유전자들은 유전정보 해독 측면에서 전부 동일한 잠재력을 가집니다. 여기에 후성유전 조절 시스템에 의해 ON/OFF 전사 스위치가 유전자마다 선별 적용되면 필요한 유전자를 제외한 나머지의 정보 해독은 차단되는 것입니다.

이처럼 후성유전 조절 시스템의 도움으로 특정 조합의 유전자만 사용되도록 조직화한 유전체를 후성유전체라고 합니다. 따라서 세포 유형마다 고유한 후성유전체를 조직화하여 세포 정체성을 확보하며, 한 번 만들어진 후성유전체는 세포분열을 거듭해도 바뀌지 않고 모세포에서 딸세포로 대물림됩니다.

모든 유형의 세포는 필요한 유전자의 전사 스위치만 ON 상태로 켜두고 불필요한 유전자의 전사 스위치는 OFF 상태로 완전히 꺼둡니다. 그런데 세포 유형이 다르면 개별 유전자의 전사 ON/OFF 스위치에 차이가 있으며, 세포 유형에 따른 전사 ON/OFF 스위치의 상태는 절대 바뀌지 않아야 합니다. 만일 필요한 유전자의 전사 스위치가 꺼지거나 불필요한 유전자의 전사 스위치가 켜지게 되면 세포의 정체성이 무너지게 됩니다. 생명체에서 세포 정체성에 변화가 생긴다는 것은 생명체의 운명을 바꿀 수 있는 매우 심각한 일입니다. 따라서 분화 과정에서 정해진 전사 스위치의 상태는 생명체가 죽을 때까지 절대 바뀌지 않아야만 합니다. 세포의 전사 스위치 상태를 구축하고 안정적으로 유지하는데 매우 중요한 역할을 하는 것이 바로 후성유전적 작동 시스템인 것입니다.

이어서 후성유전적 작동 시스템이 전사 스위치를 조절하는 방식에 대해 알아보겠습니다. 2장에서 언급한 대로 유전자 발현은 전사 과정과 번역 과정으로 나뉘며, 전사조절 부위인 프로모터가 전사 과정의 시작을 결정합니다. 프로모터 부위에서 전사 과정이 시작되려면 전사 스위치가 켜져야 하며, 이를 조절하는 것이 후성유전적 작동 시스템입니다. 4장에서 언급했던 태그 기능의 후성유전적 변화는 ON/OFF 전사 스위치의 역할을 합니다. 프로모터에 붙여지는 태그의 예로는 사이토신 염기에 새겨지는 DNA 메틸화, 히스톤 단백질의 꼬리에 일어나는 다양한 공유결합 등이 있습니다. 이 외의 다양한 후성유전적 변화들 역시 전사 발현을 조절하는 스위치로 기능하는데, 이에 대해서는 나중에 다루겠습니다.

전사 스위치를 켜거나 끄는 결정은 프로모터 주변 염색질의 구조 및 상태와 밀접하게 연관되어 있습니다. 프로모터 주변의 염색질 구조가 응축하면 전사인자 및 RNA 중합효소가 프로모터에 접근하기 어려워져서 전사 과정이 시작될 수 없고, 반대로 염색질 구조의 응축이 풀리면 전사인자 및 RNA 중합효소가 프로모터에 접근하기 쉬워져서 전사 과정이 시작될 수 있습니다. 이때 염색질 구조를 응축시키거나 응축을 푸는 일은 후성유전적 작동 시스템이 결정합니다. 즉 후성유전적 변화에 해당하는 표식의 종류에 따라 염색질 구조의 응축 정도가 바뀌면서 전사 발현 여부가 결정되는 것입니다.

다시 정리해 보면 다음과 같습니다. 신경세포와 피부세포는 동일한

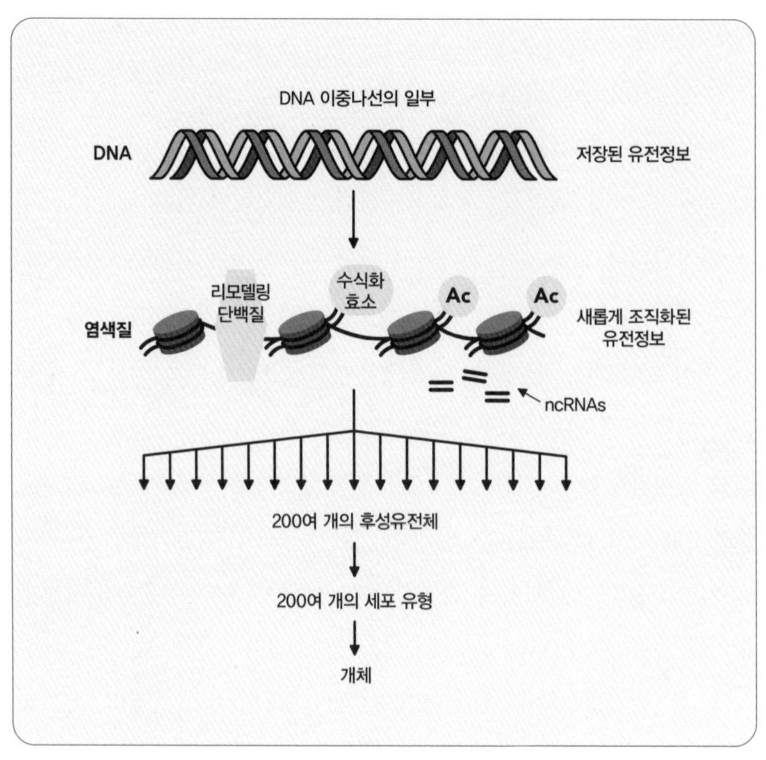

그림 9　동일한 유전체의 수정란에서 서로 다른 세포 유형의 탄생 비밀

유전체를 가지고 있지만 서로 다른 특성을 나타냅니다. 신경세포와 피부세포의 후성유전적 변화는 독립적으로 일어나며, 각 세포 종류마다 서로 다른 조합의 태그를 가진 고유의 후성유전체를 보유하고 있습니다. 이 원리를 전체 세포 유형에 적용해 보겠습니다. 인간을 구성하는 세포는 200여 가지 유형이 있지만 모두 동일한 유전체를 가지고 있습

니다. 그러나 세포 분화 과정에서 후성유전적 변화를 통해 새롭게 조직화된 각각의 고유한 후성유전체를 가지게 되어 서로 다른 특성을 가지게 되었습니다. 즉 우리 몸의 모든 세포는 2만 2,000개의 유전자로 구성된 동일한 유전체를 가지고 있지만 세포 유형마다 고유한 후성유전체를 조직화한 덕분에 완전히 다른 형질의 200여 세포 유형을 가지게 된 것입니다(그림9).

후성유전적 변화를 분자 수준에서 알아보기로 하겠습니다. 3장에서 설명한 것처럼 핵이라는 작은 공간에 들어 있는 염색체는 매우 길고 부피가 큰 DNA 사슬을 히스톤 팔량체를 이용하여 압축포장 한 것이며, 히스톤 팔량체는 히스톤 단백질 8개로 된 구조물입니다. 히스톤 단백질은 후성유전적 변화에서 중요한 역할을 합니다. 히스톤 단백질을 마법사에 비유하면 후성유전적 변화는 마법의 지팡이로 히스톤 단백질의 꼬리에 새긴 암호 또는 표식이라고 할 수 있습니다. 히스톤 단백질 꼬리에 새긴 암호는 전사 억제 또는 전사 활성화와 관련됩니다. 염색질 구조의 응축을 유도하는 것은 전사 발현을 억제하는 암호이고, 염색질 구조의 응축을 풀어주는 것은 전사 발현을 활성화하는 암호라고 할 수 있습니다.

여기서 히스톤 단백질만이 후성유전적 변화를 일으키는 것은 아닙니다. 히스톤 단백질과 닮은 단백질인 히스톤 변이체도 후성유전적 변화를 일으키는 마법사라고 할 수 있습니다. 히스톤 변이체가 히스톤 팔량체 속의 히스톤 단백질을 밀어내고 그 자리를 차지한 후 자신만의 새로운 마법을 부리는 경우도 있습니다. 또 다른 마법사인 CpG는 사이토신C 염기와 구아닌G 염기가 인산기p에 의해 연결된 것입니다. CpG는 프로모터 부위나 인트론[2] 부위에서 사이토신에 메틸기를 결합해 전사를 억제하는 마법사입니다. 또한 염색질 구조를 리모델링하는 염색질 구조변경 인자도 후성유전적 변화와 관련된 마법사입니다. 염색질 구조변경 인자는 프로모터 부위의 뉴클레오솜 간격을 조정하거나 위치를 변화시킴으로써 전사를 활성화할 수 있습니다.

이제 히스톤 팔량체에 대해 자세히 알아보겠습니다. 3장에서 살펴본 바대로 히스톤 팔량체는 8개의 히스톤 단백질로 된 구조물입니다. 히스톤 단백질에 포함된 아미노산 서열의 대부분은 히스톤 팔량체 구조를 만드는 데 쓰입니다. 히스톤 팔량체를 만들고 남은 아미노산 서열이 히스톤 팔량체에 달린 8개의 자유로운 꼬리가 되며, 이 꼬리는 히스톤 단백질 마법사가 후성유전적 암호를 새기는 플랫폼이 됩니다(그림10 (가)).

히스톤 단백질의 꼬리에 여러 가지 방식의 공유결합을 통해 암호를 새깁니다. 히스톤 단백질의 꼬리에 암호가 새겨지는 이 과정을 '번역 후 수식화[3]'(또는 번역 후 화학적 변형)라고 부릅니다. 히스톤 단백질의 꼬리에 암호를 새기는 효소와 암호를 제거하는 효소는 짝을 이루고 있습니다. 따라서 히스톤 단백질의 꼬리에 암호를 새기거나 제거하는 것이 모두 가능하므로 동일한 프로모터에서 ON/OFF 전사 스위치 역할을 할

2 인트론intron: 진핵생물에서 발견되는 유전자 구조를 살펴보면 원핵생물과는 달리 단백질 암호화 부위가 연결되어 있지 않고 엑손exon이라는 DNA 조각으로 나누어져 있습니다. 이들 엑손들 사이에 삽입되어 있는 비암호화 DNA 조각을 인트론이라고 합니다.

3 번역 후 수식화는 번역 과정에 의해 단백질이 합성된 후 효소반응으로 다양한 화학적 변형이 특정 아미노산에 새겨지는 현상을 말합니다.

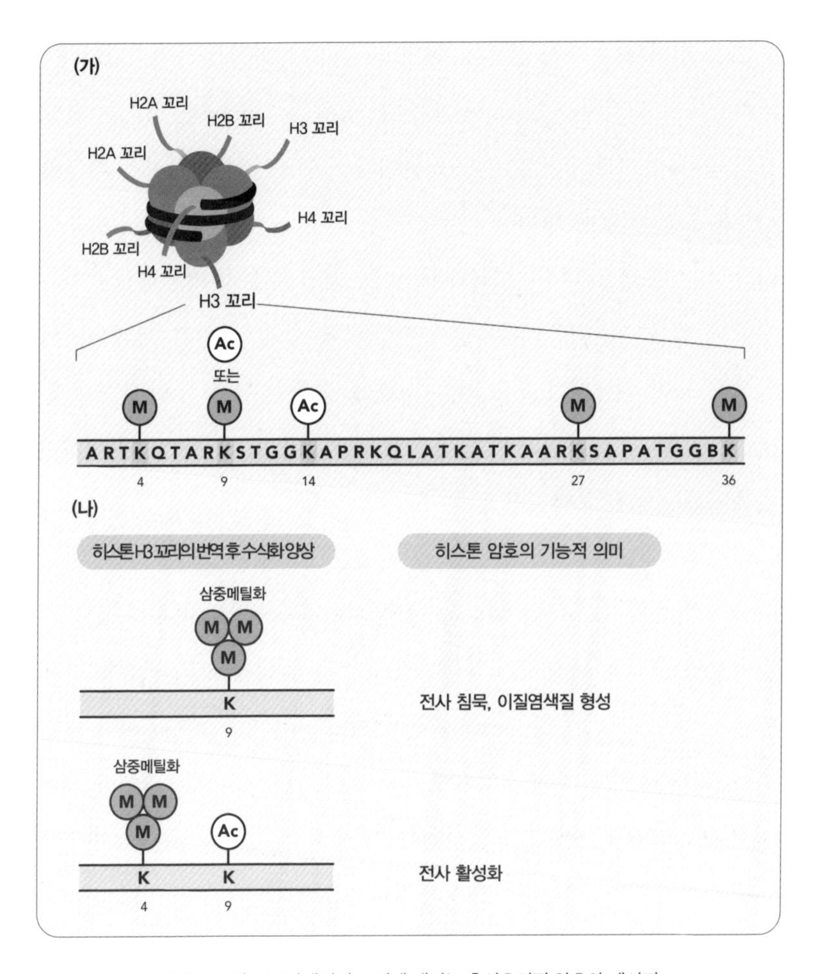

그림 10　히스톤 단백질의 꼬리에 새기는 후성유전적 암호와 메시지

(가)는 뉴클레오솜 속의 히스톤 팔량체에 달린 꼬리의 위치와 번역 후 수식화에 대한 모식도입니다. 각 히스톤의 꼬리에 포함된 아미노산은 다양한 화학적 공유결합으로 번역 후 수식화(또는 변형)가 일어납니다. 예를 들어 히스톤 H3에는 아세틸기(Ac), 메틸기(M) 또는 인산기(P) 등에 의해 수식화될 수 있습니다. 숫자는 수식화된 아미노산의 위치를 의미하며 9번, 14번, 23번 그리고 27번 라이신(K)은 한 가지 이상의 수식화가 일어날 수 있습니다. 그림 상에 표시되지 않았지만, 라이신에 새겨지는 메틸기의 수는 최대 세 개입니다. 네 종류의 핵심 히스톤 중 가장 큰 히스톤인 H3는 135개의 아미노산으로 구성되며, 대부분의 수식화는 아미노 말단 꼬리에서 발생합니다. (나)에서 보듯이 히스톤 꼬리에 새겨지는 수식화의 다양한 조합은 특정 메시지로 해독되어 염색질 구조 변화와 전사 발현의 분자 스위치로서 기능합니다.

수 있는 것입니다. 다시 말해서 '번역 후 수식화' 과정은 가역적입니다.

히스톤에 새겨지는 암호에는 다양한 종류가 있습니다. 히스톤 단백질의 종류가 다르거나, 같은 히스톤이라도 아미노산의 위치가 다르면 히스톤 꼬리에 같은 변형이 일어났더라도 서로 다른 암호로 읽히게 됩니다. 히스톤에 새겨지는 암호에는 아르지닌이나 라이신에 메틸기가 결합한 형태, 라이신에 아세틸기가 결합한 형태, 세린과 트레오닌의 인산화 등이 있습니다(그림10 ㈎). 그림에 사용된 심벌 중 M은 히스톤 H3의 라이신에 새겨진 메틸화 암호를 타나내며, Ac는 라이신에 새겨진 아세틸화 암호를 의미합니다.

히스톤에 새겨지는 암호들은 단독으로도 메시지를 전하지만 두 개 이상의 암호가 공조하여 새로운 메시지를 전달하기도 합니다. 히스톤 단백질의 꼬리에 새겨지는 다양한 암호들은 염색질 구조 변화를 통해 전사 발현을 결정하는 분자 스위치 역할을 합니다(그림10 ㈏). 예를 들면 히스톤 H3의 아홉 번째 라이신에 새겨지는 삼중 메틸화는 전사를 억제하거나 이질염색질 구조를 형성하는 데 중요한 역할을 합니다. 반면에 히스톤 H3의 네 번째 라이신에 새겨지는 삼중메틸화는 전사 활성화와 관련됩니다. 또 히스톤 H3의 아홉 번째 라이신에 새겨지는 아세틸화는 전사 활성화와 관련됩니다.

결론적으로 '번역 후 수식화'는 단백질의 기능이나 활성을 조절하는 분자 스위치 기능을 합니다. 다만 '번역 후 수식화'가 히스톤 단백질에서만 일어나는 것은 아닙니다. 대부분의 단백질에서 '번역 후 수식화'가 일어날 수 있으며, 이는 해당 단백질의 활성을 조절하는 분자 스위치로 작동합니다.

이상에서 우리 몸을 구성하는 200여 종류의 세포들이 탄생한 비밀은 후성유전적 작동 시스템에 의해 일어나는 마법이라는 것을 알게 되었습니다. 동일한 유전체를 가지고 있으면서도 서로 다른 기능과 구조를 가진 세포가 만들어진 것은 후성유전적 작동 시스템에 의해 유전자 발현 여부에 차이가 생겼기 때문이라는 것도 알게 되었습니다. 또한 히스톤 단백질의 꼬리에서 일어나는 '번역 후 수식화'와 'DNA 메틸화'가 후성유전적 변화에서 매우 중요하다는 것도 이해하게 되었습니다.

6

유전자와 형질의 일반적인 관계

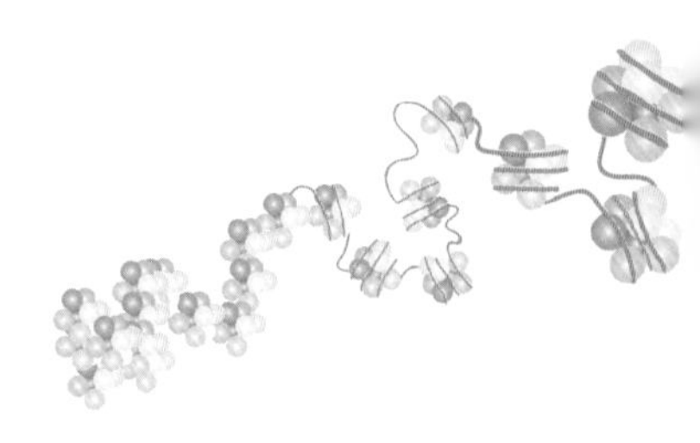

우리는 세포 또는 개체의 형질이 유전자에 의해 결정된다고 알고 있습니다. 일반적으로 유전자와 형질의 관계를 다루는 생물학 분야를 유전학이라고 합니다. 그러나 유전자가 형질에 영향을 미치는 과정을 과학적으로 설명하는 것은 그리 간단치 않은 일입니다.

19세기 말에 활동한 그레고어 멘델은 유전학의 아버지로 불립니다. 멘델 이후 생물학의 주요 관심사는 유전자와 형질의 관계를 공부하는 것이었고, 현재까지 획기적인 발전을 거듭했습니다. 유전학의 발전 덕분에 유전질환을 비롯한 다양한 질병에 대해서도 이해할 수 있게 되었고, 원인이 파악된 질병의 경우에는 치료 약물의 개발로 이어졌습니다. 유전학의 발전은 인간이 질병으로부터 벗어나 건강한 삶을 유지할 수 있게 만드는 과정에서 지대한 공헌을 했습니다. 그럼에도 유전학만으로는 설명할 수 없는 미스터리가 여전히 많이 남아 있습니다. 남아 있는 미스터리는 유전자 발현 여부로 개체의 형질을 설명할 수 없는 경우가 대부분입니다. 여기서 미스터리를 밝히는 데에 있어 구세주처럼 등장한 학문이 바로 후성유전학입니다. 후성유전학의 등장으로 돌연변이가 일어나지 않고도 새로운 형질이 발현될 수 있음을 설명할 수 있게 되었습니다. 후성유전학은 유전학 분야에 새로운 패러다임을 제시함으로써 그동안 미스터리로 남아 있었던 생명 현상을 이해하는 데 큰 기여를 하고 있습니다.

이번 장에서는 나비의 날개 색깔 형질을 통해 유전자와 형질의 관계를 이해하고, 멘델의 유전에 대해 간략하게 알아보려고 합니다. 또한 유전자 발현을 통해 형질이 발현되는 과정에 관해서도 살펴보고자 합니다.

나비의 날개 색깔로 살펴본 유전자와 형질의 관계도

같은 종이면서도 다른 형질을 가진 경우를 예로 들어 유전자와 형질의 관계를 이야기해 보겠습니다. 갈색 나비가 사는 어떤 지역에서 날개 색깔만 흰색인 동종의 나비 개체가 발견되었습니다. 갈색 나비는 갈색 색소를 만들 수 있는 유전정보를 가지고 있으며, 그러한 유전자의 발현을 통해 날개를 갈색으로 만들 수 있습니다. 그러나 갈색 색소를 만드는 유전자에 돌연변이가 생겨서 유전자 발현 오류가 발생하면 갈색 색소를 만들 수 없게 되어 흰색 나비가 되어버리는 것입니다.

갈색 나비와 흰색 나비를 분자 수준에서 비교해 보겠습니다(그림11 ㈎). 갈색 나비는 정상 색소유전자를 가지고 있으므로 전사와 번역 과정

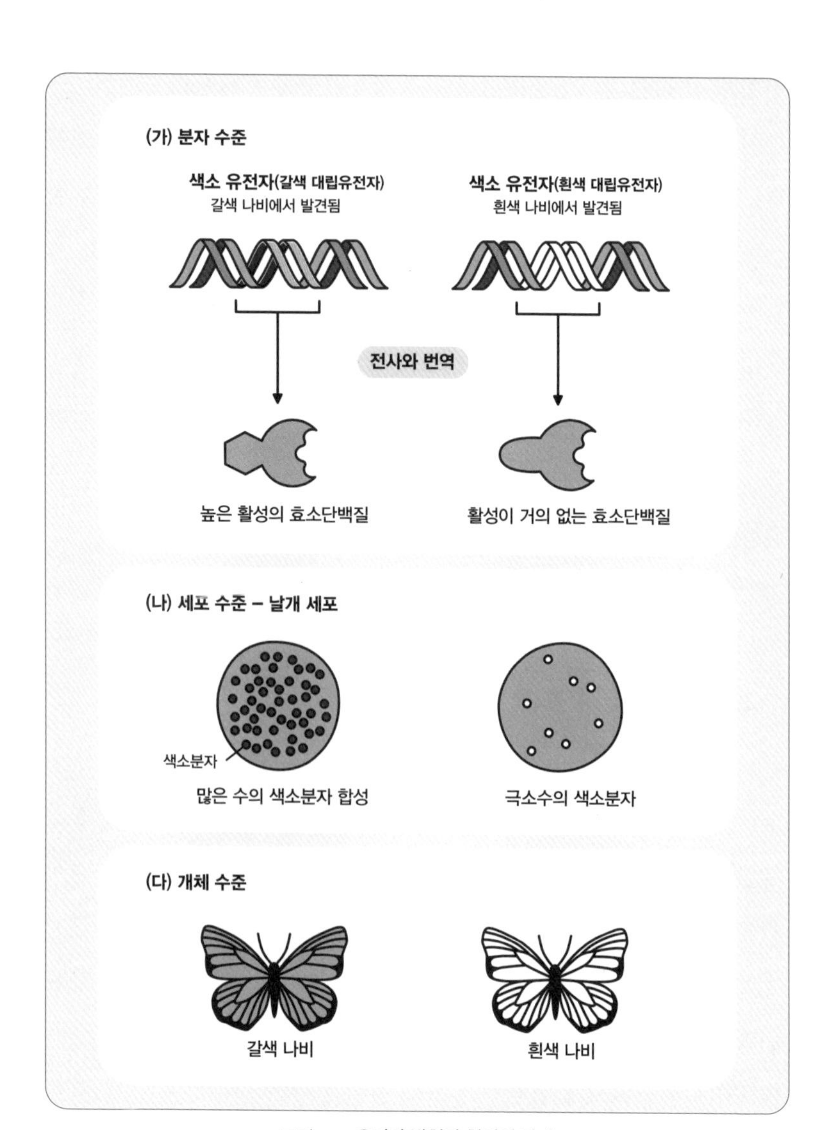

그림 11 유전자 발현과 형질의 관계

을 통해 색소분자를 생산할 효소단백질을 만들 수 있습니다. 그러나 색소유전자에 돌연변이가 생기면 색소분자를 생산할 효소단백질을 만들지 못하거나 활성이 거의 없는 효소단백질을 만들기도 합니다. 이렇게 효소단백질에 이상이 발생한 경우에는 갈색 색소분자를 만들지 못하게 됩니다.

이제 갈색 나비와 흰색 나비를 세포 수준에서 비교해 보겠습니다(그림11 (나)). 정상 색소유전자를 가진 나비는 필요한 효소단백질을 만들어서 색소분자를 충분히 생성할 수 있습니다. 따라서 이 경우에는 진한 갈색 날개를 가진 나비가 됩니다. 돌연변이 색소유전자를 가지게 되어 효소단백질이 없거나 결함이 있는 경우를 생각해 보겠습니다. 효소단백질이 없는 나비는 색소분자를 전혀 만들지 못하고, 결함이 있는 효소단백질을 가진 나비는 매우 소량의 색소분자만 만들게 될 것입니다. 생화학적 방법[1]을 이용하여 나비의 날개 색깔과 색소분자의 양을 분석해 본 결과, 나비의 날개 색깔 차이는 색소분자의 양에 의해 결정된다는 것을 알게 되었습니다. 또한 갈색 나비와 흰색 나비의 날개를 현미경으로 관찰해 보면 세포의 색깔 차이를 쉽게 확인할 수 있습니다.

나비의 날개 색깔 차이를 분자 수준과 세포 수준에서 알아본 결과 유전자와 형질의 관계를 설명할 수 있게 되었습니다(그림11 (다)). 나비의 날개는 수많은 날개 세포가 모여 조직화한 기관입니다. 세포라는 것은 모두가 알고 계시듯이 그 크기가 매우 작습니다. 그렇기 때문에 작디작은

1 생화학적 방법: 생체 속의 단백질이나 색소분자 등을 포함하는 물질 분자의 활성, 분자량 또는 분자 개수 등을 분석하는 데 이용되는 방법을 말한다.

하나의 세포만을 두고 그 색깔을 인식하기란 여간 어려운 일이 아닐 것입니다. 하지만 아무리 작은 세포라도 많은 양을 모아두면 언뜻 봐도 그 색깔을 쉽게 인식할 수 있습니다. 나비의 날개는 수많은 세포로 된 기관이므로 나비의 날개 색깔을 우리 눈으로 쉽게 관찰할 수 있습니다.

즉 나비의 날개를 이루는 각각의 세포는 특정 색깔을 나타내는 색소를 가지고 있으며, 그 세포의 수만큼의 매우 많은 색소가 모여 있으므로 맨눈으로 색깔을 관찰할 수 있는 것입니다. 그런데 나비 날개 세포의 대부분이 색소를 만드는 유전자에 돌연변이가 생겨버렸고 여기서 극히 일부만이 정상적인 세포라고 한다면, 우리 눈에는 나비 날개가 흰색으로 관찰될 것입니다. 흰색 나비의 날개에 정상적인 색소를 만드는 세포가 일부 섞여 있더라도 만들어내는 색소의 양이 우리 눈으로 감지하기에는 매우 적은 양일 것이기 때문입니다.

이제 나비의 날개 색깔 형질과 유전자형의 관계를 살펴보겠습니다. 나비의 갈색 날개처럼 야생에서 자주 발견되는 형질을 우성형질이라고 하고, 우성형질을 가진 개체를 야생형이라고 부릅니다. 반면 나비의 흰색 날개처럼 드물게 관찰되는 형질을 열성형질이라고 하고, 이런 개체를 돌연변이체라고 합니다. 나비의 날개 색깔을 결정하는 유전자도 대립유전자로 존재하는데, 우성형질을 결정하는 유전자를 우성 대립유전자라고 하고 열성형질을 나타내는 것은 열성 대립유전자라고 합니다(그림12 ㈎).

대립유전자의 유전자형과 형질의 관계를 알아보겠습니다(그림12 ㈏). 두 개의 우성 대립유전자가 쌍을 이룬 우성 동형접합자인 경우는 우성

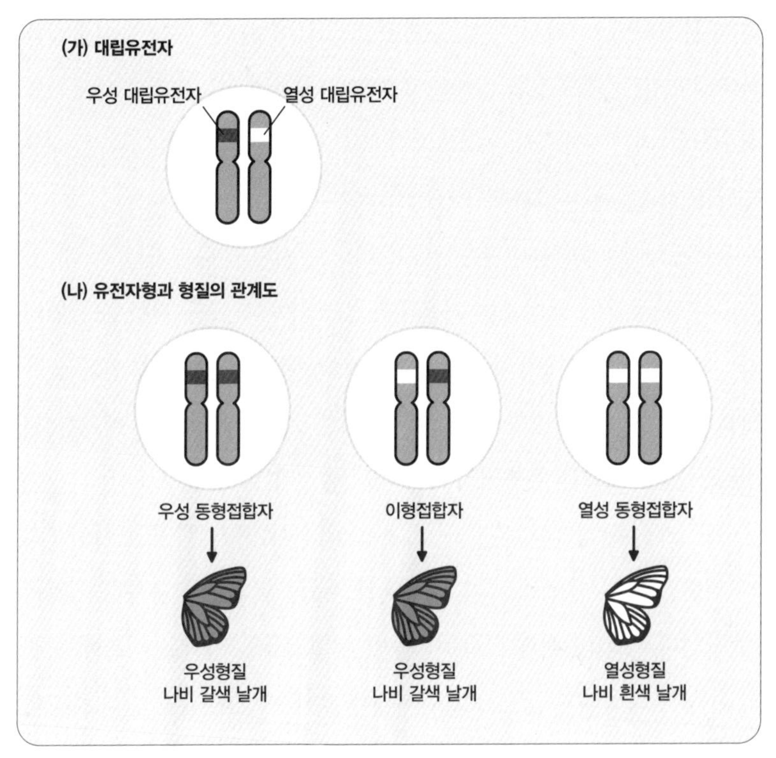

그림 12 유전자형과 형질의 관계

형질을 나타내고, 두 개의 열성 대립유전자가 쌍을 이룬 열성 동형접합자인 경우는 열성형질을 나타냅니다. 그런데 우성 대립유전자와 열성 대립유전자가 쌍을 이룬 이형접합자면 우성형질을 보입니다. 이는 열성 대립유전자보다 우성 대립유전자의 힘이 더 강하기 때문에 생기는 현상이라고 설명할 수 있습니다.

멘델이 연구한 완두콩의 7가지 형질은 우성형질과 열성형질이 명확히 구분됩니다. 따라서 우성 동형접합자와 이형접합자는 우성형질을 나타내고, 열성 동형접합자는 열성형질을 나타냅니다. 그러나 완두콩의 경우처럼 대립유전자의 우열관계가 명료한 경우는 극히 드물며, 대부분의 유전자들은 우열관계가 불명확하고 복잡한 편입니다.

우열관계가 복잡한 대립유전자의 예로는 적혈구 유전자를 들 수 있습니다. 정상적인 적혈구는 가운데가 오목하게 들어간 원반 모양입니다. 그러나 적혈구가 낫형(또는 초승달 모양)이면 선천적으로 빈혈을 유발하는 낫형 적혈구빈혈증을 보이며, 이는 유전질환입니다. 여기서 원반 모양을 나타내는 유전자가 우성 대립유전자[2]이고, 낫 모양을 나타내는 유전자는 열성 대립유전자[3]입니다. 따라서 이형접합자인 사람이라도 원반 모양의 적혈구를 가져서 낫형 적혈구빈혈증이 나타나지 않아야 합니다. 그런데 적혈구 유전자형이 이형접합인 사람은 평소에는 빈혈 증상이 나타나지 않으나 고산지대에 오래 머물게 되면 빈혈 증상이 나타나게 됩니다.

다시 말해서 고산지대라는 환경에 한해서는 열성 대립유전자가 적혈구의 형질 결정에 있어 주도권을 잡게 된 것입니다. 이것은 적혈구의 우성 대립유전자가 열성 대립유전자를 완전히 제압할 정도로 힘이 강하지 않다는 것을 반증하는 현상이라고 할 수 있습니다.

---

2 적혈구 모양에서 우성 대립유전자: 원반 모양의 적혈구 형질을 나타냅니다.
3 적혈구 모양에서 열성 대립유전자: 낫 모양 또는 초승달 모양의 적혈구 형질을 나타냅니다.

유전자의 존재감을 부각하는 형질들

오스트리아의 수도승이었던 멘델은 종교인이면서 과학자였습니다. 당시에는 과학, 예술, 철학 등의 분야에서 활동하는 종교인이 많았습니다. 멘델이 처음에 계획한 실험은 생쥐를 이용한 유전 실험이었는데, 생쥐의 난잡해 보이는 교미 행동에 대한 선입견 때문에 수도원 지도부의 허가를 받지 못했습니다. 그런 이유로 생쥐 대신 선택한 실험재료가 완두콩이었으므로 멘델은 운이 좋은 선택을 한 것이었습니다. 완두콩처럼 유전자형과 형질의 관계가 명확한 재료로 연구하는 것은 생물학자의 관점에서 보자면 너무나도 합리적인 선택일 것입니다. 멘델은 완두콩에서 우성과 열성이 명확하게 구분되는 7가지의 형질을 발견했고, 우성형질을 가진 순종[4]과 열성형질을 가진 순종을 선택하여 교배 실험을 했으며, 몇 가지의 유전법칙이 존재한다는 것을 발견하는 쾌거를 이루었습니다.

우리 선조들은 흰색을 좋아해서 흰색 구렁이나 흰색 호랑이를 영물이라고 생각하고 경외심을 가졌는데, 이는 생물학적 관점에서 보면 색깔을 결정하는 유전자에 결함이 생겨 나타난 돌연변이일 뿐 신성함과는 관계가 없는 현상이었습니다. 더욱이 북극곰과 같이 특별한 경우를 제외하고는 자연에서 하얀색을 하고 있는 개체라고 하면 다른 색깔에 비해 포식자의 눈에 띄기 쉬우므로 생존확률이 매우 낮아지게 되며, 따

4 우성형질의 순종은 한 쌍의 우성 대립유전자를 가진 동형접합자입니다.

라서 야생에서는 매우 희귀해져 버리게 되는 형질인 것입니다.

생물체의 피부색이나 털 색깔은 멜라닌이라는 색소 성분에 의한 것입니다. 생쥐의 경우 멜라닌은 아미노산 중의 하나인 페닐알라닌으로부터 타이로신과 3,4-디하이드록시 페닐알라닌3,4-dihydroxy-phenylalanine을 거쳐 여러 단계의 효소 반응을 통해 합성됩니다. 멜라닌이 합성 시 상당히 복잡한 생화학적 대사 과정을 거치는데, 그 과정에서 여러 단백질이나 효소가 참여합니다. 그중 단 한 개라도 기능적 결함이 생기거나 결핍되면 멜라닌이 합성되지 않게 됩니다. 그렇기에 멜라닌의 합성 과정에서 주요 단백질을 암호화하는 유전자에 결함이 생기면 흰색 형질이 나타나게 되는 것입니다. 색소결핍증은 대부분의 생물체에서 발견되는 현상이며, 이러한 현상이 생긴 개체를 백색증 또는 알비노albino라고 부릅니다. 백색증은 피부, 눈, 머리카락 등에 생기는 선천성 유전질환으로, 백색증을 앓는 사람은 일반인보다 피부암 발병 빈도가 높습니다.

생물체가 만들어내는 색소는 멜라닌 외에도 다양한 종류가 있으며, 어떤 색소라도 결핍이 일어나면 백색증의 원인이 될 수 있습니다. 몇 가지 예를 들어보겠습니다. 야생형 완두콩의 꽃잎은 보라색입니다. 그런데 보라색 색소를 만들지 못하는 열성 개체는 흰색 꽃잎을 가지게 됩니다. 이 경우도 백색증이라고 볼 수 있습니다. 야생형 초파리의 눈은 보통 빨간색인데, 눈 색깔 결정유전자에 결함이 생기면 흰색 눈을 가진 돌연변이형 개체로 태어나게 됩니다(그림13). 미국의 유전학자인 토머스 모건Thomas Morgan[1866-1945]은 초파리의 눈 색깔을 연구하여 돌연변이

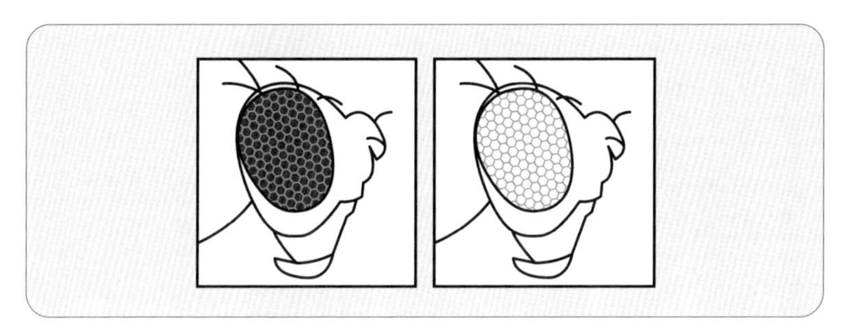

그림 13
다른 눈 색깔을 가진 초파리. 왼쪽 그림에서 초파리의 눈은 검은색으로 표현되었지만, 실제 야생형은 빨간색 눈을 가집니다. 오른쪽 그림의 흰색 눈은 돌연변이형 초파리에서 발견됩니다.

유전을 연구한 생물학자입니다.

낫형 적혈구빈혈증sickle cell disease은 비교적 연구가 잘 되어 있는 선천성 유전질환입니다. 이 질환은 아프리카계 미국인에게서 400명 중 한 명꼴로 발견되는데, 다른 유전질환에 비해 발병 빈도가 매우 높은 편입니다. 낫형 적혈구빈혈증은 적혈구를 만드는 유전자에서 겨우 한 개의 염기가 바뀌어서 생긴 질환이며, 바뀐 염기 때문에 원래와 다른 아미노산으로 대체되는 과오돌연변이missense mutation에 의해 발생합니다. 적혈구의 헤모글로빈은 산소를 운반하는 역할을 합니다. 헤모글로빈은 두 종류의 단백질로 구성된 복합체인데, 그중 하나가 베타글로빈입니다. 그런데 베타글로빈을 암호화하는 유전자에 과오돌연변이가 생기면 낫 모양의 적혈구가 되고, 이로 인해 낫형 적혈구빈혈증을 앓게 됩니다. 좀 더 구체적으로 설명하자면 베타글로빈 유전자의 여섯 번째 코돈인 GAG가 GTG로 바뀌는 과오돌연변이가 일어난 거라고 할 수 있습니다.

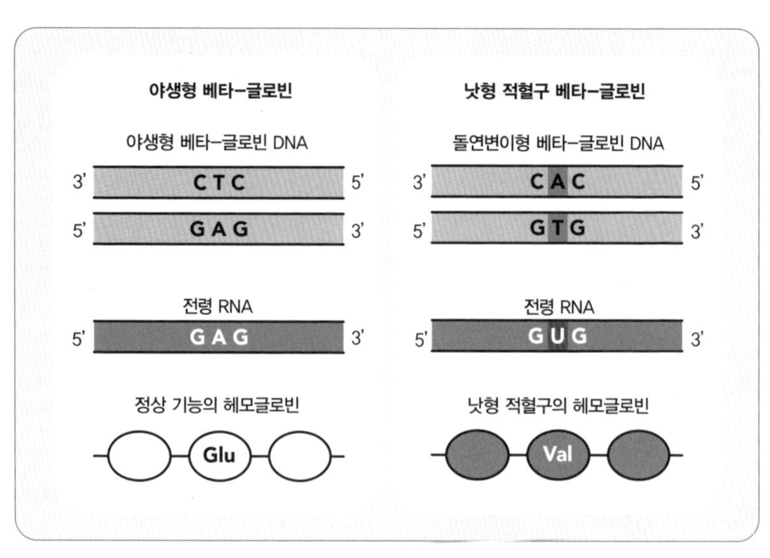

그림 14　낫형 적혈구 빈혈증의 원인

1950년대 중반에 버론 잉그럼Veron Ingram(1924-2006)은 단백질 분석을 통해 낫형 빈혈증의 원인을 조사했습니다. 그는 정상 기능의 헤모글로빈을 가진 사람의 경우에는 베타글로빈의 여섯 번째 아미노산이 글루탐산glutamate이지만 낫형 적혈구를 가진 사람의 헤모글로빈에서는 베타글로빈의 여섯 번째 아미노산이 발린valine으로 바뀌어 있다는 사실을 발견했습니다(그림14). 사소해 보이는 이 작은 돌연변이 하나가 헤모글로빈의 구조와 기능에 심각한 영향을 미친 것입니다.

흥미로운 점은 유전자형이 열성 동형접합자인 사람은 낫형 적혈구빈혈증을 평생 가지고 살지만, 유전자형이 이형접합자[5]인 사람은 평소에는 적혈구가 원반 모양으로 빈혈증이 나타나지 않다가 산소 농도가 낮

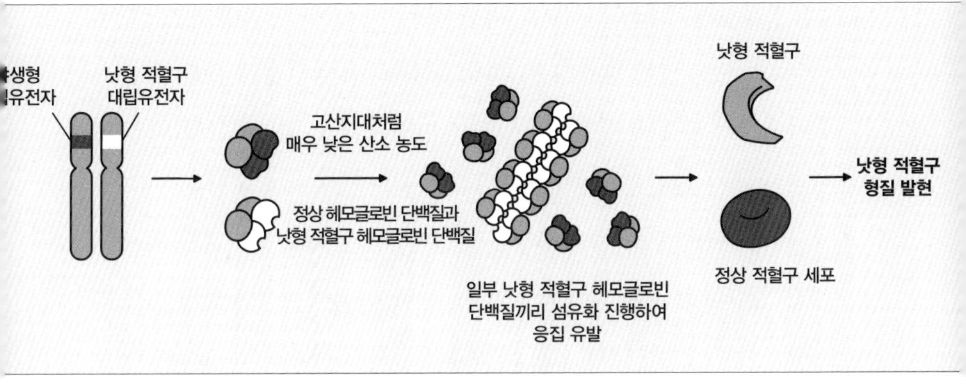

그림 15 낫형 적혈구 형질을 가진 이형접합자의 특징

은 고산지대에서는 적혈구의 모양이 낫형으로 바뀌면서 빈혈증이 나타난다는 것입니다(그림15).

또한 이형접합자인 사람은 다른 사람에 비해 말라리아에 잘 걸리지 않는다는 사실도 발견했습니다. 말라리아가 성행하는 아프리카 지역에 사는 사람의 적혈구 유전자형을 검사해 보면 이형접합자인 사람의 빈도가 상대적으로 높게 나타납니다. 이는 진화생물학의 관점에서 볼 때 적혈구의 유전자형이 이형접합자[HbA/HbS]인 사람은 말라리아가 생기는 환경에 적응하여 생존할 가능성이 커지기 때문에 자연선택으로 해당하는 유전자형의 빈도가 높아진 것이라고 설명할 수 있습니다. 이 외에도 다양한 돌연변이에 의해서 빈혈증이 나타날 수 있습니다. 예를 들면

5 이형접합자: 정상 헤모글로빈 유전자[HbA]와 돌연변이형 유전자[HbS]의 한 쌍

7번 글루탐산이 글라이신으로 바뀐 경우HbG San Jose, 63번 히스티딘이 아르지닌으로 변한 경우Hb Zurich에도 빈혈증이 나타날 수 있습니다.

유전자가 형질에 극단적인 영향을 미치는 예도 있는데, 대표적인 것으로는 치사 대립유전자가 있습니다. 유전자형이 치사 대립유전자만으로 된 동형접합자는 발생 과정에서 살아남지 못하고 죽기 때문에 유전자와 형질의 관계를 알아보기 어렵습니다. 그러나 유전자형이 치사 대립유전자와 정상 대립유전자를 하나씩 가진 이형접합자라면 살아남을 것이므로 이형접합자인 개체를 이용해 치사 대립유전자가 형질에 미치는 영향을 연구할 수 있습니다.

북아일랜드와 잉글랜드 사이에 있는 아이리시해에는 맨섬이라고 불리는 작은 섬이 있습니다. 이 섬의 인구는 9만여 명이고 원주민은 19세기까지 망크스라는 고유한 언어를 사용했던 컬트족입니다. 현재는 영국 왕실에서 맨섬을 소유하고 있습니다. 이 섬은 망크스Manx라는 고양이 품종의 원산지로 유명합니다. 유전학자들이 망크스 고양이에 특별한 관심을 두는 이유는 망크스라는 이름의 치사 대립유전자 때문입니다. 두 개의 치사 대립유전자를 가진 동형접합자 개체는 발생 과정에서 사멸하므로 태어나지 못합니다. 그러나 망크스 치사 대립유전자를 하나만 가진 이형접합자 개체는 살아남습니다. 망크스 치사 대립유전자가 열성유전자이기 때문입니다.

유전자형이 이형접합자인 망크스 고양이끼리 교배하면 자손 1세대에서 망크스 대립유전자형이 이형접합자인 개체와 망크스 대립유전자를 전혀 갖지 않는 동형접합자인 개체가 2:1의 비율로 태어나게 됩니다. 망크스 대립유전자를 두 개 가진 동형접합자 개체는 태어나지 못하고 발생 과정에서 죽기 때문입니다. 그런데 망크스 대립유전자형이 이형접합자인 고양이는 모체에서 죽지 않고 태어나지만 꼬리가 매우 짧고 척추가 많이 굽은 형태를 보입니다. 이 경우도 멘델의 우열 법칙이 명확히 적용되지 않는 경우라고 할 수 있겠습니다.

7 DNA는 우리의 운명이라는 등식을 깨는 미스터리들

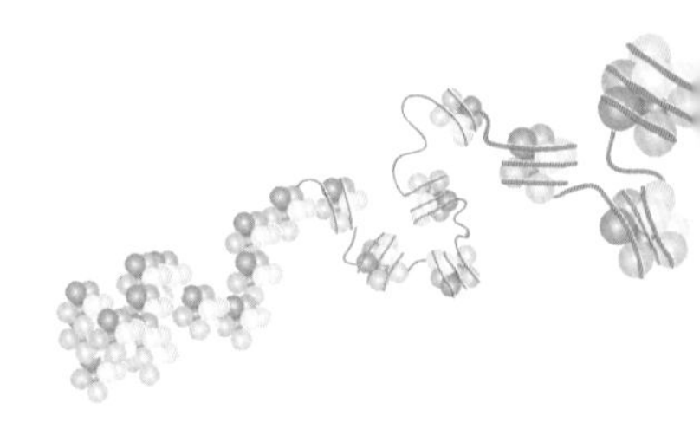

6장에서는 유전자형과 형질[1]의 관계에 대해 살펴보았습니다. 이번 장에서는 유전자형만으로는 설명되지 않는 미스터리한 현상들에 대해 알아보고자 합니다. 대표적인 예를 몇 가지 살펴보겠습니다.

북극여우는 평소에는 털 색깔이 갈색이다가 겨울만 되면 털갈이를 통해 그 색깔을 흰색으로 바꿉니다. 초파리의 눈은 수백 개의 홑눈이 모인 겹눈이며, 온도에 따라 홑눈의 개수가 달라집니다. 초파리를 낮은 온도에서 배양하면 홑눈 개수가 늘어나고 높은 온도에서 배양하면 홑눈의 개수가 줄어듭니다. 다슬기와 고둥은 단단한 껍데기와 몸이 나선형으로 감긴 모양을 가지고 있습니다. 그런데 껍데기와 몸이 감긴 방향은 오른나사 방향과 왼나사 방향 둘 중 하나를 가지게 됩니다. 신기하게도 자손의 몸과 껍데기 방향은 자손의 유전자형이 아닌 모체의 유전자형에 의해 결정됩니다. 다지증[2] 유전자를 가진 사람은 손가락이나 발가락

1 형질은 표현형이란 용어와 동일하게 사용됩니다.
2 생쥐나 사람에게 손가락 또는 발가락의 개수가 다섯 개보다 많아지는 기형

이 다섯 개보다 많은데, 이유는 밝혀지지 않았지만 해당 유전자를 가졌더라도 증상이 나타나지 않는 사람들도 있습니다. 색깔 결정유전자가 우열의 법칙을 따르지 않는 경우도 발견됩니다. 고양이나 생쥐의 경우 야생형 대립유전자와 돌연변이형 대립유전자를 각각 하나씩 가진 이형접합자[3] 개체는 야생형 털색이 아니라 점박이나 모자이크 형태의 털색을 가집니다. 초파리의 경우에는 유전자에 돌연변이가 없음에도 불구하고 얼룩덜룩한 눈을 가진 초파리가 태어나기도 합니다. 또한 일란성 쌍둥이는 유전자가 같아서 거의 같은 형질을 나타내야 하지만 성장하면서 얼굴, 체형, 성격, 취향 등이 조금씩 달라지는 것을 볼 수 있습니다. 이처럼 유전자형으로는 설명하기 힘든 미스터리한 경우들은 얼마든지 있습니다.

유전자만으로는 설명하기 힘든 표현형이 생기는 이유는 무엇일까요? 유전학 지식으로는 이해할 수 없었던 이 현상들의 이유에 대해서 우리는 아무런 의심도 없이 환경 요인 때문이라고 말해왔습니다. 물론 환경 요인이라는 게 완전히 틀린 답은 아니지만, 과학적 논거가 부족하고 비교적 모호한 답변이라고 할 수 있습니다. 만약에 당신이 몸이 아파서 병원을 찾아갔더니 의사가 다짜고짜 "당신의 병은 신경성이니 스트레스를 줄이십시오!"라고 말한다면 얼마나 답답하게 느껴지겠습니까. 자연스레 여기 말고 다른 병원이나 찾아봐야겠다는 생각을 할 수도 있습니다. 다행히 우리는 후성유전학이 등장한 행운의 시대에 살고 있어

3 부모의 생식세포인 정자와 난자로부터 제공되는 두 개의 대립유전자 중 하나는 야생형(또는 우성)이고 나머지 하나가 열성인 유전자형을 말합니다.

서 이러한 미스터리한 현상의 원인이 후성유전적 작동 시스템과 밀접한 관련이 있다는 것을 알 수 있습니다.

북극여우의 털색이나 초파리 홑눈의 개수를 포함하여 다양한 개체의 형질이 발현되는 원리는 환경 요인을 고려해서 설명하는 것이 타당할 것입니다. 앞에서 우리는 후성유전적 작동 시스템 덕분에 동일한 유전자를 가지고 있어도 다른 형질을 가진 개체가 만들어질 수 있다는 것을 알게 되었고, 생명체가 환경 요인에 적절하게 대응할 수 있는 유연성을 가지고 있다는 것도 확인했습니다. 한 번 더 강조하자면 유전자와 개체 형질의 관계 및 유전자와 환경의 관계에는 후성유전적 작동 시스템이 포함됩니다. 따라서 단순하게 유전학 지식만으로 답하기 곤란한 현상을 만나거나 질문을 받게 된다면 쉬이 후성유전적 원인 때문이라고 추측하면 될 것입니다.

유전자와 환경의 상호작용이 만드는 신기한 표현형

빙하 위를 주요 사냥터로 살아가는 북극곰의 털은 일 년 내내 흰색입니다. 그러나 북극여우의 털은 따뜻한 계절에는 갈색이었다가 추워지기 시작하면 털갈이가 시작되고 본격적으로 추운 겨울이 되면 그 색이 완전히 하얗게 바뀝니다. 대부분의 생물체에서 털 색깔은 성체가 된 후로 거의 변하는 법이 없습니다. 하지만 북극여우는 계절에 따라 완벽한 보호색으로 갈아입는 마법을 부립니다. 여름철 북유럽의 툰드라 초원

그림 16 **샤미즈 고양이의 털 색깔**

에서 만나는 갈색 털의 여우와 흰 눈이 쌓인 겨울에 만나는 흰색 털의 여우는 완전히 다른 종이라는 착각을 일으키게 할 정도입니다. 북극여우의 계절에 따른 털 색깔의 변화는 생물체가 생존을 위해 주변 환경에 어떻게 녹아드는지를 잘 보여주는 예입니다.

보통 우리의 몸은 부위마다 체온이 조금씩 다른데, 각 부위의 온도에 따라 털 색깔이 달라지는 특이한 예도 있습니다. 히말리안 토끼Himalayan rabbit와 샤미즈 고양이Siamese cats는 전체적으로는 흰색 털을 가지고 있지만 귀엽게도 귀, 꼬리, 발 등 몸의 말단 부위만 어두운 색깔의 털을 가집니다(그림16).

이 현상은 멜라닌melanin 색소를 합성하는 과정에 중요한 역할을 하는 효소가 온도에 따라 활성이 달라졌기 때문에 생긴 일입니다. 다시 말해서 히말리안 토끼와 샤미즈 고양이는 멜라닌을 합성하는 유전자에 생긴 온도 감수성 돌연변이를 가지고 있는 것입니다. 이 돌연변이 때문에 체온이 낮은 부위는 멜라닌을 정상적으로 합성하고, 체온이 높은 부

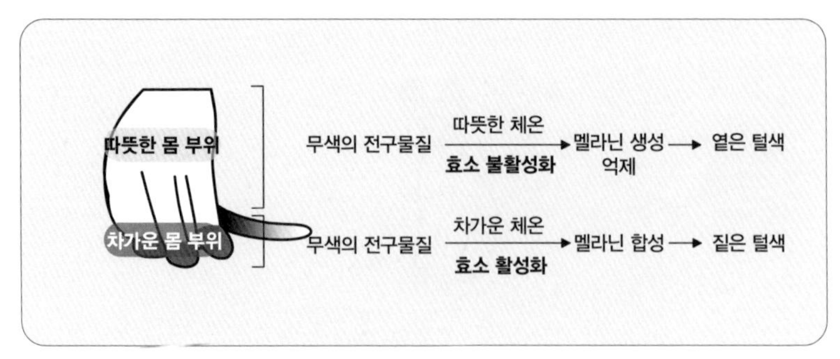

그림 17 샤미즈 고양이에서 발견되는 온도 감수성 털 색깔

위는 멜라닌을 합성하지 못하게 되는 것입니다. 우리 몸의 말단 부위는 상대적으로 체온이 낮은 편입니다. 따라서 체온이 상대적으로 높은 배와 같은 부위에서는 멜라닌을 합성하지 못해 흰색 털이 자라고, 코나 발, 꼬리 같은 말단 부위에서는 멜라닌을 합성하여 어두운 색깔의 털이 자라게 됩니다. 멜라닌 합성에 관여하는 중요한 효소가 낮은 체온에서는 정상적인 단백질 구조를 유지하여 높은 활성을 보이지만 높은 체온에서는 단백질 구조가 변성되어 활성을 잃게 된 것입니다(그림17). 샤미즈 고양이와 히말리안 토끼에서 발견되는 온도 감수성 털 색깔은 타이로신네이즈tyrosinase라는 효소가 원인인 것으로 밝혀졌습니다. 타이로신네이즈는 타이로신을 DOPA[4]라는 중간산물체로 전환시키는 데 필요하며, 멜라닌 합성에 중요한 효소입니다.

식물 중에도 환경 요인에 따라 색깔이 변하는 경우가 있습니다. 강한

4 DOPA: 3,4-디하드록시페닐알라닌3,4-dihydroxyphenylalanine

향기를 가진 수국의 경우에는 토양의 산성도와 알루미늄 함량에 따라 꽃잎의 색깔이 달라집니다. 염기성 토양에서는 수국의 꽃잎이 연분홍색이지만 산성도가 높은 토양에서는 청보라색이 됩니다. 또한 토양의 산성도와는 별개로 알루미늄의 함량이 높은 지역일수록 더 푸른 색깔의 꽃이 피게 됩니다.

후성유전적 작동 시스템과 연관된 표현형

후성유전학에 대한 지식이 없던 과거에는 유전법칙으로 설명되지 않는 많은 형질이 미스터리로 남아 있었습니다. 대표적인 예로는 동일한 유전자를 가진 일란성 쌍둥이가 보이는 형질의 차이를 들 수 있습니다. 생명체는 살아가는 동안 몸의 일부 조직을 끊임없이 재생해야 합니다. 생명이 유지되는 동안에는 몸 일부에서 전사와 복제가 계속 일어나고 있는데, 외부로부터 조달되는 영양분이나 환경의 차이로 인해 후성유전적 변화가 생길 수밖에 없는 것입니다.

미국 초파리 유전학자인 멀러는 얼룩덜룩한 모자이크 무늬의 눈을 가진 초파리 개체를 발견했습니다. 멀러가 발견한 모자이크 무늬의 초파리 눈은 눈 색깔 결정유전자가 우연히 압축포장 된 이질염색질인 동원체 옆에 자리하게 된 까닭이라는 것도 알게 되었습니다. 염색체를 이질염색질로 압축포장 하는 후성유전적 작동 시스템의 특징 때문에 생기는 이러한 현상을 위치효과position effect라고 합니다. 압축포장 된 이질염색질 근처에 있는 유전자는 어쩔 수 없이 전사가 차단되는 피해를 보게 되기도 한다는 뜻입니다. 따라서 눈 색깔 유전자가 아닌 다른 유전자라고 하더라도 이질염색질 부위로 위치가 옮겨지면 전사가 차단되는 염색체 이상 현상을 겪게 되고 기이한 표현형이 나타나게 되는 것입니다. 이에 대한 자세한 내용은 8장에서 다룰 것입니다.

유성생식을 하는 생물은 생식세포를 만들고 수정이 되는 과정에서 다양한 조합의 유전자형을 가진 자손을 만듭니다. 매우 다양한 조합의 유전자형이 만들어지는 덕분에 환경의 변화가 생겨도 멸종하지 않고 살아남을 확률이 높아지는 것입니다. 그러나 유성생식 생명체의 한 가지 딜레마는 성염색체에 들어 있는 유전자량이 암컷과 수컷에서 크게 다르다는 점입니다. 일반적으로 X 염색체에는 성을 결정하는 유전정보 외에도 많은 유전정보가 들어 있으나 Y 염색체에는 성을 결정하는 유전정보만이 들어 있습니다. 따라서 유전자가 XX인 암컷은 XY인 수컷에 비해 유전정보를 많이 가지게 됩니다. 이 문제를 해소하는 장치가 바로 유전자량을 바로잡아 주는 분자저울 시스템[5]이라고 할 수 있습니다.

분자저울 시스템이 작동하게 되면 암컷에 포함된 두 개의 X 염색체 중 하나를 무작위로 선택하여 이질염색질 상태의 바소체[6]로 만들게 됩니다. 바소체가 된 X 염색체는 활성을 나타내지 못하므로 유전정보가 거의 없는 Y 염색체와 같은 신세가 됩니다. 이러한 분자저울 시스템으

5 분자저울 시스템은 암수 간의 X 염색체 개수 차이로 인해 생기는 유전자량의 차이와 이로 인해 발생한 것이라고 예상되는 전사체 및 단백질 분자의 개수 차이를 없애고 동일하게 맞춰주는 현상을 말합니다.

6 바소체Barr Body는 암컷의 체세포에 들어 있는 비활성화된 X 염색체를 말합니다.

그림 18 분자저울 시스템에 의해 모자이크 무늬를 가진 생쥐

로 인해 암컷에서만 특이한 형질이 발견된다는 점도 매우 중요한 사실입니다(9장 참조).

예를 들면 고양이와 생쥐의 털 색깔 결정유전자는 X 염색체와 연관되어 있으므로 X 염색체를 하나만 가진 수컷은 검은색이나 흰색 중의 하나로만 태어납니다. 그러나 X 염색체를 두 개 가진 암컷은 우성 동형접합자, 열성 동형접합자, 이형접합자일 경우가 존재하게 됩니다. 따라서 암컷의 경우에는 검은색과 흰색뿐만 아니라 모자이크 색깔을 가진 개체가 태어납니다. 털 색깔 유전자가 이형접합자인 암컷의 경우는 그림과 같이 검정과 흰색이 섞인 모자이크 형태의 털 색깔을 가진 개체로 발달하게 됩니다(그림18).

사람의 경우 땀샘 결정유전자가 X 염색체와 연관되어 있으므로 이형접합 유전자형의 여성은 초기 배아 시기에 세포마다 X 염색체가 무작위로 선택되어 바소체가 형성됩니다. 이때 우성 땀샘 결정유전자를 가진 X 염색체가 바소체 형성을 할 수도 있고, 반대로 열성 땀샘 결정유전자의 X 염색체가 바소체 형성을 할 수도 있습니다. 따라서 이형접합 유전자형 여성은 땀이 나는 피부조직과 땀이 없는 피부조직이 섞인 모자이크 형태의 피부를 가지게 됩니다.

포유류는 정자와 난자가 단독으로 생식을 진행하는 것을 막으려고 각인유전자라는 안전장치를 만들었습니다. 유성생식을 하는 생물체는 정자와 난자의 결합으로 수정란을 만듭니다. 수정란에 들어 있는 유전체에는 정자에서 온 대립유전자와 난자에서 온 대립유전자가 쌍을 이루고 있으며, 각각의 대립유전자는 전사 발현이 가능하고 우열의 정도에 따라 개체의 형질이 결정됩니다. 그런데 유성생식을 하는 동물 중에도 간혹 난자 단독으로 생식이 진행되는 예도 있으며, 이를 단성생식이라고 부릅니다. 난생하는 생물종 중에는 일부러 단성생식을 이용하는 예도 있습니다. 하지만 포유류는 어떤 생물종도 단성생식을 사용하지 않으며, 실수로라도 단성생식이 일어나는 경우를 대비하여 각인유전자라는 안전장치를 도입했습니다. 생명체가 유성생식을 선택한 것은 유전적 다양성을 높여서 급격한 환경 변화에도 생존 가능성을 높이기 위함입니다. 따라서 정자와 난자로부터 받은 각 대립유전자의 전사 발현이 모두 가능한 것이 생존에 유리합니다.

그러나 포유류가 선택한 각인유전자는 수정란의 발생 초기에 필요한 유전자 일부를 전사 발현이 되지 않게 만든 것입니다. 각인 장치는 정자의 일부 대립유전자 및 난자의 일부 대립유전자의 전사 발현을 포기한 것이며, 정자나 난자가 단성생식을 진행하게 되면 발생 초기 단계에서 사멸될 수밖에 없게 만들었습니다. 이와 같이 각인 장치가 도입되어 일부 대립유전자의 전사 발현이 금지되면 개체의 형질 결정 과정에도 변화가 생길 것입니다. 정자의 각인된 대립유전자의 경우에는 난자의 대립유전자에만 의존해서 형질이 결정될 것이고, 반대로 난자의 각인된 대립유전자의 경우에는 정자의 대립유전자에 의해서만 형질이 결정될 것입니다. 이와 같이 형질의 결정이 정자 또는 난자 한쪽의 대립유전자로만 결정되는 경우에는 열성유전자가 그대로 발현되는 위험을 감수해야만 합니다. 이런 위험을 감수하면서까지 각인 장치를 도입해서 단성생식을 막는 전략을 선택한 것은 유성생식의 이점이 상대적으로 크기 때문이라고 할 수 있습니다.

그렇다면 단성생식을 막는 각인 장치에 대해 정리해 보겠습니다. 대부분 각인유전자는 수정란의 발생 초기에 꼭 필요한 유전자이며, 이 유전자가 없으면 발생이 진행되지 못하므로 사멸합니다. 포유류는 이렇게 중요한 유전자 일부를 압축포장 하여 각인유전자로 만든 것입니다. 즉 정자와 난자로부터 온 대립유전자 중 한쪽 대립유전자만 전사할 수 있게 하고 다른 쪽 대립유전자는 전사를 못 하게 하는 특수 장치를 달아 준 것입니다. 예를 들어서 난자로부터 온 대립유전자의 프로모터 부위를 일반포장 하여 전사 발현이 가능하게 했다면 정자로부터 온 대립유전자의 프로모터 부위는 압축포장 하여 전사 발현을 완전히 차단하는 것입니다. 각인 장치에 대해서는 10장에서 자세하게 다룰 것입니다.

각인 현상이 가장 많이 연구된 유전자 중 하나는 생쥐에서 난쟁이증의 표현형과 연관된 인슐린 유사 성장인자[Igf-2]를 암호화한 것입니다. 이 각인유전자의 경우에 난자로부터 온 대립유전자는 각인되어 있으므로 전사 발현이 불가능하고 정자로부터 온 대립유전자만 전사 발현

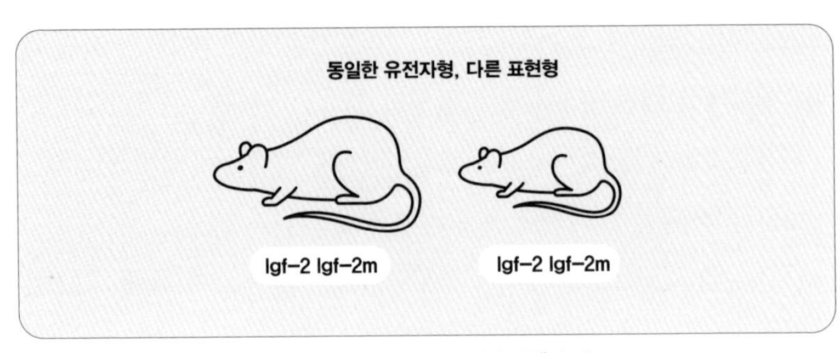

그림 19 각인 현상으로 인한 난쟁이 쥐

이 가능합니다. 따라서 이형접합 상태의 유전자형[7]을 가진 형제라고 하더라도 난쟁이증 돌연변이 대립유전자를 어느 쪽에서 받았는지에 따라 형질이 달라집니다(그림19). 난쟁이증 유전자를 모체로부터 물려받는 경우에는 각인되기 때문에 전사가 차단되므로 난쟁이증이 나타나지 않을 것입니다. 그러나 난쟁이증 유전자를 부체로부터 물려받는 경우에는 해당 유전자의 전사 발현이 일어나서 난쟁이증을 앓게 되는 것입니다.

크기가 다른 두 마리의 생쥐는 형제이며, Igf-2 유전자 입장에서 보면 모두 이형접합 형태의 같은 유전자형을 가집니다. 정상 크기의 쥐는 돌연변이 대립유전자인 Igf-2m을 모체에서 물려받았지만 각인 장치 때문에 전사가 불가능합니다. 대신 부체에서 받은 야생형 대립유전자가 전사 발현이 되어 정상 성장이 가능해진 것입니다. 반대로 난쟁이 쥐는

7 두 개 대립유전자 중 하나는 야생형이고 다른 하나는 돌연변이형인 경우

부체에서 전달받아 전사 발현이 가능한 대립유전자가 돌연변이를 가지고 있기 때문에 성장이 어려운 것입니다.

후성유전적으로 설명되지 않는 미스터리 표현형

사람의 손가락이나 발가락이 다섯 개보다 많아지는 다지증, 입술의 인중 부위가 갈라지는 구순구개열cleft palate의 형질을 결정하는 돌연변이 대립유전자는 야생형 대립유전자보다 우성입니다. 따라서 부모 중 어느 한쪽으로부터라도 돌연변이 대립유전자를 받으면 다지증이나 구순구개열이 나타나야 합니다. 멘델의 우열 법칙이 충실히 적용된다고 가정하면 이형접합자의 경우 우성 대립유전자에 따라 형질이 결정되기 때문입니다. 그러나 다지증이나 구순구개열 대립유전자를 가진 이형접합자인 사람의 경우 형질이 발현되지 않는 경우가 생각보다 많습니다. 역학조사를 통한 연구에 따르면 다지증 원인 유전자를 가진 사람 중에서 형질이 나타나는 비율은 80% 정도입니다. 다지증을 앓는 사람의 경우 사지에 모두 다지증이 생기는 경우와 일부에만 다지증이 생기는 경우, 육손이와 칠손이 등 개인차를 보이는데, 왜 이런 차이가 생기는지는 아직 밝혀내지 못했습니다.

다슬기와 고둥에서도 미스터리 형질이 발견됩니다. 도입부에서도 언급했던 것처럼 몸과 껍데기의 꼬인 방향이 모체가 가진 유전자형에 의해서만 결정됩니다. 즉 부체의 유전자형이나 자손의 유전자형은 몸과 껍데기의 꼬인 방향 형질에 전혀 영향을 미치지 못한다는 것입니다. 이러한 특징 때문에 이를 모체효과maternal effect라고 부르는데, 유전학적으로는 정말 이해하기 어려운 현상입니다. 일반적으로는 부모로부터 물려받은 한 쌍의 대립유전자 우열에 따라 형질이 결정됩니다. 물론 환경 요인 등에 의해 형질 결정 과정이 변경되는 경우도 간혹 발생합니다.

이제 다슬기와 고둥에게서 나타나는 모체효과의 과학적인 근거에 대해 알아보겠습니다. 먼저 몸과 껍데기의 꼬인 방향이 발생 과정에서 어떤 방식으로 결정되는지를 알아야 합니다. 유성생식을 하는 생물의 난자는 미수정 상태에서 영양세포로 둘러싸여 있으며, 그 영양세포로부터 발생 초기에 필요한 단백질이나 RNA 복사본을 전달받아 세포질에 저장하게 됩니다. 난자에 영양분을 공급하는 역할을 하는 영양세포는 모체의 체세포입니다. 따라서 영양세포가 난자에 전해준 단백질과 RNA 복사본은 모체의 유전자형에 따라 생산된 것입니다.

다슬기와 고둥의 몸방향이 결정되는 시기는 배발생의 초기 단계입니다. 수정란의 발생 과정에서 정자와 난자의 유전자가 몸방향의 결정에 영향을 미치려면 정자나 난자의 몸방향 결정유전자의 유전정보를 바탕으로 단백질을 합성해야만 합니다. 그런데 다슬기와 고둥의 몸방향이 배발생의 초기에 결정되기 때문에 정자나 난자의 유전자형에 따라 단백질을 합성할 겨를이 없습니다. 시간상으로 불가능하다는 말입니다. 수정란의 배발생 초기에는 필요한 영양분을 영양세포로부터 공급받습니다. 따라서 이 시기에 결정되는 형질은 모체의 유전자형에 따라 생산된 단백질과 RNA의 영향을 받게 되는 것입니다(그림20). 다시 말해서

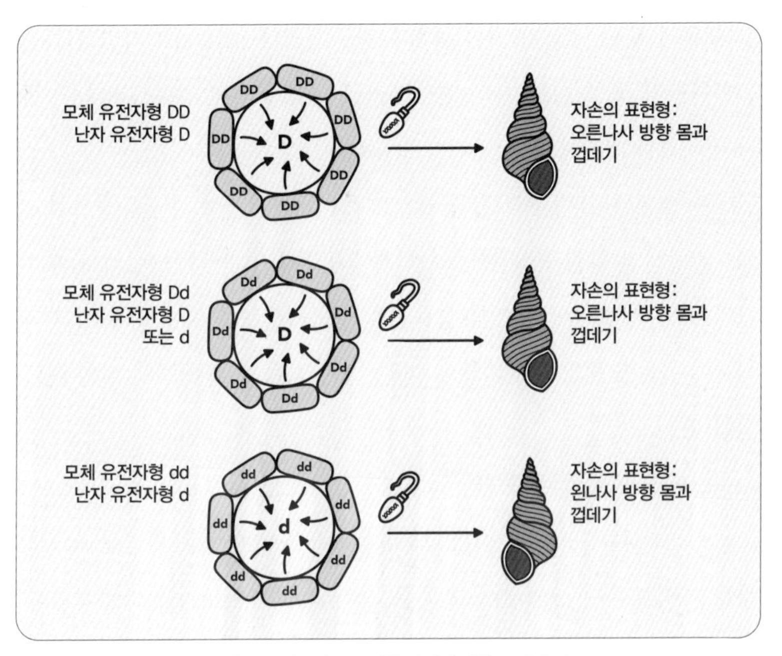

그림 20　다슬기의 몸방향 결정에 대한 모체 효과

다슬기와 고둥의 몸방향 결정에서 모체효과가 나타나는 이유는 수정란의 유전자가 발현되기 전 단계인 배발생 초기에 형질이 결정되기 때문입니다.

다슬기의 몸방향은 왼나사 방향이 열성형질이고 오른나사 방향이 우성형질입니다. 따라서 우성 대립유전자 한 쌍을 가진 동형접합자 영양세포로부터 영양분을 공급받는 경우에는 오른나사 방향의 몸과 껍데기를 가지게 됩니다. 우성 대립유전자와 열성 대립유전자를 하나씩 가진 이형접합자 영양세포로부터 영양분을 공급받는 경우에도 오른나사 방향의 몸과 껍데기를 가지게 됩니다. 반면에 열성 대립유전자만을 가진 동형접합자 영양세포로부터 영양분을 공급받게 되면 왼나사 방향의 몸과 껍데기를 가지게 될 것입니다(그림20).

D는 오른나사 방향의 몸과 껍데기를 만드는 우성 대립유전자이고, d는 왼나사 방향의 몸을 결정하는 열성 대립유전자에 해당합니다. 수정란의 초기 배발생에 필요한 영양분을 제공하는 영양세포는 모체의 체세포이므로 모체의 유전자형에 따라 자손의 몸과 껍데기의 방향이 결정됩니다.

미스터리 형질의 예를 한 가지만 더 알아보겠습니다. 카를 코렌스Carl Correns(1864-1933)는 분꽃을 이용해서 불완전우성 현상을 발견한 식물학자로 유명합니다. 그의 연구 결과를 간단히 정리해 보자면 다음과 같습니다. 빨간 꽃잎을 가진 순종과 흰색 꽃잎을 가진 순종을 교배하여 얻은 1세대 자손의 꽃잎은 분홍색입니다. 빨간색이 우성이고 흰색이 열성이므로, 멘델의 유전법칙을 따른다면 1세대 자손의 꽃잎은 빨간색이어야만 합니다. 그런데 우성 대립유전자와 열성 대립유전자로 된 이형접합자인 1세대 자손에서는 동형접합자인 우성 순종과는 달리 빨간색 색소를 충분히 만들지 못하기 때문에 분홍색이라는 형질이 나타났습니다. 코렌스는 분꽃 연구를 통해 멘델의 유전법칙으로는 설명되지 않는 새로운 유전 현상을 발견한 것이었습니다.

코렌스는 꽃잎 색깔뿐만 아니라 잎사귀의 색깔에 관한 연구도 수행했습니다. 일반적으로 식물의 잎이 녹색을 띠는 것은 엽록체라는 세포 내 소기관 때문입니다. 엽록체는 광합성을 하는 곳으로, 빛에너지를 흡

수하여 필요한 영양분을 만들어냅니다. 엽록체에는 엽록소라는 색소가 들어 있는데, 이 색소가 빛에너지를 모으는 집광판 역할을 하는 것입니다. 그런데 엽록소를 만드는 유전자에 돌연변이가 생기면 잎사귀가 흰색이 됩니다.

코렌스는 흰색과 녹색이 섞인 모자이크 무늬의 잎을 가진 분꽃 개체와 잎사귀 전체가 흰색인 분꽃 개체를 발견하고는 이에 관해서도 연구를 해나갔습니다. 그 결과 자손 개체의 잎사귀 색깔은 부체와는 관련이 없고 모체에 의해서만 결정된다는 사실을 알게 되었습니다. 즉 꽃가루를 제공한 분꽃 개체와는 상관없이 밑씨를 제공한 분꽃 개체의 잎사귀 색깔에 따라 자손 개체의 잎사귀 색깔이 결정된다는 놀라운 결과를 얻은 것입니다.

세포는 세포핵과 세포질로 구분되며, 유전체는 세포핵에 들어 있습니다. 그런데 세포질에 들어 있는 엽록체라는 소기관은 자신만의 유전물질을 따로 가지고 있습니다. 엽록체는 핵에 들어 있는 유전자가 아닌 엽록체 자신의 유전자에 따라 색소를 합성한다는 뜻입니다. 밑씨와 꽃가루가 수정될 때 세포핵은 밑씨와 꽃가루로부터 유전자를 받았지만, 세포질은 밑씨의 것이 되는 것입니다.

다시 말해서 엽록소를 만드는 유전자는 모체로부터 물려받은 세포질에 있던 엽록체의 유전자이지 수정란의 핵에 들어 있는 유전자가 아니라는 뜻입니다. 따라서 멘델의 유전법칙과는 상관없이 실제로는 모계유전maternal inheritance에 따라서 형질이 결정된다는 것입니다.

엽록체 외에도 자신만의 유전자를 가진 세포 내 소기관이 있는데, 그

것은 미토콘드리아입니다. 미토콘드리아는 동식물의 세포질에서 모두 발견되는 세포 내 소기관입니다. 유성생식을 하는 생물의 경우 수정란의 핵은 난자의 핵과 정자의 핵이 만나서 만들어집니다. 그러나 수정란의 세포질은 난자로부터만 제공된 것입니다. 따라서 엽록체나 미토콘드리아처럼 자체 유전물질을 가진 세포 내 소기관이 존재하는 경우 세포 내 소기관의 유전자는 난자를 제공한 모체와 동일한 것입니다. 엽록체나 미토콘드리아에 의해 형질이 결정되는 경우에는 모체와 같은 형질을 나타낼 수밖에 없는 이유입니다. 이런 현상을 모계유전 또는 세포질유전이라고 하며, 다슬기의 체축 유전에서 나타나는 모체효과와 구분됩니다. 모계유전은 세포질에 포함된 세포 내 소기관의 유전자를 모계로부터 받기 때문에 모계의 형질을 그대로 물려받게 되는 현상을 말합니다. 하지만 모체효과는 전사 발현을 통해 단백질을 만들 시간이 부족한 발생 초기에만 일어나고 핵 속의 유전자에 의해 형질이 결정되는 현상이라는 차이가 있습니다.

미토콘드리아는 에너지를 생산하는 매우 중요한 소기관으로서 세포 내 기능에 전반적으로 관여합니다. 앞서 언급한 대로 미토콘드리아는 세포질에 존재하는 소기관이므로 난자로부터 제공된 것이라고 볼 수 있습니다. 따라서 미토콘드리아가 가진 유전자는 모체와 동일하며, 미토콘드리아와 연관된 질환은 모계유전의 특징을 보입니다. 사람의 건강 및 질병 여부가 부계보다 모계의 영향을 많이 받는다는 통계 자료는 이러한 모계유전을 뒷받침합니다. 사람에게 나타나는 모계유전의 예로는 레버씨 시신경위축증LHON이 있습니다. 레버씨 시신경위축증LHON

은 유전질환인데, 현재 NADH 탈수소효소4MT-ND4를 포함한 네 종류의 미토콘드리아 유전자에 돌연변이가 생겨서 일어나는 것으로 밝혀졌습니다. 지금까지 알려진 바로는 암, 퇴행성 만성질환을 포함한 100여 가지의 질환과 노화가 미토콘드리아의 돌연변이와 밀접한 관련이 있습니다. 이에 따르면 여러분의 어머니와 외할머니, 그 형제를 통해 내가 특정 질병에 걸릴 가능성이나 기대수명을 어느 정도 예측할 수 있을지도 모릅니다.

여기까지 생물의 형질이 발현되는 양상이 유전자형에 따른 예측보다 훨씬 다양하게 발현된다는 것을 몇 가지의 미스터리 표현형으로 알아보았습니다. 여전히 유전학으로는 설명되지 않는 많은 미스터리 표현형이 남아 있지만 여기서는 대표적인 몇 가지만 다루었습니다. 혹시 여러분의 지인이 위에서 설명하지 않은 미스터리 형질들에 관해 물어오게 된다면 "아마도 그 원인은 후성유전적 현상에서 찾아야 할 거야"라고 답을 줘도 크게 무리는 없을 것입니다.

3부

후성유전으로 풀어낸 생명 현상

8

DNA 포장 시스템의 특별한 사용설명서

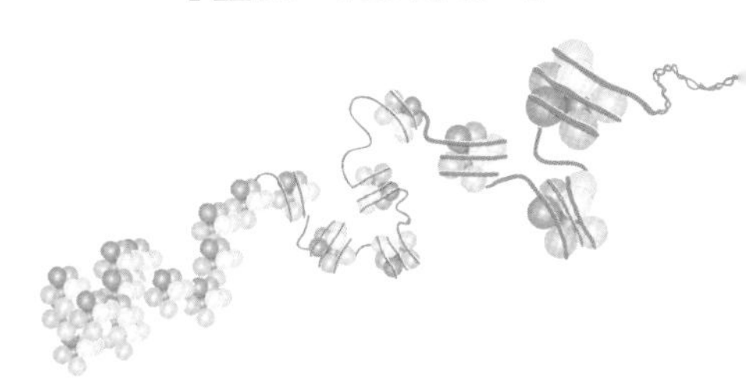

허먼 조지프 멀러Hermann J. Muller(1890-1967)는 1930년에 새로운 눈 색깔 형질을 가진 돌연변이 초파리를 학계에 보고했습니다. 그는 초파리에 X선을 쪼여 돌연변이를 유발하고 돌연변이에 의해 나타난 새로운 형질에 대해 연구한 유전학자입니다. 멀러는 X선 실험을 통해 학계에 한 번도 보고된 적이 없는 얼룩덜룩한 눈 색깔을 가진 돌연변이 개체를 만들어냈습니다(그림21). 그러나 이 돌연변이 형질의 비밀은 끝내 밝혀내지 못했습니다. 이에 대해서는 많은 시간이 흐른 후 다른 과학자들에 의해 그 비밀이 풀리게 되었습니다. 기이한 얼룩덜룩한 눈 색깔은 동원체라는 이질염색질 부위로 눈 색깔 유전자가 위치를 옮기게 되면서 나타난 형질임이 밝혀진 것입니다. 멀러의 초파리 연구는 이질염색질 구조가 유전자 전사에 미치는 효과를 연구하는 밑거름이 되었습니다.

인간이 현재 가지고 있는 고도로 발전된 과학기술로도 도저히 흉내 낼 수 없는 많은 일들이 생명체 내에서는 아직도 활발하게 일어나고 있습니다. 생존을 위해, 정체성 유지를 위해, 자손에게 유전자를 그대로

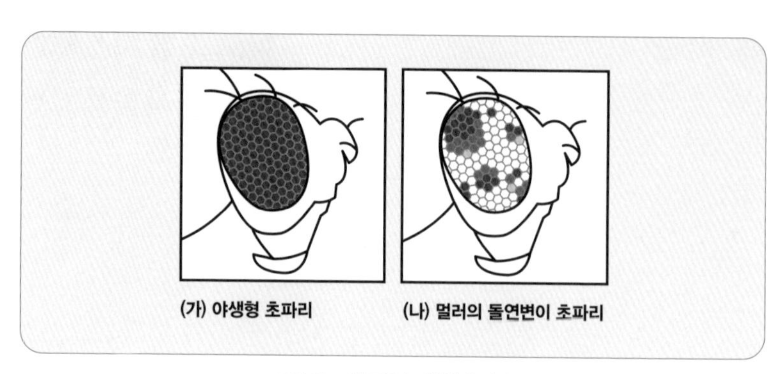

그림 21 새로운 눈 색의 초파리

전해주기 위해 생명체가 하는 일은 너무나도 정교해서 감탄을 금할 수 없습니다. 지금까지 내용을 잘 따라왔다면 3장에서 언급했던 DNA 포장 시스템에 대해서 기억하고 있을 것입니다. 포장 시스템의 주요 임무는 핵이라는 제한된 공간에 큰 부피의 DNA를 안전하게 저장하는 것입니다. 또한 세포가 가동하는 DNA 포장 시스템의 역할에는 DNA의 부피를 줄이는 것뿐만 아니라 불필요한 유전자의 전사를 차단하는 것도 있습니다.

5장에서는 한 개의 세포에서 시작되어 만들어진 생명체는 동일한 유전체를 가진 여러 가지 유형의 세포로 구성되어 있고, 각 유형의 세포 정체성을 유지하기 위해 일부 유전자의 전사를 완전히 차단하는 방식을 사용한다는 것을 다루었습니다. 세포가 정체성을 유지하기 위해 불필요한 유전자의 전사를 차단하는 방식은 압축포장이라는 것도 기억하고 있을 것입니다. 이번 장에서는 최고 수준의 압축포장이 일어나는 이질염색질이 무엇인지, 이질염색질의 형성이 왜 필요한지, 이질염색질은 어떻게 만들어지는지 등에 대해 알아볼 것입니다.

이질염색질 연구의 시작과 최대 전환점

야생형 초파리는 붉은 눈을 가지고 있고, 토머스 모건이 발견한 돌연변이 초파리는 흰색 눈을 가지고 있었습니다. 그런데 멀러가 발견한 돌연변이 초파리는 다양한 색의 홑눈이 섞여 있는 모자이크 무늬의 눈을 가지고 있었습니다. 홑눈의 색깔은 짙은 빨간색에서부터 점차 연해지는 여러 가지 빨간색과 흰색까지 다양했습니다. 당시에는 이런 기묘한 초파리의 눈 색깔을 설명할 수 없었습니다. 다만 모자이크나 대리석 무늬처럼 여러 가지 색깔이 섞인 상태여서 단순히 얼룩덜룩한 형질mottled phenotype이라고만 불렀습니다. 이 미스터리에 대한 비밀이 완전히 풀린 것은 그리 오래되지 않은 일입니다.

1951년 알로하 한나Aloha Hannah 박사는 얼룩덜룩한 눈 색깔을 가진 초파리를 연구한 결과, 이 형질은 새로운 돌연변이가 아니며 X선에 의해 절단된 염색체 조각이 180도 회전하여 완전히 방향을 바꾼 후 나머지 염색체와 다시 붙게 되면서 눈 색깔 유전자의 프로모터 부위가 동원체 주변으로 이동한 결과라는 것을 알게 되었습니다(그림22). 그 당시에도 동원체 주변부는 응축된 구조를 가지고 있으며 유전자가 거의 없다는 것을 알고 있었습니다. 얼룩덜룩한 형질이 나타나는 이유를 분

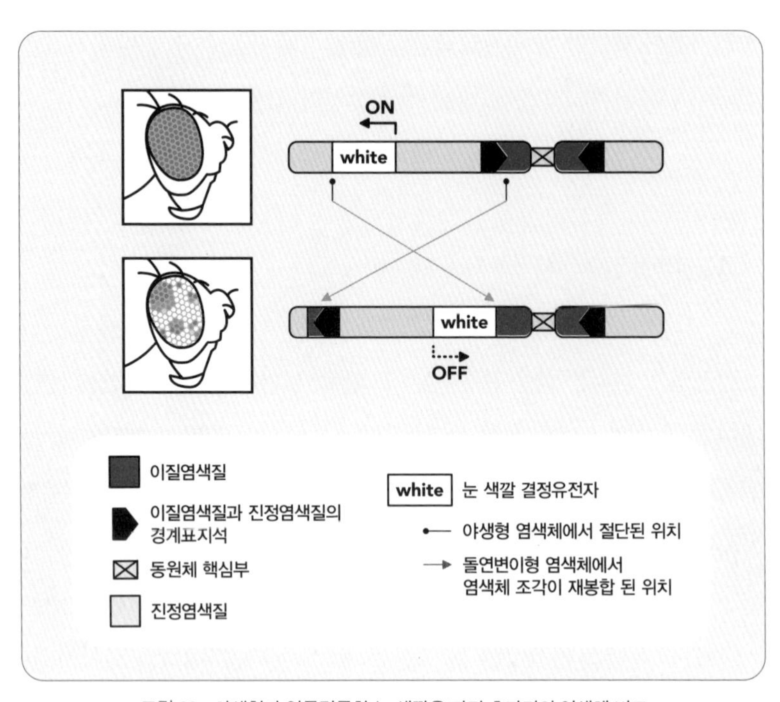

그림 22 야생형과 얼룩덜룩한 눈 색깔을 가진 초파리의 염색체 비교

자 수준에서 정확히 설명할 수는 없었지만, 에드워드 루이스Edward B. Lewis(1918-2004) 등의 연구에 따르면 동원체 부위의 응축된 염색질 구조의 영향으로 눈 색깔 유전자의 전사 발현이 억제되고 있다는 것만은 분명해 보였습니다.

동원체가 대표적인 이질염색질[1] 구조로 전사가 거의 불가능하다는 점은 1990년대 말에 밝혀졌습니다. 일반적으로 이질염색질과 진정염색질이 만나는 부위에는 서로의 영역을 구별해 주는 경계표지석 역할을 하는 DNA 부위가 있으며, 경계표지석 근처에서 압축포장을 멈출 수 있게 되어 있습니다(그림22).

초파리의 눈 색깔 결정유전자인 화이트white는 X 염색체 위에 그 주소를 두고 있습니다. 멀러는 초파리에 X선을 조사하여 다양한 돌연변이 형질을 보이는 개체를 찾는 연구를 진행하면서 우연히 얼룩덜룩 눈 색깔 초파리를 발견했습니다. 얼룩덜룩 눈색 초파리의 X 염색체는 눈 색깔 결정유전자의 왼쪽 부위와 동원체 부위에 염색체 절단이 일어난 후 180도 회전하여 나머지 염색체 조각과 연결되는 염색체 역위의 결과물로, X선 조사로 만들어진 것입니다. 이런 역위는 염색체의 구조를 바꾸는 염색체 돌연변이의 일종이라고 볼 수 있습니다.

그런데 멀러의 초파리처럼 염색체 일부가 절단되었다가 다시 결합하면서 동원체와 경계표지석이 멀어지고, 원래는 전사가 가능해야 하는 유전자가 경계표지석 안쪽으로 이동한 경우에는 동원체부터 시작된 압축포장이 원래보다 더 넓은 부위까지 진행되기도 합니다(그림22). 모자이크 무늬의 눈을 가진 초파리는 눈 색깔 유전자가 경계표지석 DNA 안쪽으로 이동하면서 눈 색깔을 나타내는 색소분자의 발현이 억제된 경우라고 말할 수 있습니다.

이제 얼룩덜룩한 색깔의 모자이크 눈이 생기는 원인을 자세히 알아보겠습니다. 경계표지석은 동원체에서 시작된 압축포장을 멈추게 하는 역할을 하지만 이곳에서 정확하게 압축포장이 멈추는 것은 아닙니다.

---

1 이질염색질은 염색체가 압축포장 되어 응축된 구조를 가진 염색질입니다.

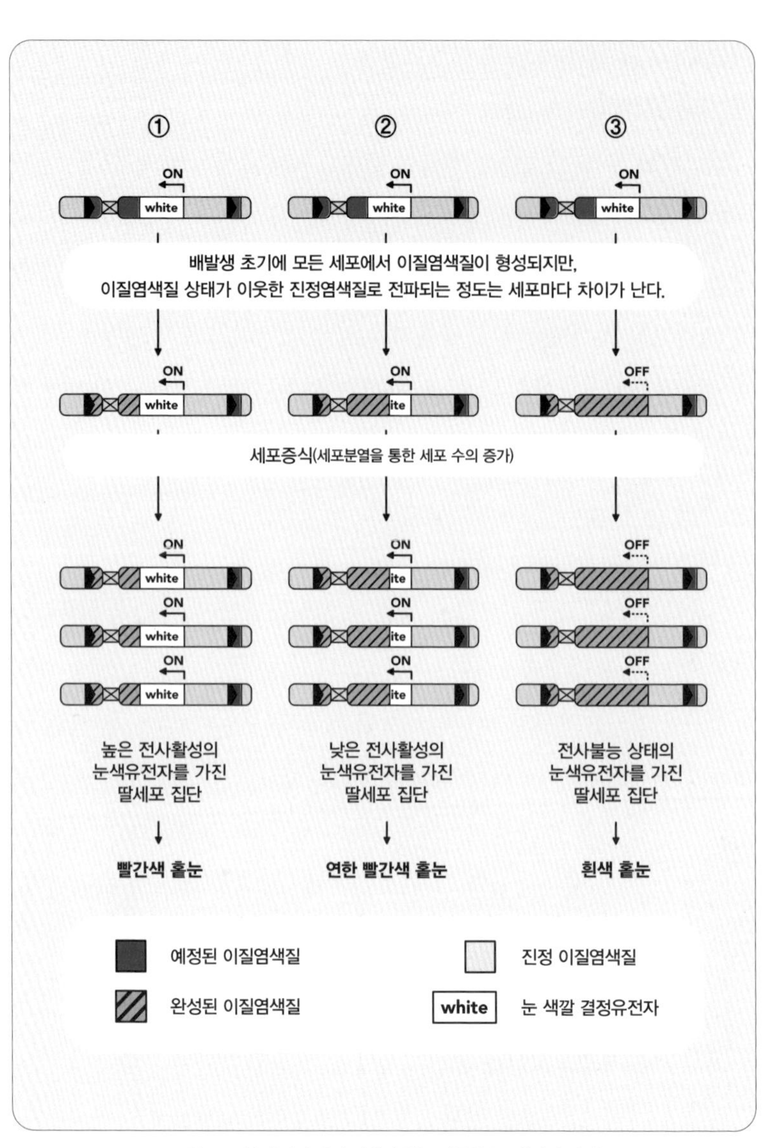

그림 23 돌연변이 초파리에서 얼룩덜룩한 눈 색깔의 원인

압축포장을 하려는 힘이 진정염색질의 일반포장을 하려는 힘과 경계표지석에서 부딪히게 되는데, 둘 중에 힘이 강한 쪽으로 약간 이동한 상태로 멈추게 됩니다. 따라서 경계표지석에서 압축포장이 멈춘 경우, 경계표지석 이전에 압축포장이 멈춘 경우, 경계표지석을 지나서 압축포장이 멈춘 경우 등이 다양하게 존재하게 됩니다.

다시 말해서 초기 배발생 시기에 동원체에서부터 이질염색질이 형성되어 이웃한 진정염색질 부위까지 압축포장 되는 정도가 정해지는데, 같은 세포 유형이라고 하더라도 각 세포마다 조금씩 차이가 존재하게 되는 것입니다. 야생형 초파리처럼 눈 색깔 유전자(그림22)가 동원체로 충분히 멀리 떨어져 있으면 동원체에서 시작된 압축포장이 그 부위까지 진행되는 경우가 거의 없다고 봐야 합니다. 따라서 눈 색깔 유전자의 전사 발현은 정상적으로 진행됩니다. 그러나 눈 색깔 유전자의 위치가 경계표지석 근처나 안쪽으로 이동하는 염색체 구조 변이가 일어나게 되면 눈 색깔 유전자 부위까지 압축포장이 진행될 확률이 높아지게 됩니다. 이 경우에는 눈 색깔 유전자의 전사 발현이 억제될 수 있습니다. 그림23은 멀러의 돌연변이 초파리에서 얼룩덜룩한 눈 색깔이 나타나는 이유를 모형으로 설명한 것입니다.

눈 색깔 유전자가 동원체 근처로 옮겨지는 염색체 돌연변이가 일어난 경우라고 하더라도 압축포장이 진행되는 정도는 세포마다 다릅니다. 배발생 초기에 압축포장이 진행되는데, 1번 모세포(그림23)는 눈 색깔 유전자 직전에서 압축포장이 멈춘 경우입니다. 이 모세포로부터 만들어진 딸세포들은 눈 색깔 유전자의 전사 발현이 정상적으로 이루어지므로 빨간색 홑눈이 만들어집니다. 2번 모세포(그림23)는 눈 색깔 유전자의 일부까지만 압축포장이 진행된 경우입니다. 이 모세포로부터 만들어진 딸세포들은 눈 색깔을 나타내는 색소를 충분히 만들지 못하므로 연한 빨간색 홑눈이 만들어집니다. 여기서 압축포장 된 부위가 넓으면 넓을수록 더 연한 색깔의 홑눈이 됩니다. 3번 모세포(그림23)는 눈 색깔 유전자 전체가 압축포장 된 경우입니다. 이 모세포로부터 만들어진 딸세포는 눈 색깔 유전자의 전사 발현이 완전히 차단되어 색소를 만들 수 없으므로 흰색 홑눈이 만들어집니다.

한 개체의 발생 과정에서 이렇게나 다양한 모세포가 만들어질 수 있는데, 이로 인해서 초파리에게는 얼룩덜룩한 모자이크 눈 색깔 형질이 만들어지는 것입니다. 다시 말해서 발생 초기에 진행되는 동원체의 압축포장이 어디까지 진행되는지에 따라 근처 진정염색질의 전사 효율을 결정하기도 한다는 뜻입니다. 이와 같은 현상을 위치효과라고 하며, 이에 따라 개체에 나타나는 형질(표현형)이 다양해진다는 사실이 밝혀졌습니다. 멀러가 발견한 초파리의 얼룩덜룩한 눈 색깔 형질은 유전자의 돌연변이에 의해 나타난 것이 아닙니다. 멀러의 초파리는 돌연변이가 일어나지 않아도 새로운 형질이 나타날 수 있다는 증거 중의 하나가 됩니다.

초파리는 유전학을 연구하는 데 매우 적합한 생물종입니다. 멀러가 얼룩덜룩한 색깔의 눈을 가진 초파리에 관한 연구 결과를 발표한 이후 여러 생물학자들이 초파리를 이용해서 이질염색질 구조를 만드는 유전자를 찾으려고 노력했습니다. 연구자들은 이질염색질 구조를 만드는 유전자에 돌연변이를 일으키는 방법으로 화학물질을 이용했습니다.

얼룩덜룩한 눈을 가진 초파리를 돌연변이 화학물질에 노출시킨 후 초파리의 눈 색깔에 어떤 변화가 일어나는지를 관찰했습니다. 화학물질에 의해 돌연변이가 일어나서 이질염색질 구조를 만들 수 없게 된 초파리의 경우에는, 눈 색깔 유전자가 압축포장 되지 않으므로 정상적으로 색소를 만들 수 있게 됩니다. 따라서 이질염색질을 만드는 유전자에 돌연변이가 일어나면 빨간 눈의 초파리가 될 거라 예상했습니다. 반대로 이질염색질 구조를 만드는 유전자에는 돌연변이가 일어나지 않고 이질염색질 구조를 만들지 못하게 방해하는 유전자[2]에 돌연변이가 일어난 경우에는, 눈 색깔 유전자에서 압축포장이 더 강화되는 효과가 있으므로 색소를 거의 만들지 못하게 됩니다. 따라서 이 경우에는 흰색 눈을 가진 초파리가 될 것이라고 예상했습니다.

연구자들은 이 실험에서 얼룩덜룩한 눈을 가진 초파리로부터 빨간색 눈을 가진 초파리와 흰색 눈을 가진 초파리를 얻는 성과를 만들어냈습니다. 그러나 이러한 성과에도 불구하고 초파리의 얼룩덜룩한 눈 색깔의 비밀을 완전히 설명해 내지는 못했습니다. 다만 이질염색질 구조를 만드는 유전자만 존재하는 것이 아니라 이질염색질 구조 형성을 방해하여 전사 가능 상태로 만드는 유전자도 있다는 사실을 확인하는 성과를 얻어냈습니다.

21세기를 여는 첫해가 되자 정체되었던 이질염색질 연구에 드디어

2 앞서 설명한 경계표지석을 두고 진정염색질의 특징인 일반포장을 담당하는 유전자에 해당합니다.

새로운 돌파구가 생겼습니다. 오스트리아의 토머스 예누바인Thomas Jenuwein(1956-) 연구팀과 미국의 데이비드 앨리스David Allis(1951-2023) 연구팀이 협력 연구를 통해 이질염색질 구조를 만드는 데 핵심 역할을 하는 단백질의 정체를 찾아냈고, 《네이처》에 논문으로 발표한 것입니다. 이 논문에 따르면 히스톤 H3의 아홉 번째 아미노산을 메틸화하는 효소에 대한 유전정보를 담고 있는 유전자가 망가지면 멀러 초파리의 얼룩덜룩한 눈 색깔이 야생형에 가까운 빨간색으로 변한다는 것이었습니다. 이질염색질 구조를 완성하는 데 필요한 유전자가 돌연변이로 인해 기능을 상실하게 되면 이질염색질 구조가 전사 가능한 진정염색질 구조로 바뀌게 됩니다. 따라서 눈 색깔 유전자 부위까지 이질염색질 구조가 만들어지던 멀러의 초파리가 눈 색깔 유전자의 전사 발현이 가능해져서 빨간색 눈의 초파리가 되는 것입니다. 이 논문이 발표되기 전까지는 히스톤 단백질에 메틸화가 일어난다는 것은 알고 있었지만 히스톤 단백질에 일어나는 메틸화가 어떤 역할을 하는지는 알지 못했습니다. 그런데 예누바인과 앨리스가 이 비밀의 첫 열쇠를 찾은 것입니다.

원활한 설명을 위해 5장에서 다루었던 히스톤 단백질에 대한 개념을 다시 가져와야 할 필요가 있습니다. 뉴클레오솜 속 히스톤은 8개의 단백질로 된 팔량체이며, 다양한 방법으로 자신의 꼬리 부위의 아미노산에 암호를 심습니다. 히스톤 꼬리에 새겨지는 암호들은 후성유전적 작동 시스템의 일부이며, 이를 통해 이질염색질 구조의 형성과 전사 발현 조절이 일어납니다.

예누바인과 앨리스 연구팀이 찾은 효소는 히스톤 단백질의 하나인

H3와 관련이 깊습니다. 그들이 찾은 효소가 히스톤 단백질 H3의 꼬리에 있는 라이신에 메틸기를 결합하는 활성을 가진다는 것을 밝혔는데, 이 성과는 아주 작은 힌트로부터 시작되었습니다. 그들이 찾은 효소 단백질은 대장균의 DNA 메틸화 효소와 유사한 아미노산 서열을 가지고 있었습니다. 그들은 이 정보로부터 자신들이 찾은 단백질이 히스톤의 메틸화와 관련이 있을 것이라고 예상했고, 실험을 통해 히스톤 단백질을 메틸화할 수 있는 효소 활성을 보유하고 있다는 사실을 증명하게 되었습니다. 이 단백질이 이질염색질 형성에 어떤 역할을 하는지는 뒤에서 자세하게 다룰 예정입니다.

예누바인과 엘리스 연구팀의 연구 결과는 후성유전학 분야의 새로운 전환점이 되었습니다. 그들이 논문을 발표하기 전까지 과학자들이 알고 있던 후성유전적 작동 시스템 암호는 DNA 메틸화와 히스톤 아세틸화뿐이었습니다. 이후에 이 논문을 계기로 후성유전적 작동 시스템과 관련이 있는 새로운 암호에 대한 연구 결과들이 봇물 터지듯 나오기 시작했습니다. 히스톤 H3가 아닌 다른 히스톤에도 메틸화가 생길 수 있으며, 히스톤에 메틸화 암호를 새길 수 있는 효소가 60여 종류나 된다는 것도 연구를 통해 밝혀지게 되었습니다. 또한 히스톤 H3에서도 라이신에만 메틸화가 새겨지는 것이 아니라 다른 아미노산에도 메틸화가 새겨질 수 있으며, 심지어 하나의 아미노산에 최대 3개의 메틸기를 결합할 수 있고 결합된 메틸기의 개수에 따라 메시지가 달라진다는 것도 밝혀졌습니다. 연구 분야는 메틸화 암호를 제거하는 효소에 대한 것까지로 빠르게 확장되었습니다.

예누바인과 앨리스의 연구는 후성유전학 연구의 새로운 도약을 촉발한 위대한 전환점이 되었습니다. 만약, 후성유전학 분야에서 노벨상이 나오게 된다면 이들이 가장 강력한 후보가 되지 않을까 예상하는 바입니다.

압축포장의 결과물인 이질염색질의 종류와 역할

우리는 앞서 진핵생물이 마이크로미터 단위의 매우 작은 공간에 수 미터에 달하는 DNA를 안전하게 보관하기 위해 특별한 포장 시스템을 갖추었다는 사실을 확인했습니다. 효율적인 포장 시스템의 도움으로 핵에 저장된 DNA는 전사 발현이 필요한 경우에만 염색체 일부의 포장이 풀리며, 압축포장으로 생긴 이질염색질은 전사 발현이 불가능하다는 사실에 대해서도 살펴보았습니다.

이제 진핵생물에서 압축포장이 일어나는 곳은 주로 어떤 구역인지, 압축포장이 일어난 부위에서 발견되는 특징은 무엇인지 알아보겠습니다. 분열형 효모에서 발견되는 이질염색질에는 텔로미어, 동원체 주변부, rDNA 클러스터, 교배형 유전자 좌위(MAT 좌위) 등이 있습니다.

압축포장 된 DNA 구역에는 대부분 일정 단위의 염기서열이 반복되며, 반복되는 염기서열의 길이는 이질염색질마다 다릅니다. 예를 들면 포유류의 텔로미어에는 여섯 개의 뉴클레오타이드로 구성된 TTAGGG라는 매우 짧은 염기서열이 약 100~1,000번 정도 반복됩니다. 인간의 동원체 중심부에는 알파-위성alpha-satellite으로 불리는 곳이 있는데, 171*bp* 크기의 단위체가 수십 개에서 수만 개 정도 반복되는 구조로 되어 있습니다. 출아형 효모의 rDNA는 약 9.1*kb* 크기의 단위체가 140~200개 정도 반복되는 배열을 가지고 있습니다.

하지만 모든 이질염색질이 반복되는 염기서열을 가지는 것은 아닙니다. 반복되는 염기서열을 갖지 않는 이질염색질도 존재합니다. 효모의 교배형 결정유전자의 좌위는 이질염색질 구조를 가지고 있는데, 3개의 유전자로 구성되며 반복되는 염기서열이 없습니다. 그뿐만 아니라 우리 몸의 체세포는 각 세포의 정체성을 유지하기 위해 불필요 유전자를 이질염색질과 유사한 구조로 응축하여 전사 발현을 억제하기도 합니다. 또한 이질염색질로 압축포장을 할 때 반복되는 염기서열이 꼭 필요한 것은 아닙니다. 다만 대부분의 이질염색질은 반복서열 구역에서 발견되기는 합니다.

대부분의 이질염색질이 발견되는 곳이 반복서열 구역이라는 사실로부터 반복되는 염기서열이 이질염색질의 형성을 지시하는 신호일 수도 있다는 가정을 해볼 수 있습니다. 그리고 이러한 가정을 뒷받침해 주는 증거가 발견되었습니다. 초파리와 생쥐 모델에서 생식세포의 특정 염색체 부위에 하나의 유전자 복사본만을 인위적으로 삽입했더니 정상적으로 전사가 일어났습니다. 그런데 유전자 복사본 수백 개가 직렬로 연결된 DNA 조각을 동일한 방식으로 삽입했더니 이질염색질이 형성되면서 전사가 차단되었습니다. 이런 현상을 반복서열 유도 유전자 침묵repeat-induced gene silencing이라고 합니다.

아마도 이런 작용의 필요성은 우리 유전체 속에 기생하는 이동성 유전요소[3]가 폭발적으로 늘어나 유전체를 잠식하는 상황을 방지하기 위한 것으로 이해됩니다. 실제 유전체 내에서 점핑인자가 자리를 잡은 후 집단을 이루게 되면 해당 DNA 부위를 즉각 이질염색질로 전환해 더 늘어나는 것을 억제할 것입니다. 이와 같은 작용이 앞서 언급한 동원체나 텔로미어처럼 짧은 염기서열이 반복된 곳에도 적용되어 이질염색질이 형성된 것입니다.

rDNA 클러스터를 제외한 대부분의 이질염색질은 전사 발현이 불가능합니다. 전사 발현이 되지도 않는 이질염색질이 존재하는 이유는 무엇일까요? 종류마다 약간의 차이는 있겠지만 이질염색질은 세포가 정상적으로 기능을 발휘하는 데 꼭 필요한 존재라는 것입니다.

동원체를 예로 들어보겠습니다. 세포가 세포분열을 통해 두 개의 딸세포에 DNA 원본을 정확히 전해주는 것은 매우 중요한 임무입니다. 세포분열이 일어나기 전 간기 동안에는 개별 상동염색체에 포함된 원래의 DNA를 정확하게 복사하여 두 세트로 만드는 작업이 일어나는데, 세포분열 시기가 될 때까지 두 세트의 DNA 원본은 일반포장 방식으로 30*nm* 염색사 상태로 핵 속에 보관됩니다. 그러나 염색사 상태로 풀려 있는 두 세트의 DNA 원본을 분리하여 두 개의 딸세포에 정확하게 한

---

3 이동성 유전요소mobile genetic elements: 점핑인자 또는 트랜스포존transposon이라고도 하는 DNA 조각으로, 유전체 안에서 스스로 위치를 옮길 수 있는 능력을 갖추고 있으며 복제와 이동을 통해 복사본 수가 급격히 늘어나기도 합니다. 포유류에서 발견되는 L1과 같은 일부 이동성 유전요소는 이동 능력을 상실했지만 이미 전체 유전체의 약 10%를 차지할 정도로 많은 수의 복사본을 가지고 있습니다.

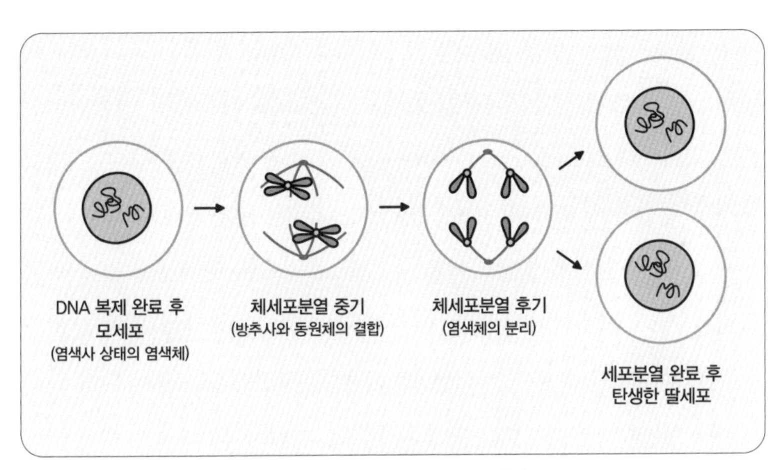

그림 24 세포분열과 동원체의 역할

세트씩 전하는 작업은 매우 어렵고 비효율적인 일입니다. 또한 염색사 상태의 DNA 원본을 분리할 때 생길 수 있는 엉킴을 방지하려면 염색체를 쉽게 구분할 수 있는 실뭉치로 응축하는 것이 유리합니다. 이를 위해 체세포분열이 시작되면서 염색사로 풀려 있던 염색체는 정교한 방식으로 응축이 심화하면서 구분이 용이한 실뭉치 상태로 전환됩니다(자세한 것은 3장 참조). 이렇게 최대치로 응축된 두 세트의 염색체는 방추사에 이끌려 양쪽 극단으로 정확하게 분리된 후 딸세포에 전달됩니다(그림24). 이때 방추사가 결합하는 염색체 부위가 바로 동원체에 해당합니다.

동원체는 이질염색질 상태로 방추사 결합을 도와주는 방추사 결합용 특수 구조물[4]을 갖추고 있으며, 두 개의 딸세포에 염색체가 똑같이 전달되도록 하는 기능을 합니다. 동원체 주변부에 만들어진 이질염색질은 방추사 결합용 구조물을 구축하는 데 중요한 역할을 합니다. 그리고 방추사 결합용 구조물이 없으면 방추사 결합은 불가능해집니다. 이 경우에 한 쌍의 염색체가 정확하게 두 개로 분리되어 딸세포에 하나씩 전해지는 것이 어려워지게 되는데, 염색체가 정확하게 분리되지 못하고 한쪽 딸세포에만 전해지면 다른 쪽 딸세포는 염색체를 받지 못하게 되고 이로 인해서 정상인보다 염색체 수가 많거나 적은 개체가 생기게 됩니다.

염색체 수에 이상이 생긴 개체는 일반적으로 모체 내에서 사망합니다. 그러나 사산되지 않고 살아남아 태어나는 일이 간혹 생기는데, 이 현상의 가장 대표적인 경우가 바로 다운증후군이라고 할 수 있습니다. 다운증후군은 염색체의 비정상적인 분리로 인해 21번 염색체 수가 세 개로 늘어나서 생기는 선천성 유전질환입니다. 염색체 수에 이상이 생기는 다른 예로는 암세포가 있습니다. 암세포의 염색체를 분석해 보면 그 구조나 수에서 다양한 이상을 발견할 수 있는데, 가장 빈번하게 발견되는 변이는 특정 염색체 수가 증가하거나 감소하는 현상입니다.

대장균의 염색체는 원형 형태라서 외부로 노출된 부위가 없습니다. 그렇기에 대장균은 외부에서 작용하는 위험요소의 공격에 비교적 안

4 키네토코어 복합체kinetochore complex라고 부르며, 선박을 정치하는 데 필요한 부두와 유사한 역할을 합니다. 방추사가 부착되어 염색체를 분리하는 과정에 있어서 매우 중요합니다.

전한 구조의 염색체 형태를 가지고 있습니다. 그러나 진핵생물체의 DNA는 선형이고, 압축포장 시스템으로 형성된 염색체도 선형입니다. 선형 구조를 가진 경우에는 말단 부위가 존재하며, 말단 부위는 외부 위험요소에 취약하다는 단점을 가지고 있습니다. 이 단점을 보완하는 안전장치가 염색체 말단 부위를 이질염색질 형태로 압축포장 하는 것입니다.

염색체 말단 부위인 텔로미어는 특히 DNA 분해 활성을 가지는 효소에 매우 취약합니다. 염색체의 말단 부위를 DNA 분해 활성을 가진 효소가 분해하기 시작하면 DNA 원본이 훼손되는 치명적인 일이 일어나기 때문입니다. 이러한 위험성을 미리 방지하는 안전장치가 바로 텔로미어 부위를 압축포장 하여 이질염색질 구조로 만들어 관리하는 것입니다.

대부분의 이질염색질은 반복되는 염기서열과 관련이 깊지만 반복서열 없이 이질염색질이 만들어지는 경우도 있습니다. DNA 반복서열 없이 이질염색질이 만들어지는 대표적인 예는 교배형을 바꿀 수 있는 종인 효모[5]에서 발견됩니다. 효모는 일생의 대부분을 반수체[n] 상태로 살아가는 단세포 진핵생물체입니다. 효모의 생활사는 흥미로운 점이 많습니다. 효모는 한 개체에 두 가지 교배형[6] 결정유전자를 모두 보유하

5 연구 목적으로 사용되는 효모종에는 출아형 효모와 분열형 효모가 있습니다. 두 효모 종은 세포분열 방식에서 큰 차이를 보이는데, 출아형 효모는 딸세포가 모세포보다 크기가 작은 상태에서 떨어져 나오는 출아법으로 진행됩니다. 그리고 분열형 효모는 일반 세균이나 동물세포처럼 모세포에서 생성된 동일한 크기의 두 개 딸세포가 분리되는 방식을 사용합니다.

6 효모의 두 종류의 교배형은 고등진핵생물의 암수와 유사합니다. 출아형 효모의 교배형

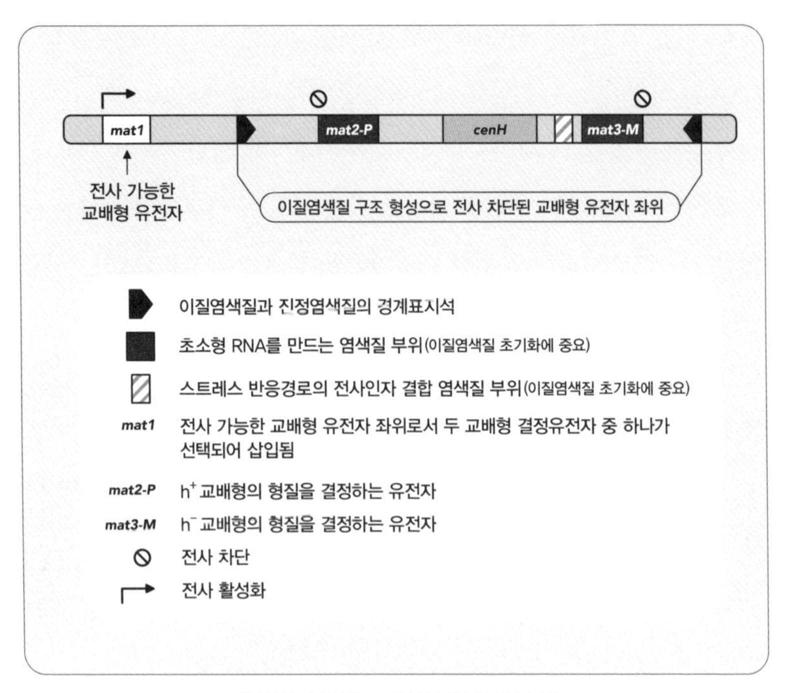

그림 25 분열형 효모의 교배형 유전자 좌위

고 있지만, 한 가지 교배형만 발현해 자신만의 성 정체성을 표현합니다.

그림은 분열형 효모의 교배형 결정유전자가 염색체 위에서 어떤 배열을 가지고 있는지를 모식도로 나타낸 것입니다(그림25). mat1이라는 유전좌위는 전사 가능한 교배형 유전자가 위치하는 곳이고, 두 가지 교

은 알파α와 에이a 그리고 분열형 효모의 교배형은 마이너스형h-과 플러스형h+으로 나뉩니다.

배형 결정유전자(mat2-P와 mat3-M)[7]는 이질염색질 구조 부위에 전사 발현을 완전히 차단한 상태로 보관되어 있습니다. 각 개체가 mat2-P와 mat3-M 중의 하나만 선택하여 복사본을 만든 후 전사 가능한 부위mat1에 삽입하면 선택된 교배형 결정유전자의 전사 발현이 가능해지며, 플러스형h+과 마이너스형h- 중 하나로 개체의 성 정체성이 결정됩니다(그림25).

효모의 성 정체성은 안전한 조건에서는 처음 결정되었던 상태 그대로 잘 유지됩니다. 그런데 생존이 불투명한 악조건이 되면 효모는 포자 형태로 바뀝니다. 포자가 되는 것은 동물이 동면하는 것과 비슷하다고 보시면 됩니다. 보통 효모는 세포분열을 통해 증식하는데, 이 과정에서 모체와 동일한 딸세포를 만듭니다. 즉 모체와 딸세포는 같은 교배형을 가진다는 뜻입니다. 따라서 반수체 상태의 효모집단에 속하는 모든 개체가 한 가지 교배형을 가지는 것은 일반적인 현상입니다. 하지만 포자가 되기 위해서는 교배를 통해 감수분열이 가능한 접합자[8]를 만들어야 합니다. 그런데 개체들이 동일한 교배형만을 가지고 있으므로 일부 개체의 교배형이 바뀌어야만 접합자를 만들 수 있습니다.

그렇기에 집단 내의 일부 개체에서 원래의 교배형 유전자 복사본을 제거하고 압축포장이 되어 있던 다른 교배형 유전자의 복사본을 만들어서 전사 가능한 부위mat1에 새로 끼워 넣는 작업이 진행됩니다. 바뀐

7 mat1 위치에 삽입된 교배형 결정유전자가 mat2-P이면 플러스Plus,P형의 교배형이 되고, 반대로 mat3-M이 삽입되어 발현되면 마이너스Minus,M형인 교배형이 됩니다.

8 정자와 난자가 수정하여 만들어진 수정란과 유사하게 서로 다른 교배형의 효모 세포끼리 접합 과정으로 만들어진 이배체2n 상태의 세포

교배형 유전자가 전사되기 시작하면 다른 교배형을 가진 개체가 집단 내에 생기게 되고, 이 작업 덕분에 집단 내에 두 가지 교배형이 모두 존재하게 되었으므로 이제 서로 다른 교배형의 개체가 만나서 접합자를 만들 수 있는 조건이 갖춰졌습니다.

효모의 교배형에 따라 분비하는 페로몬(성호르몬)은 각각 다르기 때문에, 자신과는 다른 페로몬을 분비하는 개체에 끌려 교배하게 되면 이배체2n 상태의 유전체를 가진 접합자가 만들어집니다. 이 접합자가 감수분열을 통해 반수체 상태의 포자(생식세포와 유사)를 만들어서 환경이 개선되어 안전해질 때까지 포자 상태로 지내게 되는 것입니다.

생물종마다 차이는 있지만 보통 rDNA 클러스터에는 수백 개의 단위체가 특정 염색체 위에 직렬형태로 배열되어 있습니다. 일반적으로 반복되는 염기서열은 이질염색질로 압축포장을 하라는 신호로 인식되므로 rDNA 클러스터도 압축포장이 진행되어 이질염색질이 됩니다. 그러나 rDNA 클러스터는 세포 내에서 전사가 가장 활발히 일어나는 곳입니다. 이질염색질은 전사가 일어나지 못하게 제어하는 역할을 하는데, 전사가 활발한 rDNA 클러스터 부위에 이질염색질이 형성되는 이유는 무엇일까요? 이 질문에 대한 답을 알아보기 전에 먼저 리보솜ribosome의 특성에 대해서 살펴볼 필요가 있겠습니다.

리보솜은 세포가 필요로 하는 단백질을 생산하는 공장이라고 할 수 있습니다. 리보솜은 4개의 rRNA와 80개 이상의 작은 단백질로 구성된 거대 복합체이며, 큰 대단위체와 작은 소단위체로 구성됩니다. 또한 번역될 mRNA와 소단위체가 먼저 결합한 후 대단위체가 마지막으로 조립되어 리보솜이 완성됩니다. 진핵생물의 리보솜에서 대단위체는 3개의 rRNA 분자5S, 28S, 5.8S에 약 49개의 리보솜 단백질이 결합하고, 소단위체는 18S rRNA에 약 33개의 리보솜 단백질이 결합하고 있습니다.

리보솜의 가장 중요한 기능은 mRNA 분자에 담긴 정보에 따라 펩타이드 결합으로 아미노산을 연결하여 단백질 분자를 합성하는 것입니다. 그런데 이 화학반응을 유도하는 효소는 단백질이 아닌 rRNA라는 것이 밝혀졌습니다. 여기서 RNA 중에 효소 활성을 가진 분자를 리보자임ribozyme이라고 부르는데, 이 RNA의 자체 효소 활성 덕분에 번역 과정에서 아미노산을 결합하는 효율이 높아졌습니다. 진핵세포의 리보솜이 초당 2개의 아미노산을 연결할 수 있게 된 것입니다. 또한 이러한 높은 효율에도 불구하고 그에 따른 오류는 거의 발생하지 않는데, 그 정확도는 약 1만 개의 아미노산을 연결할 시에 1개 정도의 오류가 생기는 수준이라고 보시면 될 것입니다. 리보솜은 유전자 암호에 저장된 정보를 단백질 분자로 전환하는 곳이며, 리보솜에서 만들어진 단백질 분자는 리보솜에서 떨어져 나와 세포의 다른 부분으로 이동하게 됩니다.

리보솜 RNArRNA을 암호화하는 유전자의 수는 생물종마다 다릅니다. 고등진핵생물일수록 rRNA를 암호화하는 유전자 수가 많은 경향이 있습니다. 진핵생물체가 보유하는 리보솜은 각 세포당 수백만 개 정도이며, 최소 리보솜의 수만큼의 rRNA 분자가 필요하게 됩니다. rDNA 클러스터가 생산하는 rRNA 양은 세포에서 만드는 모든 RNA분자의 약 80~90%에 해당할 정도로 많습니다. rDNA 클러스터에서 생산해야 하는 rRNA의 수가 많아야 하기 때문에 대량 생산 구조를 갖추는 것은 매우 중요한 일이 되었습니다. 이에 rDNA 클러스터에서는 rRNA를 만드는 단위체를 여러 개 붙여서 한 번에 대량 생산하는 방식을 택했습니다. 다만 이 방식의 문제점은 염기서열이 반복되는 곳에서는 일부 염기서열을 누락한 채로 복제하거나 재조합에 의해 제거되는 오류가 자주 발생한다는 것이었습니다.

리보솜에 필요한 재료를 대량 생산하기 위해 유전자 복사본을 반복적으로 배열해서 준비했는데, 시스템 오류로 귀한 유전자를 잃어버린다는 것은 도저히 용납할 수 없는 문제일 것입니다. 따라서 유전자 소실을 막기 위해 선택된 방법이 rDNA 클러스터를 압축포장 하는 것이었습니다. 그러나 아무리 압축포장을 해야 한다지만 이곳은 기본적으로 전사 활성이 유지되어야만 하는 곳이기 때문에 rDNA 클러스터의 압축포장 방식은 다른 부위의 압축포장 방식과는 다를 것으로 추측하고 있습니다. 즉 rDNA 클러스터는 동원체 및 텔로미어와는 다른 방식으로 압축포장이 이루어질 것이라고 보고 있는 것입니다.

rDNA 클러스터의 압축포장 방식에 대해서는 아직 완전히 밝혀지지 않았지만 Sir2라는 단백질이 중요한 역할을 한다는 점은 분명합니다. 효모 모델을 이용한 연구에서 몇 가지 흥미로운 사실이 밝혀졌습니다. 그것은 Sir2라는 단백질은 히스톤 단백질의 아세틸화 암호를 제거하는 효소 활성을 가지고 있는데, rDNA 클러스터에 이질염색질 구조를 형성하는 데도 중요한 역할을 한다는 것이었습니다. Sir2의 기능이 결핍된 경우에는 효모의 수명이 짧아지고 반대로 Sir2 분자 수가 늘어나 활성이 증가하면 효모의 수명이 늘어난다는 연구 결과도 있었습니다. 이 연구 결과로부터 Sir2에 의한 rDNA 클러스터의 압축포장 정도가 세포의 수명과 밀접한 관련이 있다고 말할 수 있습니다.

이러한 사실을 뒷받침하는 다른 연구 결과도 있습니다. 레스베라트롤과 쿼세틴을 포함하는 폴리페놀 계열의 항산화 물질[9]이 Sir2의 활성을 증가시켜 효모의 수명을 연장시킨다는 것입니다. 이에 한술 더 떠서 인간의 노화 방지와 수명 연장을 위한 신약 발굴에 Sir2의 연구 결과를 이용한 벤처회사도 있습니다. 이 벤처회사는 글로벌 제약사인 머크사에 약 660억 원을 받고 팔렸다고 합니다. 연구자에게 이런 큰 행운이 찾아올 가능성은 어쩌면 로또 복권에 당첨될 확률보다 낮을지도 모릅니다. 그러나 아직까지 머크사에서 수명 연장이 가능한 신약을 출시한다는 소식은 없습니다. 물론 신약을 개발하고 임상시험을 통과하여 약물로 허가를 받는 과정은 결코 쉽지 않은 법이기에 아직 그 결과물을 내놓지 못하는 것일 수도 있습니다. 혹은 기존에 개발된 질병 치료제에서 얻는 수익 때문에 일부러 연구개발 단계조차 시작하지 않았을 수도 있습니다. Sir2 연구에서 시작된 노화와 식생활 관련성은 에필로그에 정리해 두었습니다.

아무튼 연구를 진행하는 과정에서는 매우 다양한 어려움과 딜레마에 직면하게 되는 것이 너무도 당연하다고 봐야 합니다. 하지만 인류의 새로운 발견을 향한 탐구와 신약개발을 향한 여정은 역사가 증명하듯이 그 어떠한 장애물도 멈추지 못할 것입니다.

---

9 레스베라트롤resveratrol은 붉은 포도주에 많이 함유되어 있으며, 쿼세틴quercetin은 사과와 녹차에 많은 폴리페놀입니다.

이질염색질을 만드는 압축포장 기술의 원리

이질염색질을 만드는 압축포장 시스템의 작동 방식은 한 가지가 아닙니다. 압축포장 기술은 생물종마다 차이가 있으며, 이질염색질의 종류 및 용도에 따라서도 다른 방식을 이용합니다. 일반적으로 고등생물체일수록 다양한 압축포장 기술을 사용합니다. 기본적인 압축포장 기술은 여러 생물종에서 공통적으로 보유하고 있지만 고등생물체는 발전된 압축포장 기술을 추가로 더 가지고 있는 것입니다. 예를 들면 'DNA 메틸화'는 포유류에서 사용되는 최고 수준의 압축포장 기술이라고 할 수 있습니다. 효모나 초파리에도 DNA메틸화 효소를 만드는 유전자와 유사한 것이 들어 있기는 하지만 'DNA 메틸화' 효소를 만들지 못해서 이 기술을 사용하지 못합니다. 어찌 됐든 단세포 생물체인 빵 곰팡이가 'DNA 메틸화'라는 압축포장 기술을 사용하는 것이 매우 예외적이면서도 특이한 일인 것입니다.

이어 원활한 이해를 위해 3장에서 다뤘던 DNA 포장 시스템을 다시금 상기해 보며 따라오시길 추천드립니다. DNA에서 염색사 및 염색체의 응축은 뉴클레오솜[10]이라는 단위체를 만드는 것에서 시작됩니다. 핵에 들어 있는 모든 염색체는 기본적으로 뉴클레오솜 단위체를 기본으로 하는 응축 과정에 의해 일반포장이 된 상태입니다. 염색체 부위 중에

10 뉴클레오솜은 염색질의 기본단위로 DNA가 히스톤 팔량체에 약 1.75바퀴 정도 감긴 구조물입니다. 뉴클레오솜 하나에 감겨 있는 DNA는 뉴클레오타이드 146개에 해당하며, 히스톤 팔량체는 네 종류의 히스톤H2A,H2B,H3,H4 단백질로 만들어진 단백질 복합체로서 DNA를 감는 실패와 같은 역할을 합니다.

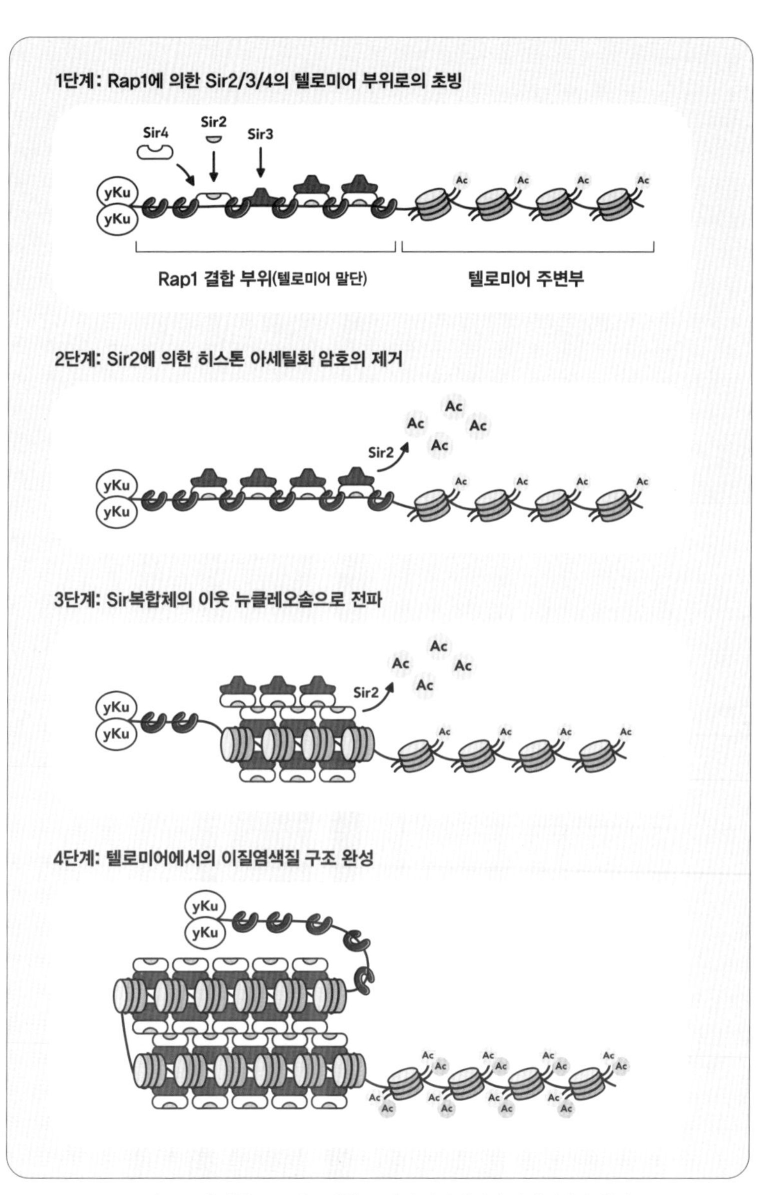

그림 26　출아형 효모의 교배형 유전자 좌위에서의 이질염색질 형성

서 이질염색질 구조가 필요한 곳은 추가로 압축포장 단계를 더 거치게 되는 것이라고 말할 수 있습니다.

이질염색질로 압축포장을 할 때 여러 가지 기술을 이용하는 것은 이질염색질 구조의 안정성을 확보하는 동시에 DNA의 부피를 효과적으로 줄이기 위함입니다. 기본적으로 이질염색질로의 압축포장은 여러 단계로 구성되며, 각 단계에 따른 특정 기술이 적용됩니다. 예를 들어 출아형 효모의 텔로미어는 크게 네 단계로 구성된 압축포장 기술이 적용되는데, 상대적으로 압축포장 단계가 단순한 편에 속합니다. 1단계에서는 Rap1이라는 텔로미어 결합단백질이 Sir2/3/4 복합체를 텔로미어 부위로 불러옵니다. 2단계에서는 Sir2가 뉴클레오솜에 포함된 히스톤 단백질로부터 아세틸기를 제거합니다. 여기서 Sir2는 히스톤 단백질로부터 아세틸기를 제거하는 효소입니다. 3단계에서는 아세틸기가 제거된 히스톤 단백질을 선호하는 Sir 복합체가 뉴클레오솜에 결합합니다. 이 작업은 첫 번째 뉴클레오솜에서 시작해서 이질염색질 구역이 끝나고 진정염색질이 시작되는 경계 지역까지 계속됩니다. 마지막 단계인 4단계에서는 아세틸기가 제거된 히스톤 단백질을 선호하는 Sir 복합체가 결합된 뉴클레오솜들이 서로 뭉쳐서 압축된 이질염색질 구조를 완성합니다(그림26).

생명체에게 동원체는 중요한 이질염색질인데, 동원체와 그 주변부를 구성하는 염기서열의 패턴은 생물종에 따라 차이가 있습니다. 여기서 출아형 효모는 가장 원시적인 동원체를 가진 생물종입니다. 출아형 효모의 동원체는 매우 단순한 구조로 되어 있습니다. 출아형 효모는 다른 진핵생물과는 달리 동원체가 압축포장 되어 있지 않으며, 방추사 결합 부위만 존재하는 구조입니다. 이 사실로부터 방추사의 결합을 통해 염색체가 두 개로 분리되어 딸세포로 전해질 때 동원체의 이질염색질 구조는 필수 요소가 아닐 수도 있다는 추측을 할 수 있습니다. 그러나 효모를 제외한 다른 진핵생물의 경우에는 동원체가 이질염색질로 압축포장 되어 있습니다. 그 이유는 무엇일까요? 지금까지의 연구에 의하면 동원체를 이질염색질로 압축포장 하는 것이 염색체 분리의 정확성을 높이는 데 중요한 역할을 하므로 그렇다고 할 수 있겠습니다.

효모에는 출아형 효모와 분열형 효모가 있습니다. 출아형 효모와 분열형 효모는 생활사 면에서 큰 차이가 없으나 유전체의 구조와 후성유전적 작동 시스템에서는 큰 차이가 있습니다. 출아형 효모보다 분열형 효모에 대한 연구가 활발한 편인데, 그 이유는 출아형 효모보다 분열형 효모의 여러 가지 생명 현상의 특성이 고등진핵생물과 유사하기 때문입니다. 단세포 진핵생물인 분열형 효모에 대한 연구는 인간에게 일어나는 복잡한 현상을 이해하는 데 중요한 실마리를 제공합니다. 한 연구에서는 초파리에서 발견되는 히스톤 메틸화 효소와 기능이 거의 같은 효소를 분열형 효모에서 찾았습니다. 이 효소는 출아형 효모에는 존재하지 않고 분열형 효모에만 존재합니다. 그리고 이 효소가 이질염색질로 압축포장 하는 과정에 이용된다는 것이 밝혀졌습니다.

이제 동원체 주변부에서 이질염색질 구조가 만들어지는 과정에 대해서 알아보겠습니다. 동원체 주변부에는 DNA 염기서열이 반복되는 구간이 있는데, 반복서열의 길이가 상당히 긴 편입니다. 동원체 주변부의 뉴클레오솜 중 하나에 메틸화 암호를 새기는 효소가 결합하면 이질염색질 구조를 만드는 과정이 시작됩니다. 뉴클레오솜에 결합된 히스톤메틸화 효소는 히스톤 H3의 아홉 번째 아미노산에 메틸기를 붙입니다. 여기서 히스톤 H3의 아홉 번째 아미노산은 라이신입니다. 히스톤 H3의 아홉 번째 아미노산인 라이신에 새겨진 메틸화 암호는 압축포장을 유도하는 신호로 작용합니다.

히스톤메틸화 효소가 결합한 첫 번째 뉴클레오솜에서 히스톤 H3의 라이신에 메틸기를 붙이는 작업이 끝나면 다음 뉴클레오솜으로 히스톤메틸화 효소가 이동하여 동일한 작업을 진행합니다. 이 작업은 첫 번째 뉴클레오솜을 기준하여 양쪽 방향으로 진행되며, 이질염색질과 진정염색질이 만나는 경계표지석까지 계속됩니다. 이런 방법으로 동원체 주변부에 있는 뉴클레오솜에서는 뉴클레오솜의 히스톤 H3에 포함된, 같은 위치의 라이신에 메틸화 암호를 새기는 작업이 완성됩니다. HP1은 뉴클레오솜을 뭉치게 하는 단백질로, 핵 내에 존재하고 있습니다. 히스톤메틸화 효소에 의해 뉴클레오솜에 메틸화 암호가 새겨지면 HP1이 메틸화 암호를 인식하여 그 부위에 결합됩니다. 이어 HP1에 결합된 뉴클레오솜끼리는 HP1을 이용한 결합을 하게 되는데, 이 과정을 통해 뭉치게 되면서 압축포장이 완성되는 것입니다.

해리포터에서 마법사가 마법을 부리기 위해서 마법 지팡이가 필요한 것처럼, 히스톤이 DNA를 압축포장 하기 위해서는 히스톤메틸화 효소가 필요합니다. 즉 마법사는 히스톤이고 마법사가 사용하는 마법 지팡이는 히스톤메틸화 효소라고 할 수 있으며, 마법사가 부린 마법은 히스톤 H3의 메틸화라고 할 수 있는 것입니다. 마법사인 히스톤이 마법 지팡이를 이용해서 마법을 부린 후 바로 옆의 히스톤에게 마법 지팡이를 전해주면, 마법 지팡이를 전해 받은 히스톤이 또다시 마법을 부리고 또 바로 옆의 히스톤에게 마법 지팡이를 전해주는 것과 같은 방식입니다. 분열형 효모를 이용한 연구에서 동원체 주변부의 뉴클레오솜이 히스톤메틸화 효소를 어떤 방식으로 전달하는지를 알아낸 것입니다. 다만 그 내용이 다소 복잡하기에 여기서 자세히 다루지는 않을 것입니다. 로버트 마르틴센Robert A. Martienssen(1960-) 연구팀과 시브 그레이월Shiv I.S. Grewal(1965-) 연구팀은 2002년《사이언스》에 발표한 공동연구 논문에서 동원체 주변부 DNA 반복서열에서 유래된 초소형 RNA(siRNA로 불림)가 다른 단백질과 공조하여 히스톤메틸화 효소를 동원체 주변부의 뉴클레오솜으로 데리고 온다는 사실을 밝혔습니다. 이 논문은《사이언스》로부터 2002년 최고의 논문으로 선정되었습니다. 후성유전 조절의 주연배우 중 하나인 초소형 RNA를 포함한 비암호화 RNA에 대해서는 에필로그에 따로 정리해 두었습니다.

초파리에서 동원체 주변부의 이질염색질 형성 과정은 분열형 효모와 매우 유사합니다. 다만 초파리에서는 압축포장의 마지막 단계에서 히스톤 마법사인 H4의 역할이 추가됩니다. H4는 자신의 마법 지팡이로 꼬리의 스무 번째 라이신에 메틸화 암호를 새기는데, 이 과정이 추가되면 보다 더 강하게 압축포장을 할 수 있습니다. 고등진핵생물의 경우에는 초파리의 것보다 그 과정이 더 추가된 압축포장 기술을 사용합니다. 간단히 말하자면 초파리에서 사용되는 압축포장 기술을 모두 사용하고

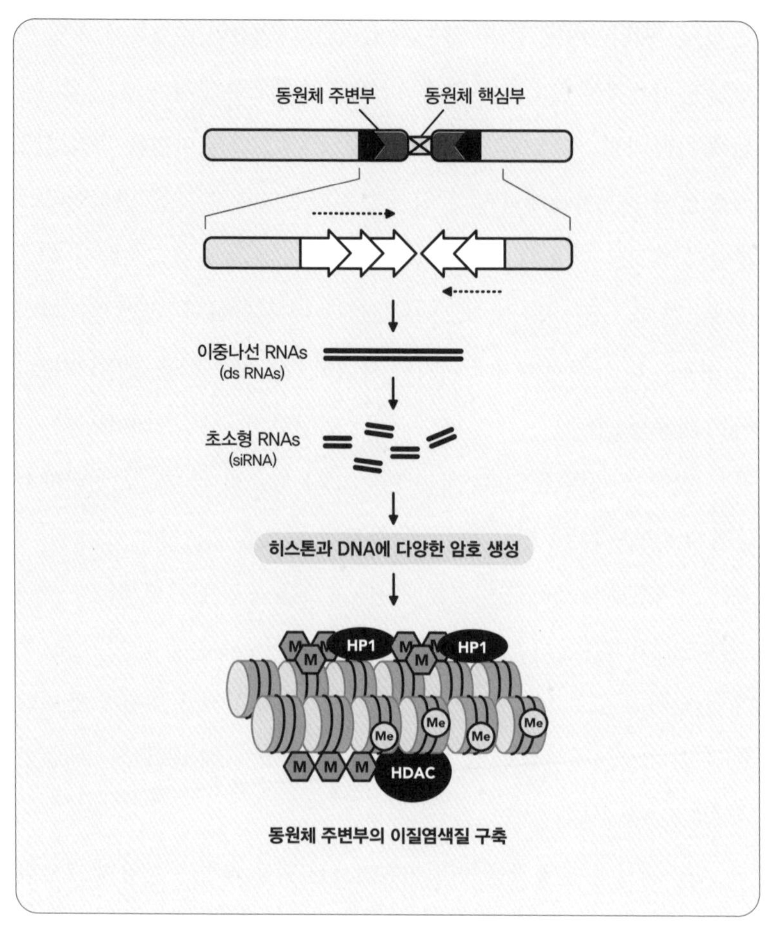

그림 27 고등진핵생물의 이질염색질 형성

도, 최종 단계에서 CpG에서의 DNA 메틸화까지 일어나게 된다는 것입니다. 일단 CpG에서의 DNA 메틸화 단계까지 작업이 진행되면 현재까지 발견된 최고 수준의 압축포장이 완성된다고 볼 수 있겠습니다(그림

27).

동원체와 주변부를 구성하는 반복서열로부터 합성된 비암호화 RNAnoncoding RNA는 이질염색질 형성 과정을 시작하는 데 있어 매우 중요합니다. 초소형 RNAs와 같은 비암호화 RNA는 이질염색질 주요 특징 중 하나인 히스톤 H3의 아홉 번째 라이신 잔기에 메틸화 암호를 새기는 효소를 데려오는 데 꼭 필요한 것입니다. 이런 히스톤 메틸화 암호는 HP1이라는 단백질에 의해 인식되고 결합되며 이질염색질 형성을 진행합니다. 최종 단계에서는 CpG에 DNA 메틸화가 부착되는 과정이 진행되어 이질염색질 구축이 마무리됩니다. 그림에 사용된 심벌 중 M은 히스톤 H3의 아홉 번째 라이신에 새겨진 메틸화 암호를 나타내며, Me는 CpG에 새겨진 DNA 메틸화 암호를 의미합니다.

지금까지 특별한 DNA 포장 시스템을 사용해서 특정 구역의 염색질을 압축포장 함으로써 새로운 중요한 임무가 부과되는 것에 대해 살펴보았습니다. 이질염색질이 만들어질 때 적용되는 압축포장 기술은 생물종에 따라 다르며, 같은 생물종 안에서도 이질염색질의 종류에 따라서 또한 달라진다는 것도 살펴보았습니다.

9 종 보존을 위한 분자저울

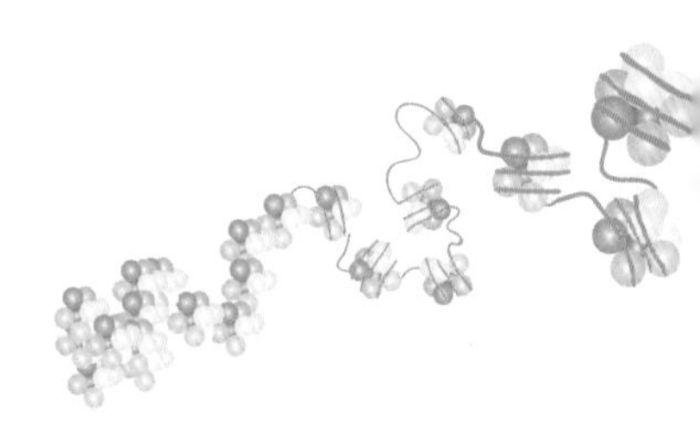

유전질환인 혈우병과 색맹의 발병 빈도는 남성이 여성보다 높습니다. 그 이유는 실병을 일으키는 원인유전자가 X 염색체 위에 주소[1]를 두고 있는 열성유전자이기 때문인 것으로 알려져 있습니다. 여성은 X 염색체를 두 개 가지고 있고 남성은 X 염색체를 하나만 가진 것과도 관련이 있습니다. 남성의 X 염색체는 하나뿐이므로 질병을 일으키는 원인유전자를 가진 경우에 곧바로 형질이 표현되기 때문입니다.

무발한증[2]은 성별에 따른 증상의 차이가 눈에 띄는 유전질환으로, 원인유전자가 X 염색체와 연관되어 있습니다. 무발한증의 원인유전자는 땀샘 결정유전자입니다. X 염색체를 두 개 가진 여성의 경우에만 이형접합자가 있는데, 이형접합인 여성의 경우에 특이한 형질을 보입니다. 땀샘 결정유전자가 이형접합인 여성은 땀샘이 있는 피부와 땀샘이 없는 피부가 섞인 모자이크 형태의 피부를 가지게 되는 것입니다(그림28).

1 이런 상황을 X 염색체 연관이라고 합니다.
2 피부조직에 땀샘이 없어 땀이 나지 않는 증상을 보이는 유전질환

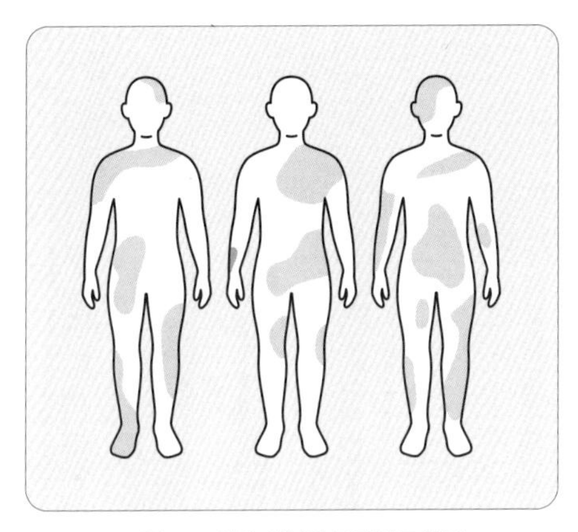

그림 28 인간 여성의 모자이크 형질
외배엽형성이상 관련 무발한증의 원인유전자가 이형접합인 유전자형의 여성에게서 발견됩니다.

예를 들어 부모 중 한 명으로부터 결함이 있는 땀샘유전자를 하나씩 물려받은 남매가 있다고 가정해 보겠습니다. 아들의 경우에는 X 염색체가 하나뿐이므로 결함이 있는 땀샘유전자가 바로 발현되어 무발한증을 앓게 됩니다. 하지만 딸의 경우에는 두 X 염색체 중에서 한쪽 땀샘유전자는 정상이고 나머지 한쪽에만 결함이 있는 땀샘유전자를 물려받게 되며, 결함유전자가 발현되지 않을 것으로 예측할 수 있습니다. 이는 결함이 있는 땀샘유전자가 열성이기 때문에 딸이 정상적인 땀샘을 가지는 보인자일 뿐이어야 한다는 뜻입니다. 그런데 예측과는 달리 그녀는 땀샘이 있는 피부와 땀샘이 없는 피부가 섞여 있는 모자이크 형태의 피부를 가지게 됩니다. 즉 땀샘을 가진 피부와 무발한증 피부가 섞인 특이한 형질이 발현된 것입니다. 우열의 법칙으로 설명할 수 없는 이런 현상은 왜 나타나는 것일까요?

이 특이한 현상은 분자저울 시스템이라는 후성유전적 작동 시스템과 밀접한 관련이 있습니다. 7장에서 다루었던 분자저울 시스템을 간단히 정리해 보겠습니다. Y 염색체는 성을 결정하는 역할만 하는데, X 염색체는 성을 결정하는 역할뿐만 아니라 많은 유전정보도 가지고 있습니다. 여기서 성별에 따른 X 염색체 수의 차이 때문에 여성이 가진 유전정보가 남성보다 많아지는 불균형이 생기게 됩니다. 이 문제를 해결하는 것이 분자저울 시스템인 것입니다.

여성과 남성의 유전자량[3] 차이를 보정하기 위해 여성의 경우에는 발생 과정 중에 X 염색체 하나가 선택되어 전사불능 상태의 바소체[4]로 바뀝니다. 이 분자저울 시스템을 통해 여성과 남성의 유전자량이 같아지는 것입니다. 성염색체를 포함하여 전체 염색체의 유전량을 맞추는 일은 종을 보존하는 데 있어서 매우 중요한 일입니다. 유전자량의 균형의 측면에서 보면 X 염색체 두 개가 모두 활성화된 여성이나 Y 염색체만 가진 남성은 태어날 수 없습니다. 그러나 X 염색체를 하나만 가진 XO인 여성은 태어날 수 있습니다. 인간의 경우에는 분자저울 시스템이 여성에게만 작동하지만 다른 생물종의 경우 수컷에게서 분자저울 시스템이 작동하는 경우도 있습니다. 분자저울 시스템의 발현 양상은 생물종마다 차이가 있습니다.

이제 여성에게 나타나는 특이한 무발한증 피부 이야기로 돌아가 보

3 유전자량은 실제 유전자 수를 의미하지만 결국 전사와 번역을 통해 만들어지는 단백질의 양 또는 분자 수와도 밀접한 비례관계에 있습니다.
4 바소체Barr Body는 포유류 암컷의 체세포에 들어 있는 비활성화된 X 염색체입니다.

겠습니다. 그림은 결함이 있는 땀샘유전자를 하나만 물려받은 이형접합자 여성에게만 나타나는 형질입니다(그림28). 이형접합자 여성 태아가 수정되어 발생 과정이 진행되는 동안 분자저울 시스템이 작동됩니다. 그런데 유전자량을 맞추는 과정에서 바소체가 될 X 염색체는 무작위로 정해집니다. 결함이 있는 땀샘유전자를 가진 X 염색체가 선택될 수도 있고 결함이 없는 땀샘유전자를 가진 X 염색체가 선택될 수도 있습니다. 피부세포가 될 배아세포 중에서 결함이 있는 땀샘유전자를 가진 X 염색체가 전사불능 상태인 바소체로 된 경우에는 정상적인 땀샘을 가진 피부 세포가 될 것입니다. 그러나 피부세포가 될 배아세포 중에서 결함이 없는 정상 땀샘유전자를 가진 X 염색체가 바소체로 된 경우에는 결함유전자가 발현되어 땀샘이 없는 피부세포가 될 것입니다.

즉 모자이크 형태의 땀샘 분포가 여성에서만 나타나는 이유는 태아의 발생 과정에서 무작위로 X 염색체가 선택되어 바소체가 되기 때문인 것입니다.

성 결정 시스템과 분자저울의 상관관계

유성생식 생물체의 성 결정 과정은 암수의 유전자량에 불균형을 초래하는 치명적 결함을 가지고 있습니다. 이 결함을 해결한 것이 암수 간 유전자량의 균형을 맞추는 분자저울 시스템입니다. 유성생식 생물체는 암수를 구별하는 성염색체를 가지고 있으며, Y 염색체에는 남성을 결정하는 유전자인 SRYsex-determining region of Y chromosome가 존재합니다. 일반적으로 XX는 여성, XY는 남성으로 알고 있지만 성이 이렇게 단순하게 결정되는 것은 아닙니다. 생쥐 모델 실험을 통해서 보면 Y 염색체에 존재하는 SRY 유전자의 발현이 성을 결정하는 데 필수적인 요소라는 것이 확인되었습니다. 다시 말해서 SRY 유전자가 없는 Y 염색체를 가진 개체는 성염색체가 XY라고 하더라도 수컷의 성징을 나타내지 못하고 암컷이 되는 것입니다. 연구자들이 성염색체인 Y에 있는 SRY 유전자를 포함한 부위를 잘라 내서 다른 성염색체인 X 염색체에 붙였더니 XX인 개체도 수컷의 성징을 나타났습니다. 이런 현상은 사람에서도 확인되었습니다. 이 연구를 통해 포유류의 성별은 SRY 유전자의 존재여부에 따라 결정된다는 것을 알게 되었습니다.

배발생 초기에 배아의 생식소embryonic gonads가 분화되는데, 배아의 생식소에 포함된 줄기세포의 운명은 SRY 유전자의 발현 여부에 따라 결정됩니다. SRY 유전자가 발현된 개체는 생식소가 정소로 분화되어 수컷이 되고, SRY 유전자가 없거나 발현되지 못한 개체는 생식소가 난소로 분화되어 암컷이 됩니다. SRY 단백질은 정소를 만드는 데 관여하는 유전자의 전사를 촉진하는 반면에 난소를 만드는 데 관여하는 유전자의 전사는 억제한다는 것도 밝혀졌습니다.

포유류의 성 결정 과정을 분자기작으로 알아보겠습니다. 수컷의 경우 SRY 유전자에서 만들어진 단백질은 SOX9 유전자의 전사를 촉진하는 전사인자로 기능합니다. SOX9 유전자의 전사 발현으로 만들어진 SOX9 단백질은 여러 개의 정소 결정인자와 AMH[5]의 전사 발현을 촉진하는 것입니다. 이와 같은 유전자 발현 경로를 통해 생식소의 운명이 정소로 결정됩니다. 암컷의 경우에는 SRY 유전자가 발현되지 못합니다. 난소를 만드는 데 관여하는 WNT4와 DAX1 유전자는 SRY 단백질에 의해 억제되는 표적유전자입니다. 따라서 SRY 유전자가 발현되지 못하면 WNT4와 DAX1 유전자가 정상적으로 전사 발현이 됩니다. WNT4 유전자의 전사 발현이 정상화되면 난소 결정인자가 활성화되고, DAX1 유전자의 전사 발현이 정상화되면 정소 결정인자 중 SOX9의 전사 발현을 억제합니다. 이 과정을 통해 생식소의 운명이 난소로 결정되는 것입니다.

포유류의 성염색체 X와 Y는 닮은 점이 거의 없습니다. 생명체의 진화 초기 단계에서는 성염색체 X와 Y가 크게 다르지 않았을 것으로 추정되지만 현재의 X와 Y는 유전자량에서 큰 차이가 있습니다. 성염색체가 어떤 과정을 거쳐 지금과 같이 진화되었는지에 대해서는 아직까지 밝혀지지 않은 부분이 많고 복잡합니다. 정확한 이유는 모르지만 Y 염색체는 퇴화 과정을 통해 거의 성을 결정하는 유전자만 남은 상태가 되었습니다. 즉 X 염색체와 Y 염색체가 유전자량에서 큰 차이를 보이게 된 것입니다. X 염색체와 Y 염색체가 가진 유전자량의 차이는 같은 종 내에서 암수 간의 유전자량 불균형을 초래했습니다. 그렇기에 이런 유전자량 불균형을 해소하기 위해 분자저울 시스템이 필요해진 것입니다.

---

5 항뮬러관호르몬anti-Mullerian hormone은 남성 태아 발달 과정 중 뮬러관의 퇴화를 촉진시키는 호르몬이며, 여성에게서 뮬러관은 성체의 자궁관으로 발달하게 됩니다.

생물종에서 발견되는 다양한 분자저울 시스템

유성생식을 하는 생물종에서 성별을 구별하는 데 사용하는 성염색체는 생물종에 따라 차이가 있습니다. 인간을 포함한 포유류는 X와 Y 염색체를 사용하는데, 수컷은 퇴화한 성염색체인 Y를 가지고 있습니다. 닭을 포함하는 일부 조류에서는 W와 Z 염색체를 사용하는데, 암컷이 퇴화한 성염색체인 W 염색체를 가집니다. 이 경우에도 성염색체 중 하나가 퇴화했기 때문에 암수 간의 유전자량 차이가 발생하며, 이를 보정하기 위해 유전자량의 균형을 맞추는 시스템이 작동합니다. 유전자량을 보정하는 분자저울 시스템은 생물종에 따라 약간씩 차이를 보이므로 다양한 분자저울 시스템의 작동 원리에 대해 알아볼 필요가 있겠습니다.

먼저 포유류의 XY 성염색체 시스템에 대해 알아보겠습니다. 보통 X 염색체는 Y 염색체보다 그 크기가 더 큽니다. X 염색체에는 수천 개의 유전자가 들어 있으나 Y 염색체에는 성결정유전자 SRY를 제외하면 유전자가 거의 들어 있지 않은 탓입니다. 게다가 X 염색체는 진정염색질 형태이지만 Y 염색체는 이질염색질 형태로 응축되어 있습니다. 따라서 성염색체 XX를 가진 암컷은 XY인 수컷에 비해 X 염색체에 들어 있는 유전자량이 두 배 차이가 나게 됩니다. 만약 X 염색체도 Y 염색체처럼 이질염색질 형태로 응축되어 전사 발현이 불가능하고 성을 결정하는 데만 쓰인다면 X 염색체 개수의 차이는 아무 문제가 되지 않을 것입니다. 그러나 X 염색체는 기본적으로 전사 발현이 가능한 상태이고 개체의 형질 결정에 관여하는 수천 개의 유전자를 가지고 있습니다. 따라서 XY인 수컷과 XX인 암컷에서 전사 발현이 가능한 유전자량에서 불균형이 발생하게 되는 것입니다. 따라서 이 문제를 해결하기 위해 XX인 암컷의 X 염색체 하나를 이질염색질로 만드는 시스템이 작동합니다. 즉 암컷에서만 X 염색체 중의 하나를 바소체로 만들어 수컷과 유전자량을 같게 만드는 것입니다.

애초에 생명체가 유성생식을 선택한 이유는 다양한 유전자 조합을 가진 자손을 만들어 생존 가능성을 높이기 위해서였습니다. 그런데 성염색체 X와 Y가 유전자량에 큰 차이를 보이는 상태로 진화함에 따라 이 딜레마를 해결하는 보정 시스템을 도입할 필요가 생긴 것이라고 할 수 있습니다. 또한 성염색체의 유전자량 차이를 보정해 주는 시스템은 한 종류가 아니며, 생물종에 따라 약간씩 다른 방식으로 작동된다는 사실도 알아야 할 것입니다.

포유류는 암컷의 X 염색체 하나를 바소체로 만들어 수컷과 유전자량을 맞추는 분자저울 시스템 방식을 이용한다고 앞서 소개한 바 있습니다. 이제 포유류와 다른 방식으로 유전량의 균형을 맞추는 생물종에 대해 알아보겠습니다. 암수 간의 유전자량 차이를 보정하는 시스템은 1930년대 허먼 조지프 멀러 박사가 연구한 초파리 모델에서 처음 발견되었습니다. 초파리는 X와 Y 성염색체를 가지고 있습니다. 얼핏 보기에는 XY 시스템을 가진 것 같지만, Y 염색체가 성을 결정하는 데 중요한 역할을 하지는 못합니다. 정작 초파리의 성별은 X 염색체의 개수에 따라 결정이 됩니다. X 염색체를 두 개 가지고 있으면 암컷, X 염색체를 하나만 가지고 있으면 수컷이 되는 것입니다. 즉 XY와 XO가 모두 수컷 개체가 됩니다. 이와 같은 초파리의 성 결정 시스템을 XO 시스템이라고 부릅니다. 초파리의 경우도 암컷은 X 염색체가 두 개이므로 수컷과 유전자량 차이가 발생하고, 보정을 위해 분자저울 시스템이 필요합니다. 초파리는 X 염색체 하나를 바소체로 만드는 포유류의 방식과 다른 분자저울 시스템을 사용합니다. 초파리는 암컷이 아닌 수컷에서 X 염색체의 유전량을 두 배로 증가시키는 방법을 채용했습니다. 즉 수컷이 X 염색체에 위치한 모든 유전자의 전사량을 두 배로 늘리는데, 이 방법으로 암컷의 X 염색체에서 생성되는 RNA량을 맞추는 것입니다.

예쁜꼬마선충은 자연 상태에서 두 종류의 성으로 존재합니다. 한 가지는 자웅동체로, 대다수의 개체가 여기에 속합니다. 또 다른 한 가지는 수컷으로, 전체 개체의 약 0.5%만 해당됩니다. 그런데 여기서 자웅동체인 선충은 두 개의 X 염색체를 가지고 있는 반면에 수컷 선충은 X 염색체를 한 개만 가지고 있습니다. 따라서 이 경우에도 유전자량의 균형을 맞추는 분자저울 시스템이 필요하게 됩니다. 예쁜꼬마선충은 자웅동체 개체가 X 염색체로부터 만들어지는 RNA의 양을 절반으로 줄이는 방식을 사용해 수컷 개체와 유전량의 균형을 맞췄습니다.

초파리는 수컷이 X 염색체의 전사량을 두 배로 늘리는 방식으로, 선충은 자웅동체가 X 염색체의 전사량을 절반으로 줄이는 방식으로 분자저울 시스템이 작동합니다. 초파리와 선충의 경우 X 염색체에 주소를 둔 모든 유전자에서 전사를 조절하는 ON/OFF 스위치도 후성유전 조절 시스템이 설치하는 것입니다. 그런데 초파리나 선충이 선택한 방식은 정확성을 유지하는 데에 어려움이 있습니다. X 염색체로부터 전사된 RNA의 양이 정확히 두 배 또는 절반이 되지 않는 경우가 발생할 수 있기 때문입니다. 포유류가 선택한 방법은 일관성의 측면에서 볼 때 훨씬 정교한 분자저울 시스템이라고 할 수 있겠습니다.

포유류에서 압축포장 된 성염색체의 발견과 의미

1949년 머리 바Murray Barr(1908-1995)와 에와트 버트럼Ewart Bertram(1923-2022)은 고양이 체세포의 핵에서 아주 흥미로운 구조를 발견했습니다. 세포분열 시기가 아닌데도 세포핵 내에 뭉쳐 있는 DNA 덩어리를 발견한 것입니다. 게다가 수컷 고양이의 세포에서는 뭉친 DNA 덩어리가 없었고 암컷 고양이의 세포에만 뭉친 DNA 덩어리가 있었습니다. 발견자의 이름을 붙이는 과학계의 관례에 따라 이 DNA 덩어리를 바소체Barr body라고 명명했습니다(그림29). 이렇게 바소체가 발견되고 10년이 지나도록 바소체의 정체가 오리무중 상태였는데, 바소체가 고양이 이외의 다른 포유동물에서도 발견되면서 이것의 정체를 밝히는 연구에 대한 관심이 높아졌습니다. 이후 1960년 스스무 오노Susumu Ohno(1928-2000)는 바소체는 고도로 응축된 X 염색체라는 연구 논문을 발표했습니다.

포유류 암컷의 체세포를 X 염색체를 특정하는 표지자로 염색하여 현미경으로 관찰했을 때 전사가 불가능할 정도로 압축포장 된 X 염색체

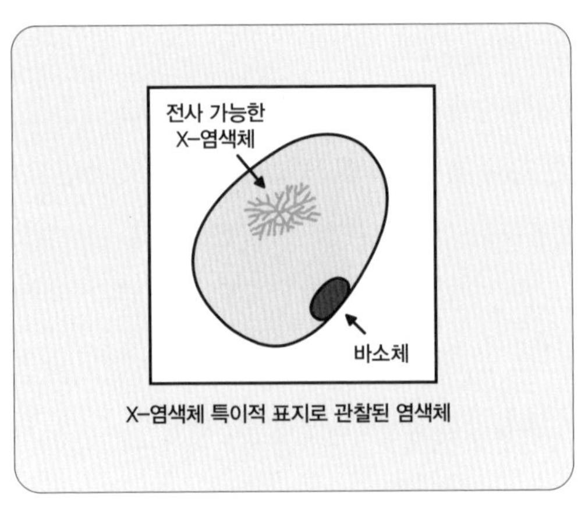

그림 29 인간 세포에서 관찰되는 바소체

인 바소체는 핵막 아래의 핵층에 부착된 상태로 확인이 됐습니다. 하지만 전사 가능한 X 염색체는 응축이 덜 된 상태의 실뭉치로 보였습니다(그림29).

1961년에 리안 러셀Liane Russell(1923-2019)과 메리 라이언Mary Lyon(1925-2014)은 바소체에 대한 새로운 가설을 발표했습니다. 바소체는 포유류의 암컷이 X 염색체 하나를 특수 압축포장 하여 전사를 차단한 것이며, 바소체 형성을 통해 암수의 성염색체에서 생기는 유전자량의 불균형을 해소한다는 내용의 논문이었습니다. 다시 말해서 바소체는 포유류에서 암수의 성염색체 유전자량의 균형을 맞추는 작동 시스템의 결과물이라는 가정이었습니다. 그들은 생쥐 모델을 이용하여 이 가설을 증명했습니다. 생쥐는 털 색깔 결정유전자가 X 염색체에 그 주소를 두고 있다는

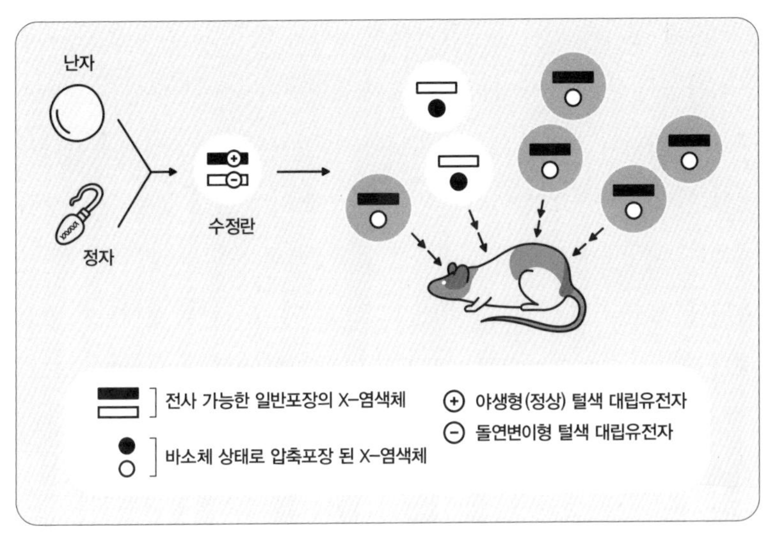

그림 30 바소체 가설에 따른 생쥐의 모자이크 형태의 털 색깔

점에 착안하여 털 색깔 유전자형이 이형접합[6]인 암컷을 이용한 연구를 계획했던 것입니다. 여기서 그들은 바소체가 되는 X 염색체가 그냥 무작위로 선택되는지, 한번 만들어진 바소체는 생존기간 동안 그대로 유지되는지를 알아보고자 했습니다. 털 색깔 결정유전자가 이형접합인 암컷 생쥐의 경우, 털 색깔 결정유전자는 검정 털을 만드는 정상 털색 대립유전자(또는 야생형 털색 대립유전자)와 흰색 털을 만드는 돌연변이형 대립유전자로 구성됩니다.

6 이형접합: 체세포 속의 상동염색체는 한 쌍으로 존재하므로 특정 유전자에 대해 두 개의 대립유전자가 짝을 이룰 수 있습니다. 이때 우성 대립유전자와 열성 대립유전자가 만나서 짝을 이룬 경우를 이형접합이라고 합니다. 만약 동일한 대립유전자 두 개가 짝을 이루면 우성이든 열성이든 관계 없이 동형접합이라고 합니다.

난자와 정자가 만나서 만들어진 수정란이 이형접합자라면 털 색깔 유전자는 정상 털색 대립유전자(⊕)와 돌연변이형 털색 대립유전자(⊖)를 각각 하나씩 가지고 있을 것입니다(그림30). 여기서 X 염색체 하나가 전사 차단이 되지 않는다면 우열의 법칙에 따라 검정 털을 가진 생쥐 개체가 태어나야 하는데, 실제로는 얼룩덜룩한 무늬의 생쥐가 태어났습니다. 생쥐의 털 색깔(그림30)은 X 염색체가 무작위로 선택되어 바소체가 된다는 것을 뒷받침하는 증거가 되는 것입니다.

수정란의 발생 과정에서 이를 살펴보면 다음과 같습니다. 초기 배아 시기의 줄기세포에서 X 염색체 중의 하나가 무작위로 선택되어 압축포장 되면 그것은 바소체를 형성하게 됩니다. 이 줄기세포들이 세포분열을 거듭하여 자신과 같은 딸세포를 수도 없이 만들게 되고, 이후 분화 신호를 받은 대로 특정 조직이나 기관을 형성하게 됩니다. 생쥐의 성체에서 관찰되는 피부조직의 크기, 모양 및 위치는 피부세포의 모세포가 발생 과정 중 어느 시기에 바소체를 형성하는지, 피부세포의 모세포가 몸의 부위 중 어디에 위치하는지 등에 따라 달라집니다.

피부세포가 될 운명을 가진 세포에서 돌연변이형 대립유전자를 가진 X 염색체가 선택되어 바소체로 된 경우 정상 털색 대립유전자만 전사 발현이 되므로 검정 털을 가진 피부가 될 것입니다. 반대로 정상 털색 대립유전자를 가진 X 염색체가 선택되어 바소체로 된 경우에는 돌연변이형 털색 대립유전자만 전사 발현이 되므로 색소를 만들 수가 없게 되어 흰색 털을 가진 피부가 될 것입니다. 그런데 바소체로 되는 X 염색체가 무작위로 선택되기 때문에 이형접합 털 색깔 유전자를 가진 암컷 생

그림 31 **캘리코 고양이**

쥐는 부위마다 색깔이 다른 모자이크 형태의 털 색깔을 가지게 됩니다. 피부조직이 될 모세포에서 바소체 형성 시기가 상대적으로 빠른 경우에는 딸세포가 많이 만들어지게 되므로 넓은 피부조직을 채우게 될 것이고, 바소체 형성 시기가 상대적으로 늦은 경우에는 딸세포가 적게 만들어지므로 좁은 피부조직을 채우게 될 것입니다(그림30). 이 연구 결과는 X 염색체의 운명이 원래부터 정해진 것이 아니라 무작위로 선택되어 바소체가 되고 한번 결정된 바소체는 딸세포에서도 변함없이 계속 유지된다는 바소체 가설을 지지해 줍니다.

다만 바소체로의 선택이 모든 생명체에서 무작위로 정해지는 것은 아닙니다. 어떤 X 염색체가 바소체가 될 운명인지 미리 정해진 생물종도 있습니다. 유대류에 속하는 캥거루와 코알라는 정자로부터 온 X 염색체가 바소체로 전환되고 난자로부터 온 X 염색체만 전사 발현이 됩니다. 따라서 캥거루와 코알라의 털 색깔은 모체로부터 받은 유전자에 의해서만 결정이 됩니다. 이것은 난자로부터 야생형 대립유전자를 가진

X 염색체를 받으면 검은 털을 가지고, 난자로부터 돌연변이 대립유전자를 가진 X 염색체를 받으면 흰 털을 가지게 된다는 뜻입니다. 그렇기에 캥거루나 코알라의 경우에는 모자이크형 털 색깔을 가진 개체가 발견되지 않는 것입니다.

고양이의 털 색깔도 바소체 형성과 관련이 있습니다. 인간의 땀샘이나 생쥐의 털 색깔의 경우처럼 고양이도 암컷의 경우에만 모자이크 털 색깔이 나타납니다. 흰색과 누런색, 검은색 털이 섞인 모자이크 형질은 이러한 바소체로 인한 결과이며, 이 특징을 가장 잘 보여주는 것이 보통 삼색고양이로 불리는 캘리코calico 고양이 품종입니다(그림31).

포유류 분자저울 시스템의 원리

인간과 토끼는 한 쌍의 X 염색체 중 하나를 무작위로 선택하는 방식으로 바소체가 만들어지고, 캥거루는 정자로부터 온 X 염색체를 선택하는 각인[7] 방식으로 바소체가 만들어집니다. 반면에 생쥐는 무작위 방식과 각인 방식을 함께 사용하는 생물종입니다. 여기서 생쥐 모델에서의 바소체 형성 과정에 대해 알아보겠습니다(그림32). 생쥐의 수정란에서 첫 번째 난할이 끝난 2-세포기부터 상실배[8] 시기까지는 각인 방식으

7 각인은 특정 대립유전자나 특정 염색체를 대상으로 DNA 메틸화와 같은 방법으로 압축 포장 하여 전사 발현이 불가능하도록 하는 현상을 말합니다.

8 수정란이 난할을 거듭하여 세포 수가 늘어나 뽕나무 열매인 오디 모양으로 된 초기 배

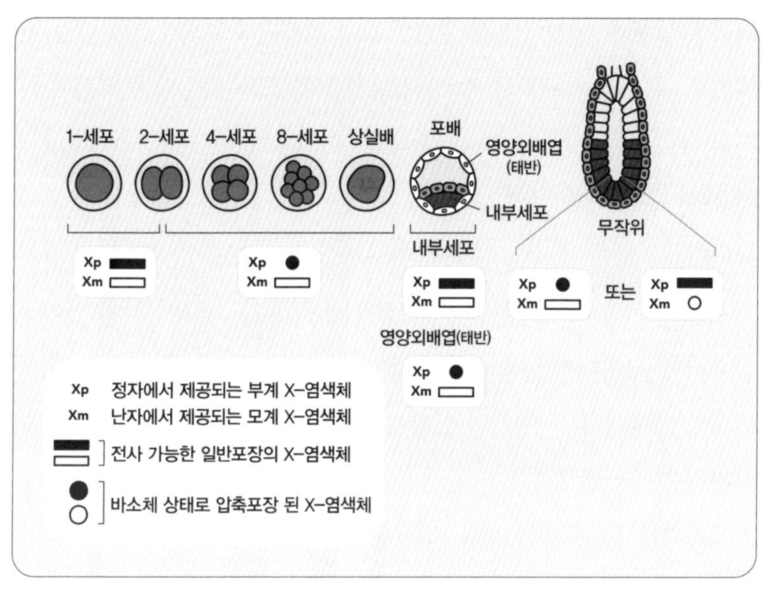

그림 32 생쥐 배 발달단계와 바소체 형성

로 바소체가 만들어집니다. 이 시기에 정자로부터 온 부계 X 염색체가 선택되어 바소체가 되는 것입니다. 이후 단계인 포배기에서는 완전히 다른 방식의 바소체 형성이 시작됩니다. 포배는 영양외배엽과 내부세포[9]로 구분되는데, 영양외배엽은 나중에 태반이 됩니다. 태반이 될 영양외배엽에서는 각인 방식으로 형성된 바소체가 그대로 유지되는데, 내부세포에서는 상실배시기의 바소체가 전사 가능한 상태의 X 염색체로 되돌아갑니다. 즉 내부세포에서는 원래 만들어졌던 각인 장치가 제거

9 내부세포inner cell mass는 성체의 모든 세포로 분화될 수 있는 배아줄기세포

되어 X 염색체 두 개가 모두 전사 가능한 상태로 회복되는 것입니다. 포배기를 지나 착상하게 된 후 장배 형성을 하는 시기가 되면 무작위 방식의 바소체 형성이 다시 시작됩니다. 무작위 방식으로 다시 바소체가 만들어지는 시기는 대략 내부세포의 세포 수가 64~1,000개 사이일 때입니다.

지금까지 포유류 암컷에서 바소체가 만들어지는 방식에 대해 알아보았습니다. 그런데 X 염색체를 두 개가 아닌 한 개 또는 세 개를 가진 돌연변이 개체에서는 어떤 일이 일어날까요? 이런 돌연변이 개체에서도 분자저울 시스템의 가장 중요한 규칙이 그대로 적용됩니다. 즉 수컷의 유전자량과 같도록 시스템을 적용하는 것입니다. X 염색체 하나만을 가진 여성을 터너 증후군XO이라고 하는데, 이 경우에는 바소체가 만들어지지 않습니다. X 염색체를 세 개 가진 여성을 트리플엑스 증후군XXX이라고 하는데, 이 경우에는 X 염색체 두 개가 바소체로 바뀝니다. 클라인펠터 증후군XXY인 남성은 X 염색체를 두 개 가지고 있기 때문에 둘 중의 하나가 무작위로 선택되어 바소체가 됩니다. 어떤 경우에도 세포핵에 존재하는 전사 가능한 X 염색체를 하나가 되게 하고 나머지를 바소체로 전환하는 분자저울 시스템이 가동되는 그런 구조라고 볼 수 있습니다.

X 염색체를 바소체로 만드는 작업은 매우 중요한 일입니다. 이질염색질 중에서 가장 복잡한 압축포장 기술이 적용되는 것은 바소체입니다. 바소체를 만드는 압축포장 방식은 다른 이질염색질을 만드는 압축포장 방식과 어떤 다른 점이 있는지 궁금해집니다. 바소체도 일단은 다

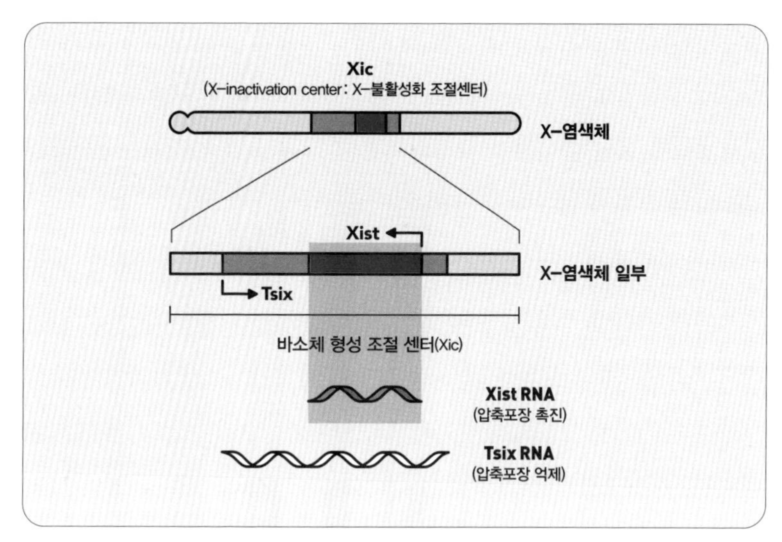

그림 33 바소체 형성 조절센터

른 이질염색질과 유사한 방식으로 압축포장이 진행됩니다. 그러나 일부 차별화된 작동 원리도 적용됩니다.

이제 바소체에서만 적용되는 차별화된 압축포장 방식에 대해 알아보겠습니다. X 염색체에는 바소체 형성 조절 부위Xic가 있습니다. 바소체 형성 조절 부위에는 Xist[10]를 포함한 여러 유전자들이 주소를 두고 있습니다. 바소체를 형성하라는 신호가 오기 전 단계에서의 X 염색체에서는 Xist와 Tsix 유전자가 낮은 수준으로 전사 발현이 됩니다. Xist와 Tsix 유전자로부터 만들어진 Xist RNA와 Tsix RNA는 상보적 염기쌍 결합

10 X-inactive specific transcript에서 따온 이름으로, 단백질을 암호화하지 않고 RNA 상태로 기능합니다.

을 하고 Xist를 결박합니다(그림33). 이후 바소체를 형성하는 시기가 되면 바소체를 만들도록 선택된 X 염색체에서는 Xist 유전자의 전사가 활성화됩니다. Xist 유전자가 활성화되면 염색체의 압축포장을 촉진하는 Xist RNA 분자가 많이 만들어집니다(그림33).

Xist RNA 분자는 압축밴드처럼 X 염색체에 채워져 X 염색체의 전 구역으로 확대되며, 이것이 바소체가 될 운명의 X 염색체가 압축포장 되는 첫 단계입니다. 즉 Xist RNA는 자신이 생산된 Xic 부위에서부터 시작하여 이웃한 염색질로 순차적으로 전파되면서 X 염색체 전체에 압축밴드를 채우는 것입니다. 이렇게 수많은 압축밴드로 채워진 X 염색체에 여러 가지 압축포장 기술이 추가로 적용되면 비로소 바소체가 완성됩니다. 특이한 점은 Xist RNA는 자신을 만든 X 염색체에만 압축밴드를 채워 압축포장을 시작하며, 다른 X 염색체에는 전혀 영향을 미치지 못합니다. Xist RNA가 왜 이런 특성을 보이는지는 아직 밝혀지지 않았습니다.

모든 X 염색체에는 바소체 형성 조절센터Xic라는 이름의 특정 DNA 염기서열이 들어 있습니다. 그렇다면 바소체 형성 조절센터를 가지고 있음에도 불구하고 활성상태를 유지하는 X 염색체의 Xic에서는 어떤 일이 일어날까요? 바소체 형성 조절센터Xic에는 Xist와는 전사 방향이 반대인 Tsix[11]라는 이름의 유전자가 함께 들어 있습니다. 바소체가 형

11 Tsix는 Xist RNA와 상보적 염기서열을 가지고 있어 염기쌍 결합으로 이중나선 RNA로 될 수 있습니다. 이런 구조적인 관계 때문에 Xist의 글자를 거꾸로 읽은 단어를 이 유전자의 이름으로 명명하게 되었습니다.

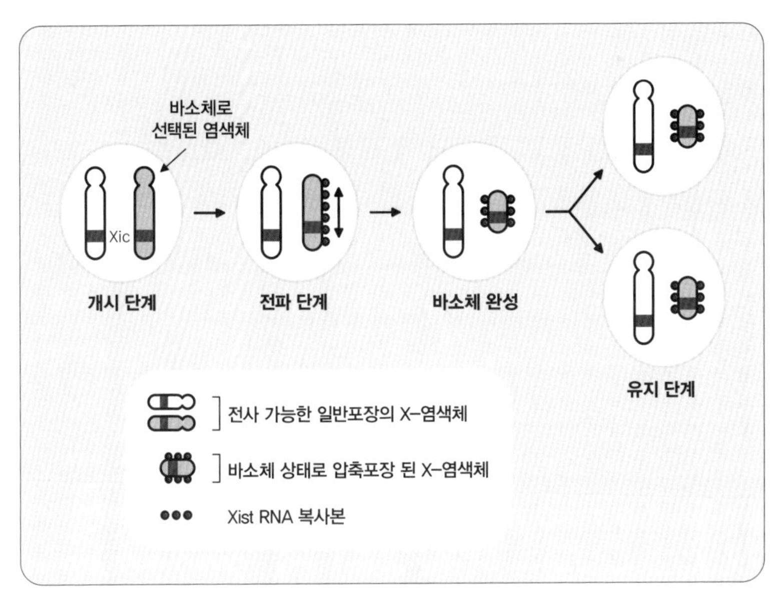

그림 34　바소체 형성과 유지 원리

성되지 않고 활성을 유지하는 X 염색체에서는 Tsix 유전자가 활성화됩니다. 활성화된 Tsix 유전자는 Tsix RNA를 많이 만들어냅니다. 여기서 Tsix RNA는 Xist RNA와 상보적 염기쌍 결합을 하게 되는데, 충분한 양의 Tsix RNA는 Xist RNA와 상보적 결합을 하여 Xist RNA의 활성을 직접 억제하는 동시에 Xist 유전자의 전사 활성화도 차단합니다. 즉 Xist는 바소체 형성을 촉진하는 유전자이고, Tsix는 바소체 형성을 차단하는 유전자인 것입니다. 따라서 X 염색체 위에 공통적으로 존재하는 Xist와 Tsix라는 유전자 중에서 어떤 유전자의 전사 활성이 증가되는지에 따라 X 염색체의 운명이 결정되는 것입니다. 이에 더해서 자세한 기작에 대한 연구는 아직 진행 중에 있으며, 상당한 진척이 있지만 꽤나 복잡한 기작이기에 여기서는 다루지 않겠습니다.

이제 바소체가 형성되는 과정에 대해 개략적으로 알아보겠습니다. 바소체 형성 과정은 다음(그림34)과 같이 크게 네 단계로 나눌 수 있습니다. 첫 단계는 바소체가 될 X 염색체를 무작위로 선택하는 시작 단계입니다. 보통 초기 배아시기에 개시 단계가 시작됩니다. 여기서 Xic의 개수를 통해 염색체 수를 확인한 후 한 개의 X 염색체만 전사 활성 상태로 남기고 나머지 X 염색체는 바소체로 만들기 시작합니다. 선택된 X 염색체에서는 Xist 유전자가 활성화되어 바소체 형성이 시작됩니다. 그러나 선택되지 않은 X 염색체에서는 Xist 유전자의 전사가 억제되며, X 염색체는 전사가 가능한 상태로 남습니다. 두 번째 단계는 전파 단계입니다. Xic의 Xist 유전자에서 만들어진 Xist RNA가 X 염색체 전체를 압축밴드로 코팅하는 단계라고 할 수 있겠습니다. 세 번째는 완성 단계로 Xist RNA 코팅과 함께 다수의 압축포장 기술이 순차적으로 적용되어 이질염색질 형성이 가속화됩니다. 이 단계를 마치면 바소체가 완성되고, 해당 X 염색체의 유전자는 전사가 완전히 차단됩니다. 네 번째 단계는 유지 단계입니다.

한번 만들어진 바소체는 성체가 되어도 변하지 않고 평생 유지될 뿐만 아니라 세포기억 원리가 적용되어 세포분열을 거듭해도 변하지 않게 됩니다. 즉 한번 바소체로 결정된 X 염색체는 개체가 생명을 다할 때까지 바소체로 남게 되는 것입니다.

4부

새롭게 밝혀진 질환의 원인, 후성유전 오류

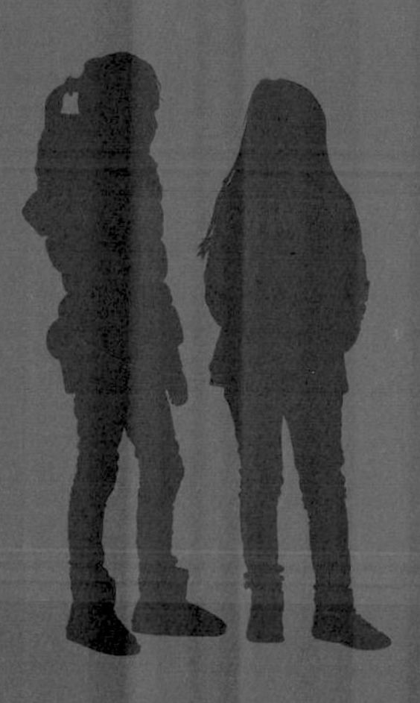

10 단성생식을 막아라

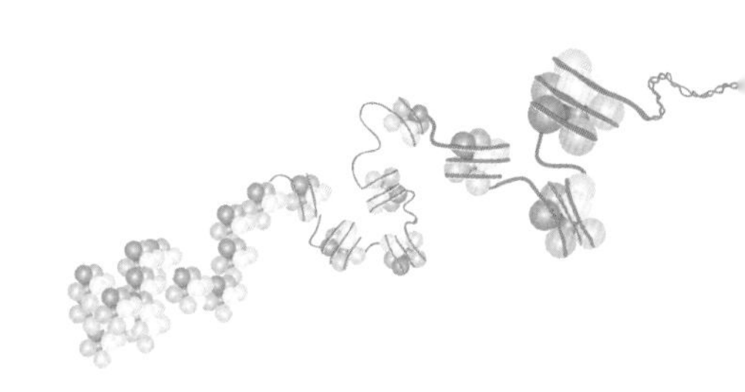

프레드 윌리 증후군Prader-Willi Syndrome; PWS과 엔젤만 증후군Angelman Syndrome; AS은 염색체 이상에 의해 생기는 선천성 유전질환입니다. 프레드 윌리 증후군의 주요 증상은 작은 키, 지적장애, 포만감을 느끼지 못해 생기는 비만 등이고(그림35 ㈎), 엔젤만 증후군의 주요 증상은 발작적 웃음, 인형 같은 걸음걸이, 운동기능장애, 지적장애 등입니다(그림35 ㈏).

프레드 윌리 증후군과 엔젤만 증후군의 원인유전자는 15번 염색체 위에 있으며, 서로 이웃해 있습니다. 15번 염색체는 성염색체가 아닌 보통염색체입니다. 그러나 특이하게도 PWS는 아버지로부터 원인유전자를 받은 경우에만 발병하고, AS는 어머니로부터 원인유전자를 물려받은 경우에만 발생합니다. 성염색체와 관련이 없음에도 불구하고 두 유전질환이 부계 또는 모계 유전의 특징을 보이는 이유는 각인유전자와 관련이 있기 때문입니다. 따라서 두 유전질환의 원인을 이해하려면 먼

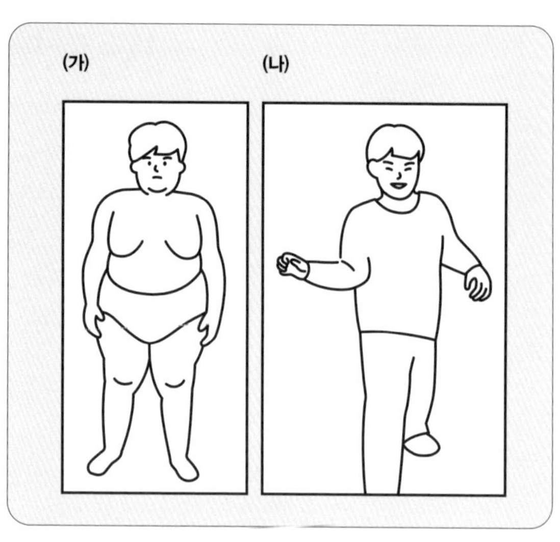

그림 35 프레드 윌리 증후군(가)과 엔젤만 증후군(나)

저 각인유전자에 대해 알아야 합니다.

유성생식을 하는 생물체는 유성생식을 통해 매우 다양한 표현형을 가진 자손을 얻을 수 있었고, 이렇게 확보한 다양성 덕분에 새로운 환경에서의 생존 가능성을 높일 수 있게 되었습니다. 그러나 유성생식은 암수의 성염색체 유전자량에 불균형이 생기는 딜레마에 부딪혔으며, 이 문제를 분자저울 시스템으로 해결해 냈다는 내용을 앞에서 다루었습니다. 한편 유성생식을 채택한 생물종이 가지는 또 다른 문제는 단성생식이 가능하다는 점에 있습니다. 유성생식은 난자와 정자가 수정을 통해 자손 개체를 만드는 생식 시스템인데, 난자와 비교하면 정자의 역할은 매우 제한적이라고 볼 수 있습니다. 정자는 세포핵의 DNA만 제공하지만, 난자는 세포핵의 DNA뿐만 아니라 세포질의 환경을 모두 제공합니다. 또한 난자가 제공한 세포질의 환경은 수정란이 개체로 발생하는 데 중요한 역할을 합니다. 자, 여기서 난자의 입장에 서서 생각을 한번 해봅시다. 정작 자신은 정자와는 비교도 되지 않을 정도로 중요하고 큰 역할을 하는데 그리고 자신은 모든 요소와 환경을 다 갖추고 있는데, 구태여 정자를 만나기 위해 시간을 들여가며 기다릴 필요가 있느냐는 것입니다. 즉 난자가 단독으로 자신만의 자손을 만들고 싶은 유혹을 느낄 거라 추측해 볼 수도 있습니다. 이러한 개념을 단성생식이라 하는데, 이를 난자의 반란 현상이라고 말할 수도 있을 것입니다.

실제로 난생, 즉 알을 낳아 번식하는 생물종에서는 난자 단독으로 자손을 만드는 단성생식이 빈번히 일어납니다. 그러나 태반 형성을 통해 자손 번식을 하는 포유류에서는 아직까지 발견되지 않았습니다. 여기서 포유류는 난생 생물종과는 달리 단성생식의 가능성을 차단했다고 볼 수 있는데, 대체 난자의 반란을 어떻게 막을 수 있었던 것일까요?

포유류는 단성생식을 막기 위해 난자가 정자와 만나 수정이 된 경우에만 개체 발생이 가능하도록 하는 장치를 만들었습니다. 앞에서 언급한 바와 같이 기본적으로 생명체는 모계와 부계로부터 각각 대립유전자를 받기 때문에 모든 유전자가 쌍으로 존재하며, 형질의 발현은 우열의 법칙에 따라 결정됩니다. 눈동자의 홍채 색깔을 결정하는 유전자를 예로 들어보겠습니다. 개체에는 난자로부터 받은 홍채 색깔 결정 대립유전자와 정자로부터 받은 홍채 색깔 결정 대립유전자가 쌍으로 존재하며, 두 대립유전자의 우열에 따라 홍채 색깔이 결정됩니다. 여기서 대립유전자는 두 개이기 때문에 한쪽 대립유전자에 심각한 오류가 생겨 전사가 불가능해져도 나머지 대립유전자 덕분에 홍채 색깔을 나타내는 데는 아무 문제가 없게 됩니다. 그러나 심각한 오류로 전사가 불가능해진 홍채 색깔 결정 대립유전자를 가진 난자가 단독으로 개체 발생을 하면 자손 개체의 눈은 정상적으로 발달하지 못할 것입니다.

만일 홍채 색깔 결정유전자가 아니라 개체 발달에 영향을 미치는 중요한 유전자에 오류가 생겨 전사가 불가능해지면 이 오류를 가진 난자는 단독으로 단성생식을 통해 자손을 만들 수 없을 것입니다. 개체 발달 과정에서 반드시 심각한 오류가 생기게 될 것이기 때문입니다. 단성생식을 막기 위해 포유류는 염색체의 일부 대립유전자의 전사를 차단하는 방식을 채용했습니다. 전사가 차단된 대립유전자를 난자에 만든 경우는 정자의 유전정보에 따라 형질이 발현되어 정상적인 개체가 될 수 있고, 전사가 차단된 대립유전자를 정자에 만든 경우는 난자의 유전정보에 따라 형질이 발현되어 정상적인 개체가 될 수 있게 했습니다.

다시 말해서 같은 유전자에 대해 정자와 난자 중 한쪽 대립유전자는 일반포장으로 전사를 가능하게 하고 다른 쪽 대립유전자는 압축포장으로 전사를 차단한 것입니다. 이처럼 특정 대립유전자의 프로모터에 DNA 메틸화와 같은 압축포장을 하여 일부러 전사를 차단하는 방식을 각인이라고 합니다. 정자와 난자 중 어느 쪽에 각인 장치를 설치할지는 개별 각인유전자에 따라 정해져 있습니다. 다만 이런 각인 현상은 포유류 중에서 난생인 오리너구리나 바늘두더지에서는 발견되지 않습니다.

각인유전자가 만들어지는 패턴은 생물종에 따라 정해져 있으며, 정

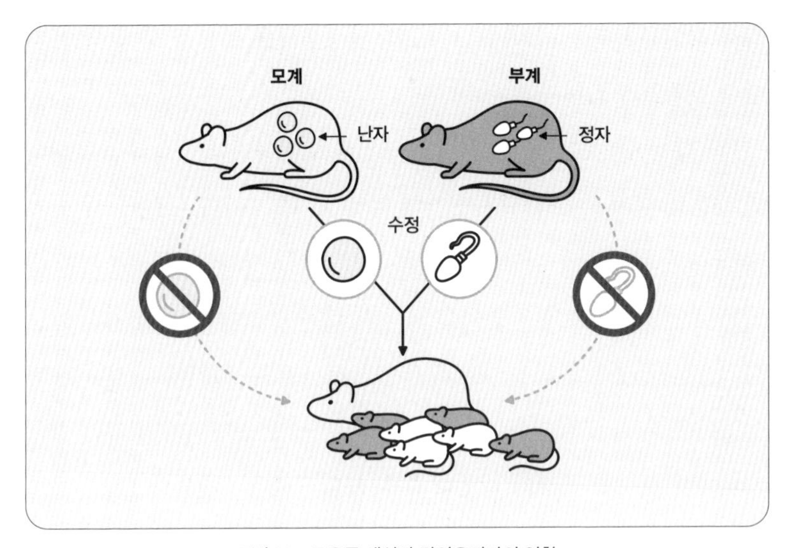

그림 36 포유류 생식과 각인유전자의 역할
생식세포인 난자나 정자의 단독 개체 발생을 방지하고 수정을 통한 진짜 유성생식만을 유지하기 위한 장치가 바로 각인입니다.

해진 각인 패턴은 한 세대에서뿐만 아니라 여러 세대를 거쳐도 변하지 않고 그대로 유지됩니다. 또한 모든 개체는 부계 각인유전자와 모계 각인유전자를 모두 가지고 있습니다. 그런데 생식기관에서 생식세포를 만들 때 부모로부터 받은 유전자의 각인을 모두 지우고 다시 각인 작업을 하게 됩니다. 이때 난자는 모계 각인유전자에만 각인하고, 정자는 부계 각인유전자에만 각인합니다. 여기서 난자와 정자에 다시 새겨지는 각인은 부모 세대와 완전히 동일하며, 여러 세대를 거쳐도 절대 바뀌지 않습니다. 최근의 연구 결과에 의하면 대부분의 각인유전자는 개체 발생 초기에 필수적인 역할을 하는 유전자라는 사실이 밝혀졌습니다. 따라서 각인유전자는 난자가 단독으로 단성생식을 하지 못하게 막는 기발한 장치인 것입니다(그림36).

포유류는 단성생식을 막는 각인 장치를 도입하여 유성생식을 통해서만 자손을 얻게 되었습니다. 그러나 각인 장치를 도입함으로써 또 한 가지 중대한 부작용에 직면하게 됐습니다. 각인유전자의 전사 가능한 대립유전자에 생기는 돌연변이를 극복할 대책이 없어진 것입니다. 이는 각인유전자 때문에 한쪽 대립유전자만 전사할 수 있기에 나타나는 현상입니다. 따라서 각인유전자의 대립유전자에 돌연변이가 생기면 자손 개체에서 심각한 문제가 발생할 수밖에 없습니다. 그러나 이러한 치명적 위험에도 불구하고 각인 장치를 굳이 도입한 것을 보면, 종의 보존을 위해서 유전적 다양성을 확보하는 것이 얼마나 중요한 일인지 알 수 있습니다.

생쥐 모델에서의 각인 현상

이제 각인 현상의 생물학적 의의와 작동원리에 대해 알아보겠습니다. 각인 현상은 생쥐 모델에서 가장 활발하게 연구되고 있습니다. 생물정보학자들이 컴퓨터를 활용한 빅데이터 분석을 통해 알아낸 바에 의하면 생쥐는 약 600여 개의 각인유전자를 가지고 있다고 합니다. 생쥐의 각인유전자 수는 유전체[1]에 있는 전체 유전자의 약 0.5%에 해당됩니다. 수정란의 발생 과정에 필수적인 유전자 몇 개에만 각인 장치를 달아도 단성생식을 충분히 막을 수 있는데 각인유전자의 비율이 이렇게 나 많은 까닭은 무엇일까요? 이에 관해서는 과학자들이 열심히 연구하고는 있지만 유감스럽게도 아직 밝혀진 것은 딱히 없습니다. 다만 이것은 억측일 수도 있겠지만 번식 과정에서 단성생식만은 절대로 일어나서는 안 된다는 생명체의 강한 의지의 표현이 아닐까 짐작해 보는 바입니다. 아무튼 결론적으로 보자면 현재 포유류는 몇 가지 안전장치를 통해 무성생식이 완전히 차단되는 방향으로 진화되었다고 볼 수 있겠습니다.

포유류는 같은 종 내에서 성별에 따라 동일한 각인 장치를 가지고 있으며, 개체에 따른 차이가 없습니다. 즉 수컷 생쥐와 암컷 생쥐의 각인 장치는 다르지만 각자 모두 같은 각인 유전자를 가지고 있다고 볼 수 있습니다. 이 각인 장치는 여러 세대를 거쳐도 변하지 않고 그대로 유지됩니다. 세대를 거쳐 각인이 그대로 전해지는 현상은 생식이 일어나는 동안 각인이 제거되고 다시 구축되는 과정을 통해 일어납니다. 일단 우리 몸의 체세포와 생식소의 모세포는 모계와 부계로부터 받은 각인유전자를 그대로 가지고 있습니다. 다시 말해 생식소를 제외한 모든 세포는 부모의 각인 양상을 모두 가지고 있으며, 평생 바뀌지 않는다는 뜻입니다.

하지만 생식소에서 감수분열을 통해 만들어지는 정자와 난자는 부모로부터 물려받은 각인을 지우고 모계 또는 부계 각인 중 하나만을 성별에 따라 다시 새깁니다. 즉 생식세포를 만들 때는 일단 모계 각인유전자

---

1 세포 속에 포함된 모든 유전자의 총합을 말합니다.

와 부계 각인유전자의 각인을 모두 제거하는 작업이 선행되고, 그 후에 성별에 따른 각인 재구축이 일어난다는 것입니다. 그러므로 자손이 암컷이면 생식소에서 난자를 만들 때 모계 각인만 새기고, 자손이 수컷이면 생식소에서 정자를 만들 때 부계 각인만 새깁니다.

1세대 각인을 가진 난자와 1세대 각인을 가진 정자의 수정으로 만들어진 수정란은 모계 각인과 부계 각인을 모두 가지고 있게 됩니다. 이어 수정란의 발생 과정을 통해 개체가 만들어지는데, 생식소를 제외한 다른 세포에서는 부모로부터 물려받은 각인유전자를 얌전하게 그대로 가지고 있지만 배아의 생식소에서는 각인 재구축 과정이 일어납니다. 말하자면 자손의 생식소에서는 부계 각인과 모계 각인을 모두 제거하고 성별에 따라 각인을 재구축하는 작업이 진행된다는 것입니다. 자손이 암컷이면 난소에서 모계 각인을 재구축하고 수컷이면 정소에서 부계 각인을 재구축하는데, 이 과정을 2세대 각인이라고 합니다. 다시 말해서 2세대 수컷의 정자는 1세대 정자와 동일한 각인유전자를, 2세대 암컷의 난자는 1세대 난자와 동일한 각인유전자를 새기는 것입니다. 이 과정을 통해 생명체는 여러 세대를 거쳐도 변하지 않는 각인 장치를 계속 유지할 수 있습니다. 포유류가 지구상에서 사라지지 않는 한 이와 같은 각인 제거와 재구축 과정은 그들의 생식 활동 내에서 끊임없이 그 맥을 이어 나갈 것입니다.

이제 구체적인 유전자를 중심으로 각인 장치가 개체 형질에 미치는 영향에 대해 알아보겠습니다. Igf-2로 불리는 인슐린 유사 성장인자-2Insulin growth factor-like 2는 생쥐의 대표적인 각인유전자입니다. 각인유전자 Igf-2는 각인유전자 H19와 각인 조절센터를 공유합니다. 그런데 Igf-2는 모계 각인 방식을, H19는 부계 각인 방식을 따르게 됩니다. 7장에서 언급했듯이 Igf-2의 유전자 발현은 생쥐가 정상적으로 성장하는 데 매우 중요합니다. 이러한 Igf-2에 돌연변이가 일어난 것을 돌연변이 대립유전자[Igf-2m]라고 합니다. 부모로부터 돌연변이 대립유전자[Igf-2m]를 물려받아 이 유전자가 발현되면 난쟁이증이 나타나게 됩니다.

그런데 Igf-2가 각인유전자이기 때문에 돌연변이 대립유전자를 부모 중 누구로부터 전해 받았는지에 따라 돌연변이 형질의 발현 여부가 결정됩니다. 인슐린 유사 성장인자 Igf-2는 모계 각인유전자여서 부계로부터 받은 대립유전자만 전사 발현이 가능합니다. 따라서 모계로부터 돌연변이 대립유전자[Igf-2m]를 받고 부계로부터 정상 대립유전자 Igf-2를 물려받은 개체는 난쟁이증이 나타나지 않습니다. 모계로부터 받은 Igf-2m은 각인유전자이므로 전사 발현이 되지 않고 부계로부터 받은 정상 대립유전자 Igf-2만 전사 발현이 되기 때문입니다. 그러나 부계로부터 돌연변이 대립유전자[Igf-2m]를 받고 모계로부터 정상 대립유전자 Igf-2를 받은 개체는 난쟁이증이 나타납니다. 모계로부터 받은 Igf-2는 각인유전자이고 부계로부터 받은 돌연변이 대립유전자[Igf-2m]만 전사 발현이 되기 때문입니다. 다시 말해서 자손 개체의 유전자형이 같더라도 해당 유전자가 각인유전자라면 전사 가능한 돌연변이 대립유전자를 부모 중 누구로부터 물려받았는지에 따라 형질이 다르게 나타날 수 있는 것입니다.

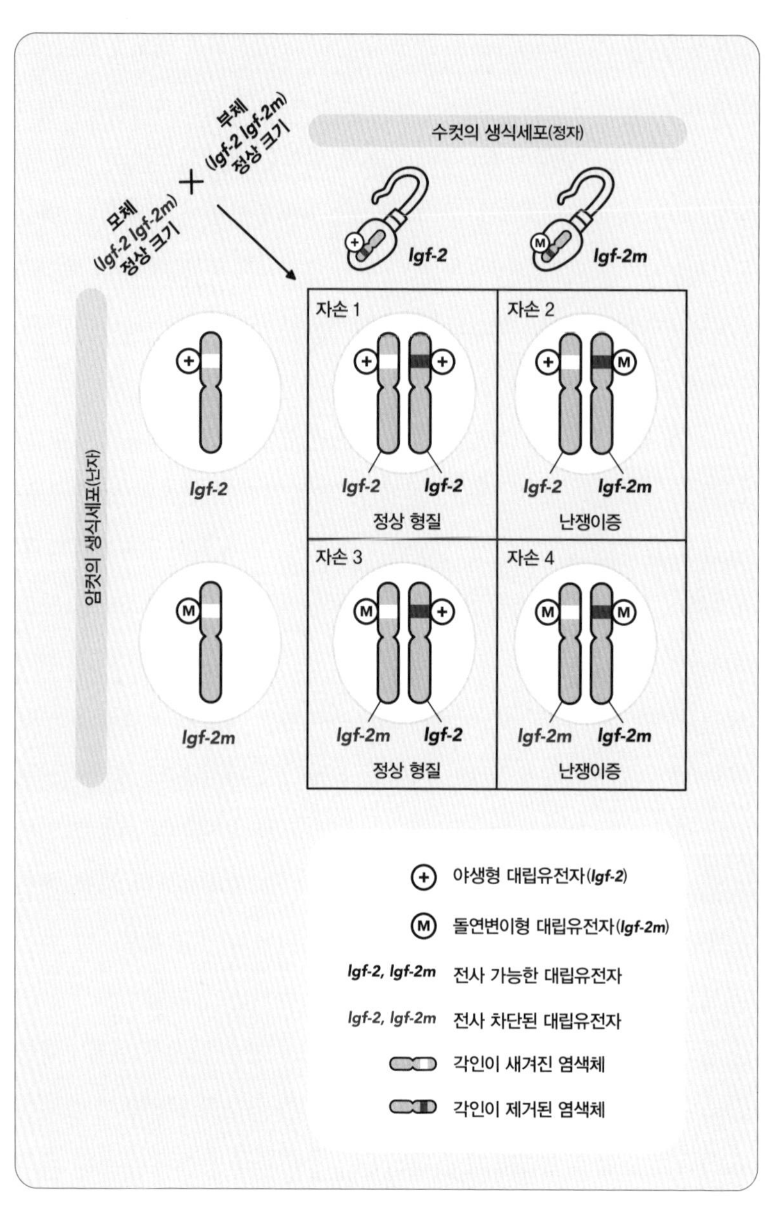

그림 37 생쥐에서 Igf-2 유전자의 각인

Igf-2에 대해 이형접합자[2]이면서 난쟁이증이 나타나지 않은 보통 크기의 암컷 생쥐와 수컷 생쥐를 교배하는 경우를 생각해 봅시다(그림37). 암컷 생쥐의 난소에서 만들어진 난자는 Igf-2 대립유전자 중 하나를 가지게 되는데, 모든 난자에 들어 있는 Igf-2 대립유전자는 각인되어 있습니다. Igf-2가 모계 각인유전자이기 때문입니다. 따라서 난자에 포함된 정상 대립유전자Igf-2나 돌연변이 대립유전자Igf-2m는 모두 전사가 완전히 차단된 상태라고 볼 수 있습니다. 수컷 생쥐의 정소에서 만들어진 정자도 Igf-2 대립유전자 중 하나를 가지게 됩니다. 정자가 가진 대립유전자 Igf-2와 Igf-2m는 전사 발현이 가능한 상태일 것입니다. 그렇기에 Igf-2에 대해 이형접합자인 암컷과 수컷의 교배로 수정란이 만들어질 때 Igf-2 유전자에 대해서는 네 가지의 유전자형이 만들어지게 됩니다(그림37).

Igf-2 유전자의 경우 각인 장치는 난자에서는 제공되는 대립유전자에만 구축되어 전사 차단을 유도합니다. 하지만 각인 장치가 없는 정자에서 제공되는 Igf-2 대립유전자는 전사 가능하므로 직접 형질 발현에 영향을 주게 됩니다. 따라서 정자에서 제공되는 대립유전자에 돌연변이가 포함되어 있다면 야생형 대립유전자를 난자로부터 받아 이형접합자가 되더라도 난쟁이증을 앓게 됩니다.

자손1은 야생형 대립유전자만을 가지고 있으므로 정상 형질이 나타나고, 자손4는 돌연변이 대립유전자만을 가지고 있으므로 난쟁이증이

2 우성형질을 만드는 야생형 대립유전자와 열성형질의 돌연변이 대립유전자를 하나씩 가진 개체

나타납니다(그림37). 그런데 자손2와 자손3은 야생형 대립유전자Igf-2와 돌연변이 대립유전자Igf-2m를 하나씩 가진 이형접합자입니다. 여기서 자손2는 모계로부터 야생형 대립유전자를, 부계로부터 돌연변이 대립유전자를 받은 경우입니다. 이 유전자는 모계 각인유전자이므로 모계로부터 온 대립유전자는 각인되어 전사가 차단되어 있고, 부계로부터 온 대립유전자만 전사 발현이 가능합니나. 따라서 부계로부터 온 대립유전자가 형질을 결정하게 되므로 자손2는 난쟁이증이 나타나게 됩니다. 반면에 자손3은 모계로부터 돌연변이 대립유전자를, 부계로부터 야생형 대립유전자를 받은 경우입니다. 모계로부터 온 돌연변이 대립유전자는 각인된 상태이므로 전사 발현이 되지 않고, 부계로부터 온 야생형 대립유전자만 전사 발현이 됩니다. 따라서 자손3은 정상 크기로 성장하게 되는 것입니다.

일반적인 멘델의 유전법칙에 따르면 이형접합자인 개체는 대립유전자의 우열에 따라 형질이 나타나야 합니다. 따라서 각인 장치가 없었다면 자손2와 자손3은 모두 정상 크기의 생쥐여야 하는 것입니다. 그런데 Igf-2가 각인유전자이기 때문에 이형접합자인 경우에도 열성 형질이 나타나는 부작용을 감수할 수밖에 없습니다. 앞에서 각인은 생식세포의 단성생식과 같은 무분별한 독자 행동을 차단하는 안전장치라고 했습니다. 보통 하나의 각인 클러스터 안에는 여러 개의 각인유전자가 들어 있으며, 그중에는 모계 각인유전자와 부계 각인유전자가 각각 하나 이상씩 반드시 포함되어 있습니다. 하나의 각인 클러스터 안에 모계 각인유전자와 부계 각인유전자를 둘 다 가진다는 것은 생식세포의 개별 행동을 차단하는 장치로 각인을 준비했다고 설명할 수 있을 것입니다.

각인과 연관된 사람의 유전질환

인간 유전체에도 많은 수의 각인유전자가 들어 있으며, 대부분 각인유전자는 개체 발생에 중요한 역할을 하는 유전자라는 것이 밝혀졌습니다. 따라서 각인유전자와 쌍을 이루는 나머지 전사 가능 대립유전자에 돌연변이가 생기면 발생 과정에서 심각한 결함이 발생합니다. 대부분의 경우에는 발생이 멈추게 되어 태어나지 못하므로 각인유전자와 관련된 유전질환을 개체 상태에서 확인할 수 있는 경우는 드문 편입니다. 프레데 윌리 증후군PWS과 엔젤만 증후군AS은 각인유전자와 관련된 대표적인 유전질환이며, 발병빈도는 신생아 1만 5,000명당 한 명꼴입니다.

먼저 엔젤만 증후군이 각인유전자와 연관되어 있다는 사실이 밝혀지게 된 과정에 대해 알아보겠습니다. 가계도 조사를 통한 연구에 따르면 AS 증후군의 아이를 낳은 부모 중에는 AS 증후군 환자가 없었다는 사실을 알 수 있습니다. 이런 유전 패턴이 가능한 이유를 기존의 유전학 지식으로 설명해 보겠습니다. 한 가지 가능한 시나리오는 AS 증후군의 원인유전자가 우성이고 부모가 돌연변이 유전자를 가지고 있지만 알 수 없는 이유로 증상이 나타나지 않은 경우를 들어 볼 수 있겠습니다. 만약 이 내용이 사실이라고 한다면, 이것은 세대를 건너뛰어 질병이 나타나는 격세유전 방식과 유사하다고 할 수 있습니다. 그러나 부모 모두 우성 돌연변이를 가지면서 원인을 알 수 없는 이유로 증상이 나타나지 않을 빈도는 극히 낮습니다. 따라서 이 경우에는 AS 증후군 아이의 부모가 모두 정상 형질을 나타내는 현상을 설명할 수는 없습니다.

다른 가능성은 AS 증후군의 원인유전자가 열성인 경우입니다. 이 경우에는 부모가 AS 증후군 원인유전자에 대한 보인자일 때, 부모에게는 질병이 나타나지 않지만 아버지와 어머니로부터 모두 열성 대립유전자를 전해 받은 자식은 AS 증후군이 나타나게 될 것입니다. 그러나 한 쌍의 열성 대립유전자를 가지고 있어서 AS 증후군을 보이는 부모에게서도 AS 증후군을 보이는 자식은 태어날 수 있습니다. 그러므로 질환이 없는 부모에게서만 태어나는 AS 증후군의 유전 패턴을 기존의 유전 상식으로는 설명할 수 없는 것입니다.

AS 증후군과 같은 특이한 유전 현상의 답을 찾는 열쇠는 난쟁이증을 앓는 생쥐 모델을 통한 각인 현상 연구에서 찾아볼 수 있습니다. 앞의 내용을 상기해 보면 Igf-2 유전자는 모계 각인이 되어 있고 부계 대립유전자에 돌연변이가 포함되는 경우에만 난쟁이증을 앓는 새끼가 태어났습니다. 그렇다면 AS 증후군의 유전 패턴에도 각인 원리를 적용해 보겠습니다. 한 가계도에서 나타난 AS 증후군의 특징 중의 하나는 어머니가 모두 자매라는 것입니다. 따라서 어머니로부터 받은 원인유전자 때문에 유전질환을 앓게 되었다고 추측할 수 있습니다. 이 유전자에 대해 부계로부터 전달받은 대립유전자는 각인되어 있다고 하면 모계로부터 전달받은 대립유전자만 발현된다고 볼 수 있습니다. 따라서 보인자인 어머니로부터 AS 증후군의 원인유전자(즉 돌연변이를 가진)를 전달받은 경우에만 질환이 나타나는 것으로 해석할 수 있습니다.

실제로 과학자들에 의해 AS 증후군의 원인유전자는 부계 각인유전자라는 사실이 밝혀졌습니다. 질환 발현이 모계 유전자에 달려 있는 것입니다. 그뿐만 아니라 이 유전자의 근처에 PWS 증후군의 원인유전자가 있다는 사실도 알게 되었습니다. 연구 결과에 의하면 AS 증후군 환자의 70%는 어머니로부터 PWS와 AS 원인유전자가 포함된 DNA 일부가 절단된 채로 15번 염색체를 물려받은 경우였습니다. 또한 AS 증후군 환자의 10~15%는 정상 크기의 15번 염색체이지만 돌연변이 AS 원인유전자를 어머니로부터 물려받은 경우였습니다. 이상에서 AS 증후군이 각인유전자에 의해 발생하는 유전질환임을 알아가는 과정을 살펴보았습니다.

앞에서 언급한 프레드 윌리 증후군PWS과 엔젤만 증후군AS은 서로 다른 각인유전자에 의해 발생하는 대표적인 유전질환입니다. 이들 유전질환의 원인유전자는 어떤 특성이 있는지 좀 더 구체적으로 알아보겠습니다. PWS와 AS의 원인유전자는 15번 염색체에 서로 이웃해서 존재하는데, 기본적으로 두 유전자는 완전히 다른 각인 방식을 따릅니다. AS 증후군의 원인유전자는 정자에 각인이 새겨지는 부계 각인 방식을 따르지만, PWS 증후군의 원인유전자는 난자에 각인이 새겨지는 모계 각인 방식을 따릅니다.

이제 PWS와 AS 증후군의 유전 패턴을 정리해 보겠습니다(그림38). 부친으로부터 PWS와 AS 원인유전자를 포함한 염색체 일부가 절단된

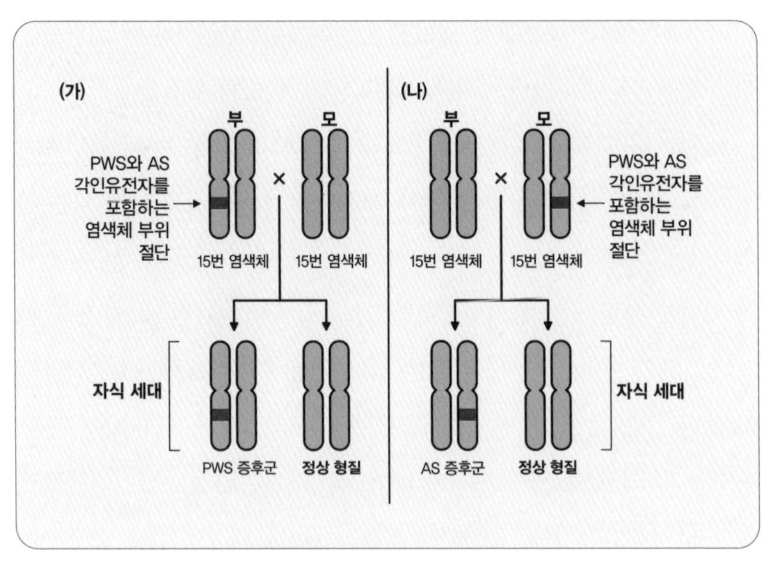

그림 38 PWS와 AS의 유전 패턴

15번 염색체를 물려받은 자식은 예외 없이 PWS 증후군을 앓게 됩니다(그림38 (가)). 이 경우 PWS 원인유전자를 모친으로부터만 전해 받게 되는데, 모친이 전해준 유전자는 각인된 상태입니다. 즉 모친으로부터 전해 받은 유전자는 전사 발현이 이미 차단된 상태입니다. 부친으로부터는 염색체 절단으로 유전자를 받지 못하고, 모친으로부터는 각인된 유전자를 받았으므로 PWS 원인유전자가 발현되지 못합니다. 따라서 PWS 증후군이 나타납니다.

반면 모친으로부터 절단된 15번 염색체를 물려받은 자식은 AS 증후군을 앓게 됩니다(그림38 (나)). 이 경우 부계 각인된 AS 원인유전자는 부친에게서만 전달되므로 각인으로 인해 이미 전사 발현이 차단되어 있습니다. 그런데 전사 발현이 가능한 AS 대립유전자는 모계 염색체의 절단으로 인해 상실되어 있으므로 전혀 발현되지 않습니다. 결국 AS 원인유전자의 발현이 전무한 상황이므로 AS 증후군 환자가 되는 것입니다.

앞에서 PWS와 AS 증후군 연관유전자는 서로 다른 각인 방식을 따르는 각인유전자임을 설명했습니다. 그렇다면 각인유전자 클러스터에서 PWS와 AS 원인유전자의 전사 발현이 조절되는 기작을 자세히 알아보겠습니다(그림39).

PWS-AS 증후군 연관유전자가 들어 있는 각인 클러스터에는 여덟 개의 각인유전자가 들어 있습니다. 여기에는 각인1-각인7 그리고 각인6-역방향 RNA가 포함됩니다. 다섯 개는 PWS 증후군의 원인으로 의심되는 유전자이고, 각인3으로 표시된 유전자가 가장 유력한 PWS 증후군 원인유전자라고 알려져 있습니다. 각인유전자는 스플라이싱[3]에 참여하는 단백질을 암호화하는 유전자인 SNRPN[4]입니다. 하지만 최근 연구에 따르면 SNRPN 바로 오른쪽에 위치한 새로 발견된 유전자 그룹(리보솜 RNA 가공 과정에 중요한 snoRNAs)이 PWS 원인유전자로 새롭게 주목받고 있습니다. 또한 SNRPN를 포함한 다섯 개의 PWS 증후군 연관유전자들은 모계 각인 방식을 따릅니다. 난자에 들어 있는 PWS 증후군 연관

---

3 진핵세포의 경우 단백질 암호화 부위의 염기서열이 여러 조각의 엑손으로 나누어져 있고, 엑손 사이는 인트론이라는 DNA 염기서열이 끼워져 있습니다. DNA 속의 유전정보에서 만들어진 RNA 복사본에도 엑손과 인트론이 연결되어 있는데, 인트론을 제거하고 엑손끼리 이어 붙이는 과정을 스플라이싱splicing이라고 합니다.

4 small nuclear ribonucleoprotein polypeptide N

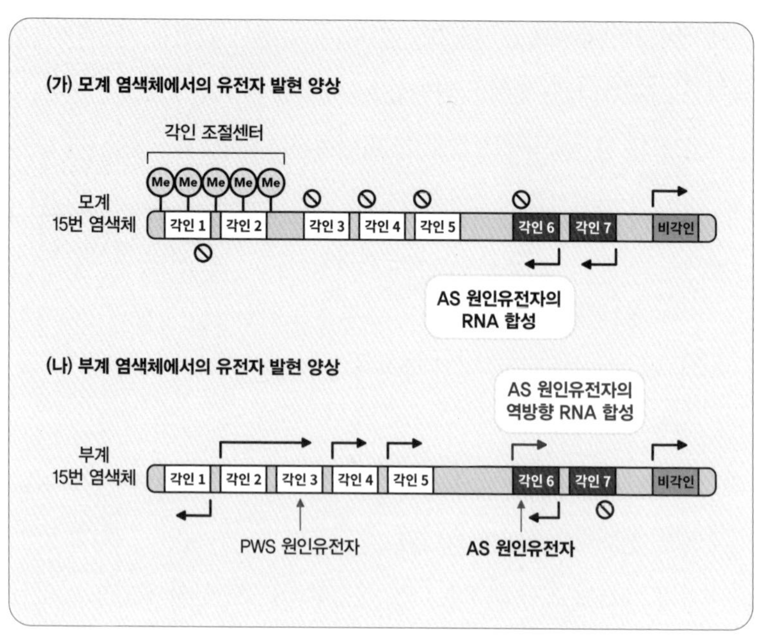

그림 39 PWS와 AS 각인유전자 클러스터의 유전자 발현 양상

유전자는 각인으로 인해 전사가 차단되어 있으며, 전사 차단용 잠금장치로는 DNA 메틸화라는 암호를 사용합니다. 주로 PWS 증후군 연관유전자가 있는 위치의 각인 조절센터는 CpG가 밀집되어 있으며, 여기에 DNA 메틸화가 새겨집니다. CpG에 DNA 메틸화가 새겨지면 PWS 증후군 연관유전자(각인1~각인5)는 전사가 차단되어 유전자가 발현되지 못하게 됩니다(그림39 (가)).

각인6과 각인7 유전자는 AS 증후군 연관유전자로 알려져 있으며, 이 유전자는 부계 각인이 됩니다. 그런데 정자가 형성되는 과정에서 메틸화 암호에 의해 부계 각인이 새겨지는 것은 각인7 유전자뿐이고, 각인6 유전자는 메틸화가 되지 않습니다. 다시 말해서 각인6 유전자는 모계뿐만 아니라 부계에서도 전사를 통해 RNA 복사본을 만들 수 있다는 것입니다. 그런데도 6번 유전자를 각인유전자로 분류하는 것은 일반적인 각인 방식을 따르지는 않지만, 부계로부터 받은 각인6 유전자의 발현이 차단되고 모계로부터 받은 각인6 유전자만 형질이 발현되기 때문입니다.

이제 각인6 유전자가 부계에서 발현되지 않는 기작을 알아보겠습니다(그림39 (나)). 부계 15번 염색체에서 AS 증후군 연관유전자인 각인6 유전자에는 기존의 방식처럼 전사 OFF 스위치가 설치되지 않습니다. 각인6 유전자의 발현이 차단되는 방식을 이해하기 위해 9장에서 다룬 바소체 형성에 중요한 Xist라는 RNA의 기능을 차단하는 방식을 한번 떠올려 봅시다. Xist RNA가 만들어지는 것과 역방향으로 Tsix RNA가 만들어지며, 두 RNA가 상보적 결합으로 이중나선 RNA를 만들어 결박되는 방법으로 Xist RNA의 기능을 완전히 차단한다고 했던 내용이었습니다. AS 증후군 연관유전자 중 각인6 유전자의 전사 발현이 차단되는 방식도 이와 유사합니다.

PWS 증후군 연관유전자는 모계 각인유전자이므로 부계 15번 염색체의 각인 조절센터에 DNA 메틸화가 일어나지 않습니다. 따라서 각인1~각인5 유전자로부터 RNA가 만들어지며, 또한 원래의 AS 증후군 연관유전자가 전사되는 방향과는 반대 방향으로 각인6 유전자 위치에서도 RNA가 합성되는 것입니다. 이를 각인6-역방향 RNA라고 합니다. 이 각인6-역방향 RNA는 AS 증후군 연관유전자인 각인6에서 원래 방향으로 만들어지는 RNA와 상보적 결합으로 이중나선 RNA를 만들어 부계 대립유전자로부터의 유전자 발현을 막습니다(그림39 (나)).

난자에서 제공되는 15번 염색체의 경우에는 각인 조절센터에 메틸화가 진행되어 각인1~각인5 유전자로부터 RNA가 만들어지지 않으며, 각인6번의 각인6-역방향 RNA도 만들어지지 않습니다(그림39 (가)). 방해꾼인 각인6-역방향 RNA가 생성되지 않으므로 모계 15번 염색체로부터 각인6 유전자의 RNA는 정상적으로 번역되어 단백질이 생성됩니다. 결국 AS 원인유전자 중 각인6 유전자의 발현 여부는 각인6-역방향 RNA의 생성 여부에 따라 결정되는 것입니다.

11 세포기억 시스템의 기적

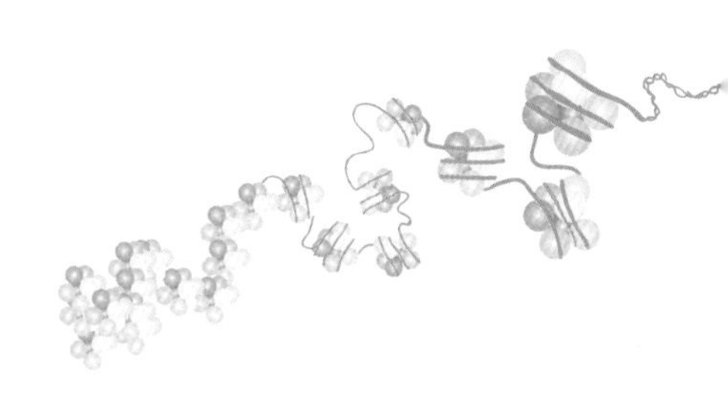

다세포 생물의 몸은 다양한 구조와 기능을 가진 세포로 구성되어 있습니다. 그런데 한 개체를 구성하는 세포들은 모두 똑같은 유전정보를 가지고 있습니다. 하나의 세포인 수정란으로부터 만들어졌기 때문입니다. 똑같은 유전정보를 가지고 있음에도 불구하고 세포가 다양성을 나타낼 수 있는 것은 후성유전적 시스템 덕분이라고 볼 수 있겠습니다.

각 세포는 자신이 가진 엄청난 양의 유전정보 중에서 일부만을 사용하여 세포의 기능을 수행합니다. 5장에서 언급했듯이 이 과정에서 후성유전적 작동 시스템이 하는 일은 필수적인 유전자와 불필요한 유전자를 구분하여 전사 발현 여부를 결정하는 것입니다. 이처럼 후성유전적 시스템에 의해 전사 발현 여부가 정해진 유전체를 후성유전체라고 합니다.

세포의 정체성이 유지되려면 필요한 유전자는 안정적으로 전사 발현되고 불필요한 유전자의 전사는 완전히 차단되어야 합니다. 그렇기에 후성유전 조절 시스템의 핵심 기능은 세포의 기능에 필요한 유전자의 프로모터에는 전사 ON 스위치를 달고 불필요한 유전자의 프로모터에는 전사 OFF 스위치를 다는 것이 됩니다.

수정란은 세포 분화 과정을 거쳐 다양한 세포로 발달합니다. 이때 후성유전 조절 시스템이 전사 ON/OFF 스위치를 이용하여 각 세포의 운명을 결정합니다. 후성유전 조절 시스템이 구축한 전사 ON/OFF 스위치의 상태는 세포 유형에 따라 다르다고 볼 수 있습니다. 세포 분화 과정에서 세포는 해당하는 유형에 따른 고유한 후성유전체를 각각 가지게 되는데, 이 후성유전체는 세포분열이 반복되어도 바뀌지 않고 그대로 유지됩니다. 즉 개체가 태어나서 죽을 때까지 세포 유형별로 만들어진 후성유전체가 처음 형성되었던 그대로 유지되며, 이 현상을 세포기억이라고 합니다. 이렇게 하나의 세포인 수정란이 다양한 세포 유형으로 구성된 조직과 기관을 가진 개체로 발달하는 기적이 가능한 것은 후성유전 조절 체계 덕분이라고 할 수 있습니다.

만약 세포기억 시스템에 오류가 생긴다면 어떤 일이 벌어질까요? 수정란에서 자손 개체가 만들어지는 과정에서 세포기억 시스템이 망가져서 세포 유형이 제대로 유지되지 못하면 기관이나 조직의 기능에도 문제가 발생하게 됩니다. 대표적인 문제로는 기형과 같은 발생 이상을 예로 들 수 있습니다. 또한 세포기억 시스템의 오류는 암 발생 원인으로도 잘 알려져 있습니다. 자세한 내용은 에필로그에 정리해 두었습니다. 세포기억의 기본 개념과 원리는 5장에서도 이미 설명한 바 있습니다. 이번 장에서는 초파리 모델을 통해 세포기억 시스템이 발생 과정에서 하는 역할, 세포기억 시스템의 오작동으로 인해 생기는 돌연변이 형질, 세포기억 시스템의 원리 등에 대해 좀 더 구체적으로 알아보고자 합니다.

초파리 모델의 개체 발달 과정

초파리는 수정란에서부터 성체가 될 때까지의 발생 과정이 비교적 짧고 각 단계의 구분도 명확한 생물체이므로 세포기억 시스템을 연구하는 데 있어 매우 유용한 편입니다. 일단 초파리는 약 9일 만에 수정란에서 성체로 발달합니다. 그리고 이 기간에 세 단계의 유충을 거치고 번데기가 되었다가 부화하여 성체가 됩니다.

초파리의 몸은 머리, 가슴, 배의 세 부분으로 구분됩니다. 머리에는 체절이 없지만 가슴과 배에는 일정한 개수의 체절이 있습니다. 가슴에는 세 개의 체절[T1-T3]이 있습니다. 배에는 열한 개의 체절이 있는데, 그림상으로는 아홉 개[A1-A9]로 표현됩니다. 첫 번째 가슴 체절 T1에는 1번 다리가 만들어지고, 두 번째 가슴 체절 T2에는 2번 다리와 날개가 만들어지며, 세 번째 가슴 체절 T3에는 3번 다리와 퇴화한 날개인 평형곤[halter]이 만들어집니다. 배 부위는 전방 부위[A1-A4]와 후방 부위[A5-A9]로 구분되는데, 전방 부위보다 후방 부위의 색깔이 어두운 편입니다(그림40).

다세포 생물의 개체 발달 과정은 집을 짓는 과정과 닮은 점이 있습니다. 초파리를 이용한 연구에 의하면 성숙한 난자는 주변의 영양세포가

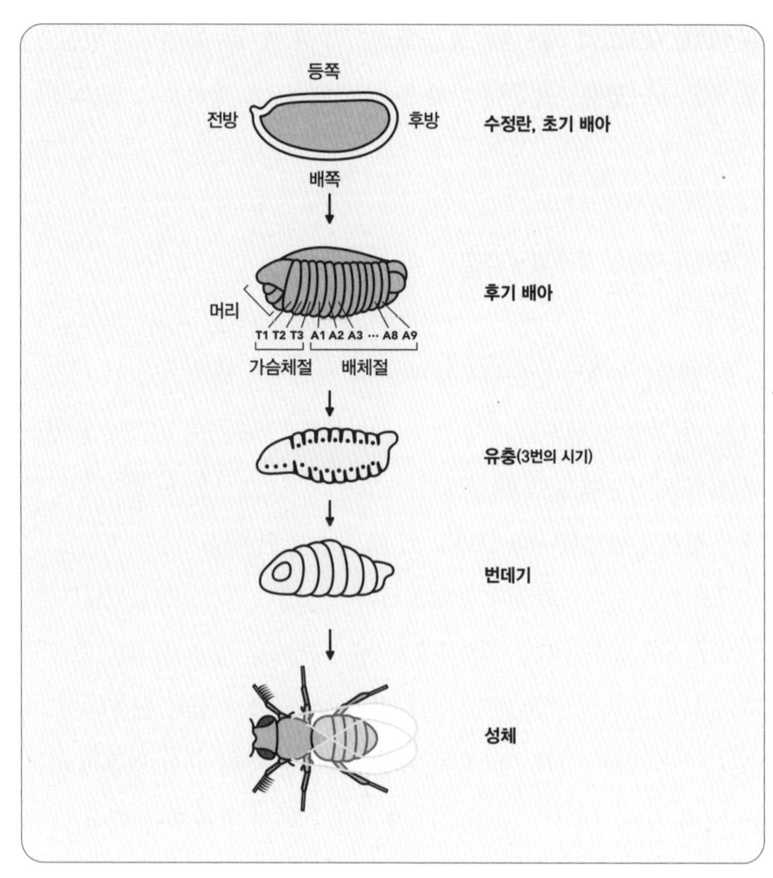

그림 40　초파리 개체 발생 모식도

제공한 단백질과 RNA에 의해 머리와 꼬리가 될 방향을 미리 정해놓는다고 합니다. 마치 집터에 맞게 집 지을 자리와 방향을 정해두는 것과 비슷한 것이죠. 일단 성숙한 난자가 정자를 만나 수정되면 세포분열이 시작됩니다. 이때 세포분열로 세포 수가 급격히 늘어나게 되는데, 적절한 세포 수에 도달하게 되면 분화 신호에 따라 그 세포들이 몸의 어떤 부위가 될 것인지 정해지기 시작합니다. 이는 집 지을 자리에 맞게 설계도를 작성하는 것과 비슷하다고 보시면 됩니다. 이후 수정란에서는 계속되는 세포분열을 통해 점차 조직과 기관의 형태를 다듬는 작업이 진행되고, 이러한 노력의 결과로 개체가 완성되는 것입니다. 이와 같은 과정은 치밀하게 그려둔 설계도에 따라 기초를 잡고 그 위에 건물을 세운 다음에 내부 인테리어 작업과 최종 마감 공사를 하는 것과 비슷하다고 보시면 되겠습니다.

초파리의 경우 난모세포가 난자로 성숙하는 시기에 주변의 영양세포로부터 RNA나 단백질을 공급받아 난자 안에 저장합니다. 난자가 저장해 둔 영양분은 수정란의 발생 과정 초기에 사용됩니다. 영양세포에서 제공된 RNA와 단백질은 수정란의 발생 과정에서 초기의 줄기세포에 직접적인 영향력을 행사하게 됩니다. 이런 단백질에 노출되는 정도에 따라 줄기세포의 운명이 달라진다고 보시면 되겠습니다. 예를 들면 비코이드bicoid 단백질의 농도가 높은 구역의 세포는 머리를 형성하게 되고, 반면 농도가 가장 낮은 곳의 세포는 꼬리가 됩니다. 영양세포로부터 공급받은 단백질에 의해서도 후성유전체가 구축되며, 이 후성유전체로부터 개체 형질의 일부가 결정됩니다.

초파리의 초기 발생을 조절하는 유전자는 세 개의 그룹으로 구분됩니다. 초파리의 몸방향(체축) 결정에는 난자축형성유전자egg polarity gene가 중요합니다. 그런데 앞에서 언급했듯이 난자축형성유전자의 RNA와 단백질은 모체의 영양세포로부터 공급받은 물질입니다. 그렇다면 몸방향을 결정할 때 왜 수정란의 유전자에 의해 만들어진 단백질은 사용하지 않는 것일까요? 그것은 수정된 후 2시간밖에 지나지 않은 시기에 몸 방향이 결정되어야만 하기에 수정란의 유전자 발현만으로는 공급시간을 맞출 수 없기 때문입니다. 한편 체절형성유전자segmentation genes는 가슴과 배의 체절 수와 방향 결정에 중요한 역할을 합니다. 체절의 개수와 방향이 결정되는 시기는 수정 후 10시간 정도입니다. 마지막으로 호메오유전자homeotic gene는 조직과 기관의 형성에 중요한 역할을 합니다. 호메오유전자의 하나인 ScrSex combs reduced은 수컷 초파리의 성징을 나타내는 유전자이며, 첫 번째 가슴 체절 T1에 일번다리수염sex comb을 만듭니다.

개체 발생의 기적을 가져다준 세포기억 시스템

초파리 암컷의 다리에는 털이 없고, 수컷의 첫 번째 다리에만 머리빗 모양의 털이 있습니다. 사람의 경우에도 여자는 콧수염이 나지 않고 남자만 콧수염이 나는데, 이와 마찬가지라고 보시면 될 것입니다. 초파리 수컷의 첫 번째 다리털은 수컷의 성징이라고 할 수 있습니다. 그런데 1940년대에 초파리를 연구하는 유전학자들은 상당히 흥미로운 돌연변이 개체를 발견하게 됩니다. 이 개체들은 첫 번째 다리뿐만 아니라 두 번째와 세 번째 다리에도 털이 달려 있었던 것입니다. 그리고 연구자들은 이 흥미로운 돌연변이의 형질을 많은수염polycomb이라고 불렀습니

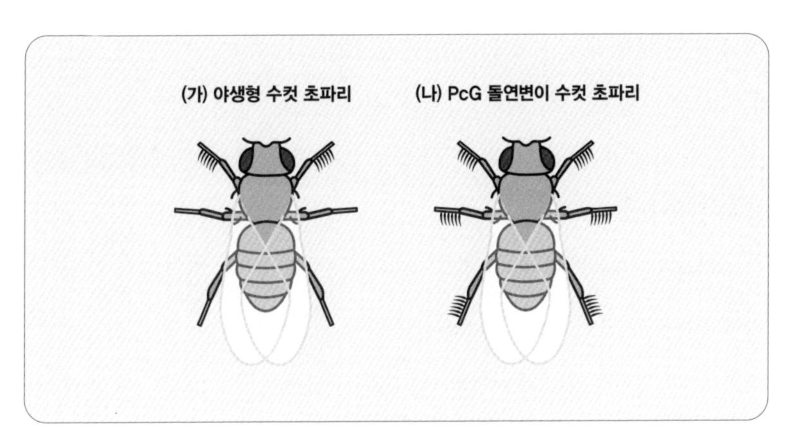

그림 41　PcG 돌연변이 수컷 초파리의 형질

다(그림41). 그러나 당시의 연구자들은 이러한 돌연변이 형질이 생기는 원인을 알 수가 없었습니다. 1970년대 미국의 초파리 유전학자인 에드워드 루이스와 동료들의 노력으로 이런 돌연변이 형질이 왜 생기는지에 대해 조금씩이라도 밝혀내는 데 성공했습니다.

하지만 이에 대해서 분자 수준으로까지 이해하기 위해서는 더 많은 시간이 필요했습니다. 오랜 기다림 끝에 최근에 와서야 후성유전학이라는 학문이 주목을 받게 되었으며, 많은수염 형질이 세포기억 시스템과 관련이 있다는 것을 알게 되었습니다. 루이스는 다른 두 명의 생물학자와 함께 초파리 모델에서 개체 발생의 미스터리를 밝힌 공로를 인정받아 1995년에 노벨상을 받았습니다. 여담이기는 하지만 많은수염 형질 연구가 노벨상 수상에 크게 기여한 것은 아니었습니다.

루이스가 많은수염Polycomb 초파리 돌연변이를 발견한 이후 많은수염과 관련하여 새로운 돌연변이 유전자를 찾는 후속 연구들이 속속 진행되었습니다. 여기서 가장 신기한 경우는 많은수염 돌연변이 개체에 또 다른 돌연변이를 유발하여 야생형 초파리와 같이 일번다리에만 수염이 있는 형질로 되돌아가게 할 수도 있다는 것이었습니다.

아무튼 루이스가 초파리에서 연구한 신기한 형질 변화가 어떤 유전자에 의한 것인지는 최근에 와서야 밝혀졌습니다. 이에 최초의 많은수염Polycomb, Pc 초파리 외에도 이와 유사한 돌연변이 형질이 여러 개 발견되었으며, 연구자들도 이 분야에 지속해서 관심을 두고 있었습니다. 여기서 많은수염이라는 돌연변이 형질을 발현하는 데 책임이 있는 유전자를 Pc라고 부릅니다. 연구에 의하면 돌연변이로 결함이 생겼을 때 많은수염 형질을 나타내는 유전자는 Pc 하나만이 아닙니다. 돌연변이가 생겼을 때 많은수염 형질을 발현하는 유전자는 여러 개가 있음이 밝혀졌으며, 이들은 Pc 유전자와 함께 돌연변이가 없는 야생형에서는 수컷의 두 번째와 세 번째 다리에 수염이 발현되는 것을 억제하는 것으로 알려졌습니다.

앞에서 언급한 바대로 많은수염 형질 발현과 연관된 대표적인 유전자는 Pc입니다. Pc와 함께 많은수염 형질의 발현에 관련된 유전자군을 많은수염그룹 또는 PcGPolycomb group라고 부릅니다. 한 가지 기억해 둘 사실은 PcG의 기능은 돌연변이가 없는 야생형 수컷 초파리에서는 두 번째와 세 번째 다리에 수염이 생기는 것을 억제하는 역할이라는 점입니다. 결국 많은수염 형질은 PcG 유전자에 돌연변이가 생겨 두 번째와 세 번째 다리에서의 수염 발현을 제어하지 못해 생기는 돌연변이 형질인 것입니다.

PcG와 반대로 많은수염 형질을 가진 돌연변이 초파리를 야생형으로 되돌리는 유전자 그룹도 발견되었습니다. 돌연변이 형질을 야생형으로 되돌리는 이 그룹의 유전자 중에서는 세 개의 가슴을 발현시키는 것이 있었으며, 이 유전자를 세개가슴trithorax, trx 유전자라고 부릅니다. 연구자들은 PcG와 역방향으로 작용하는 이 유전자 그룹을 세개가슴그룹 또는 trxGtrithorax group라고 명명했습니다.

수컷 초파리에서 일번다리수염이 첫 번째 다리에서만 발현되고 나머지 다리에서는 발현되지 않도록 제어하는 것은 초파리의 정체성을 유지하는 데 중요한 사건 중 하나입니다. 초파리의 모든 체세포는 일번다리수염 결정유전자를 가지고 있습니다. 그러나 수컷의 첫 번째 다리에서만 이 유전자가 발현이 되고 일번다리에 머리빗 모양의 수염을 만들게 되는 것입니다. 세포기억 시스템은 일번다리수염 결정유전자의 발현 여부를 PcG와 trxG를 통해 제어합니다. 이 내용을 조금 더 구체적으로 살펴보겠습니다.

PcG와 trxG는 세포기억 시스템의 주요 후성유전적 조절인자입니다. 많은수염 형질을 가진 돌연변이 개체의 연구를 통해 알아낸 바에 의하면 PcG와 trxG는 정반대 방향으로 작동하는 유전자라고 합니다. trxG는 초파리의 다리에 수염을 만드는 유전자의 전사 발현을 촉진하는 ON 전사 스위치를 만드는 데 중요합니다. 야생형 초파리의 경우에는 첫 번째 다리에만 trxG가 ON 전사 스위치를 설치합니다.

반면에 PcG는 초파리의 다리에 수염을 만드는 유전자의 전사 발현을 차단하는 OFF 전사 스위치를 만드는 데 중요합니다. 야생형의 경우에는 두 번째 다리와 세 번째 다리에 PcG가 OFF 전사 스위치를 설치할 것입니다. 그런데 초파리의 다리에 ON/OFF 전사 스위치 중 어느 것을 설치할 것인지는 PcG와 trxG의 경쟁을 통해 결정되는 것이 아닙니다. 여기서는 개별 유전자의 프로모터에 어떤 전사인자가 결합하는지가 중요하며, 자신의 임무에 따라 PcG나 trxG를 선별적으로 데려오게 됩니다.

수정란의 발생 과정에서 분화 신호를 받은 줄기세포는 여러 유형의 체세포들로 변신합니다. 이때 세포 내 각 유전자의 프로모터에 어떤 전사 스위치를 날 것인지도 정해집니다. 체세포는 종류마다 모양과 기능이 각각 다른데, 이것은 전사 발현이 가능한 유전자와 불가능한 유전자가 서로 다르기 때문입니다. 여기서 전사가 필요한 유전자의 프로모터에는 전사 활성인자가 결합하고, 전사를 차단해야 하는 유전자의 프로모터에는 전사 억제인자가 결합하게 됩니다. 유전자의 프로모터에 어떤 전사인자와 후성유전적 조절인자가 관여하는지는 줄기세포의 분화 과정에서 정해집니다.

줄기세포의 분화 과정에서 모세포에 포함된 각각의 유전자에 새겨진 전사 스위치는 딸세포에도 그대로 전해지며, 이것은 세포분열이 거듭되어도 바뀌지 않습니다. 이와 같은 시스템을 세포기억 시스템이라고 하고 이는 세포의 정체성 유지에 있어 매우 중요한 기능을 담당한다고 볼 수 있습니다. PcG와 trxG는 표적유전자의 프로모터에 ON/OFF 전사 스위치를 설치하고 최초에 정해진 대로 전사 여부를 유지하도록 도

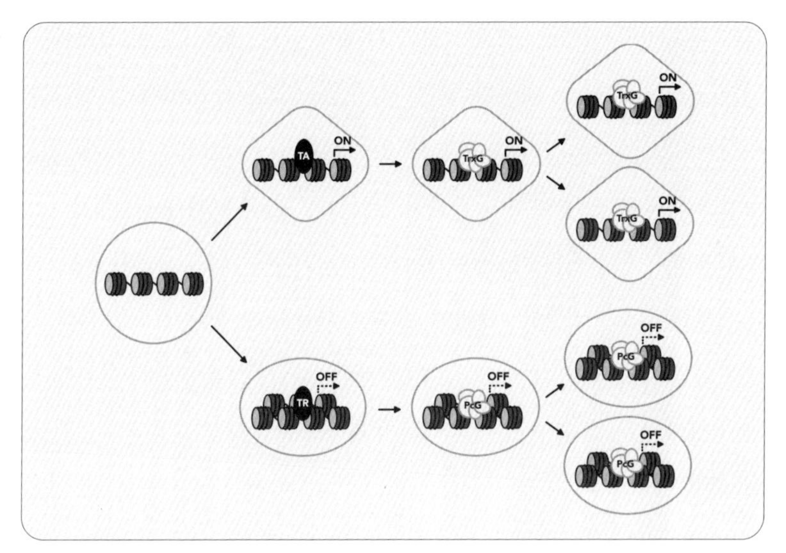

그림 42 많은수염그룹과 세개가슴그룹에 의한 세포기억 시스템의 작동원리

와주는 후성유전적 조절인자이며, 이들은 세포기억 시스템에서 핵심적인 역할을 합니다.

이제 PcG와 trxG가 세포기억 시스템에서 어떤 역할을 담당하고 있는지 일번다리수염 형질이 발현되는 과정을 통해 알아보겠습니다. 수컷의 두 번째와 세 번째 다리를 만드는 체세포는 일번다리수염 유전자에 전사 억제인자가 결합하고 있어서 수염이 없는 다리가 만들어집니다. 이 경우에는 많은수염그룹PcG이라는 압축포장 시스템을 데려와서 일번다리수염 유전자의 전사를 더 완벽하게 차단하고, OFF 전사 스위치 상태가 안정적으로 딸세포에 전해지도록 돕습니다. 반대로 수컷의 첫 번째 다리를 만드는 체세포는 일번다리수염 유전자에 전사 활성인자가 결합하고 있어서 수염이 있는 다리가 만들어집니다. 이 경우에는 세개가슴그룹trxG을 데려와 일번다리수염 유전자가 일반포장 상태를 안정적으로 유지하게 만듭니다. 여기서 일번다리수염 유전자는 일반포장 상태이므로 전사 발현이 활발히 일어나게 됩니다(그림42).

세포기억 시스템의 작동원리를 수컷 초파리의 성징인 일번다리수염이 만들어지고 유지되는 배발생 과정에 적용해 보겠습니다. 난자가 수정되면 세포분열이 시작되면서 세포 수가 급격히 늘어나게 되는데, 이때의 세포는 어떤 종류의 세포로도 분화 가능한 줄기세포라고 할 수 있습니다. 이 배아줄기세포가 일정 개수에 도달하게 되면 특정 분화 신호에 노출되면서 세포의 운명이 결정됩니다. 이 중에는 수컷 초파리의 가슴 부위 첫 번째 체절에 생기는 다리가 될 운명을 가진 세포도 있을 것입니다. 이 최초의 모세포는 일번다리수염 형질을 발현하는 데 필요한 Scr 유전자의 프로모터에 전사 활성인자가 결합하여 일번다리수염 유전자가 전사 발현이 되는 시스템을 가지게 됩니다. 이후에 세포기억 시스템의 한 축인 세개가슴그룹trxG이 와서 Scr 유전자 부위의 염색질이 일반포장 상태를 유지하게 도와줍니다. 일반포장 상태의 염색질 구조를 가지게 되면 지속적인 전사 발현이 가능해집니다. 최초의 모세포에서 정해진 이 시스템은 반복적인 세포분열을 통해 딸세포로 그대로 전달되어 유지됩니다. 이 과정을 통해 첫 번째 다리의 체세포에서는 Scr 유전자의 전사 활성 상태가 안정적으로 유지되는 것입니다. 더 흥미로운 사실은 유충이 여러 번의 탈피 단계를 거쳐도, 번데기가 되어도, 허물을 벗고 성체가 되어도 이런 유전자 전사 상태는 바뀌지 않는다는 점

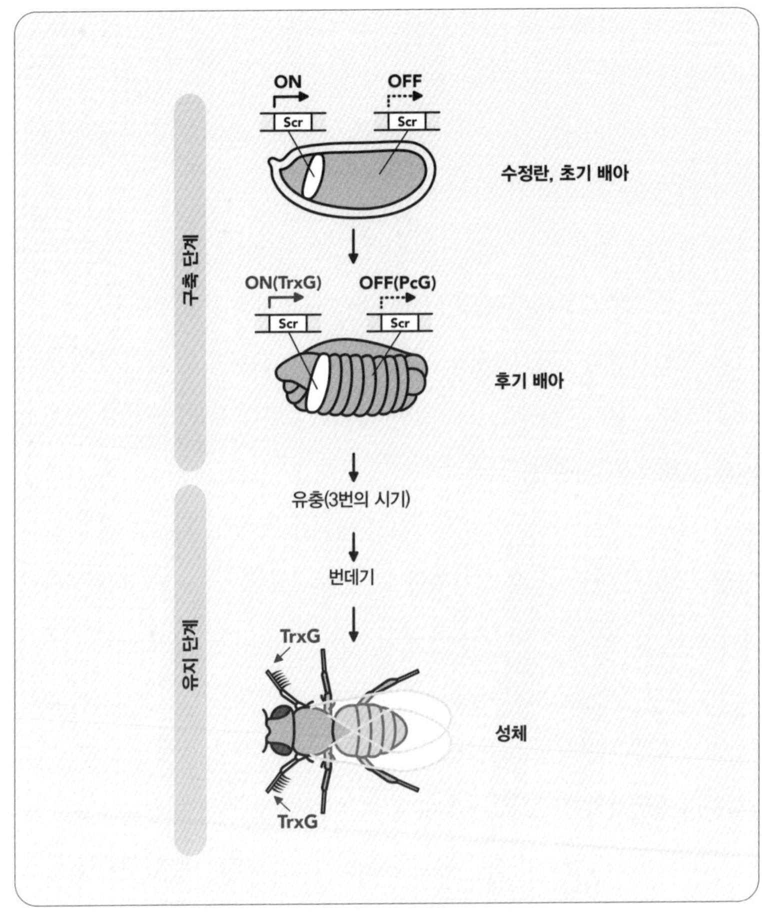

그림 43 배발달 과정 동안 세포기억 시스템에 의한 전사조절의 예

입니다. 즉 여러 단계의 변태 과정을 거치는 동안에도 최초의 모세포에서 정해진 세포기억 시스템은 그대로 유지됩니다. 이 세포기억 시스템 덕분에 배발생 과정에서 처음으로 모세포에게 정해주었던 그 운명대로

수컷 초파리 성체의 첫 번째 다리에는 일번다리수염이라는 성징이 나타나게 되는 것입니다(그림43, 흰색 표시 부분).

이제 배아줄기세포의 분화 과정에서 두 번째와 세 번째 체절에 생기는 다리가 될 운명을 가진 세포에 관해 이야기해 보겠습니다. 이 최초의 모세포는 머리빗 모양의 수염을 만드는 유전자의 전사를 차단해야 합니다. 일차적으로는 수염을 만드는 Scr 유전자의 프로모터에 전사 억제인자가 결합합니다. 다음으로 세포기억 시스템의 한 축인 많은수염그룹PcG이 와서 Scr 유전자 부위의 염색질을 압축포장 합니다. 여기서 PcG는 히스톤 H3에게 압축포장을 유도하는 신호를 주며, 이후 압축포장이 완성되면 이 유전사의 전사는 안정적으로 차단됩니다. 연구에 의하면 첫 번째 가슴 체절을 제외한 모든 체세포에서 Scr 유전자 부위의 염색질이 압축포장 되어 있으며 전사가 차단되어 있다고 합니다.

이상으로 수컷 초파리의 성징인 일번다리수염이 만들어지는 과정을 통해 세포기억 시스템의 작동원리를 알아보았습니다. PcG와 trxG로 대표되는 세포기억 시스템은 개체를 구성하는 모든 유형의 세포, 조직 그리고 기관의 형질이 안정적으로 발현되고 유지되는 데 필요하다고 볼 수 있습니다. 또한 최초의 모세포에 정해진 전사 활성화 시스템과 전사 차단 시스템은 개체가 죽을 때까지 변하지 않으며, 다음 세대로 전달됩니다. 이를 토대로 고등진핵생물이 자신의 정체성을 유지하는 데에 있어 세포기억 시스템이 얼마나 중요한 역할을 하는지를 가히 짐작할 수 있을 것입니다.

12 우리 몸속의 암세포를 찾아서

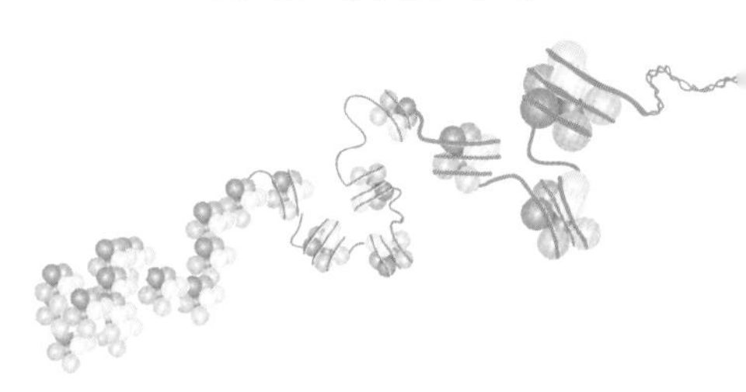

어떤 폐암 말기 환자에 대해서 이야기해 보고자 합니다. CT 사진으로 본 환자의 폐는 정상적인 폐 조직이라고는 거의 남아 있지 않은 데다가, 항암제 치료도 거의 효과가 없어서 절망적인 상황이었습니다. 이 환자는 지푸라기라도 잡아보자는 심경으로 항암에 관한 신약후보물질 임상시험에 참여했는데, 약 4개월이 지난 후에 의사로부터 종양의 크기가 줄어들기 시작했다는 기쁜 소식을 듣게 되었습니다. 이 환자가 복용한 신약은 보리노스태트Vorinostat였습니다.

보리노스태트는 히스톤 아세틸화[1]를 제거하는 효소의 기능을 저해하는 약물입니다. 히스톤 아세틸화를 제거하는 효소의 기능이 억제되면 히스톤 아세틸화가 유지되어 전사 스위치를 ON 상태로 두게 됩니다. 종양억제유전자 프로모터가 전사 ON 상태를 유지하면 암세포의 종

1 히스톤 아세틸화는 전사 스위치를 ON상태로 유지하는 데 중요한 역할을 하는 암호입니다.

양억제유전자가 정상적으로 작동하여 암세포를 죽이게 됩니다. 이러한 보리노스태트의 임상 결과로부터 우리는 후성유전적 조절인자를 제어하는 약물을 이용한 새로운 암 치료제의 개발 가능성을 엿보았습니다. 결국 2006년에 보리노스태트는 미국 식약처FDA로부터 피부 유래 T-세포 림프종Cutaneous T-cell Lymphoma, CTCL 치료제로 허가받았습니다. 보리노스태트는 세 번째로 등록된 후성유전학 관련 암 치료제입니다. 그리고 현재 보리노스태트를 다른 암의 치료에도 적용할 수 있는지 알아보는 임상 연구가 추가로 진행 중입니다.

임의의 사람들에게 인간의 생명을 위협하는 대표적인 질병을 하나만 꼽아보라고 한다면 아마도 대부분이 암이라고 대답할 것입니다. 이처럼 모두가 두려워하고 피하고 싶어 하는 암이라는 질병을 일으키는 주요한 원인은 외부로부터 온 바이러스 때문이 아니라 본래는 정상적으로 기능해야 할 자신의 세포가 변형되어 버린 탓입니다. 비유해서 말하자면 암세포라는 것은 우리 몸의 정상적인 세포가 망가지는 바람에 생겨난 좀비 세포라고 할 수 있습니다. 요즘 영화에 자주 등장하는 소재인 좀비는 원래는 정상적인 사람이었지만 무언가의 계기로 인해 변질되어 버려 인간적인 감정과 이성 따위는 사라지고 오로지 타인을 감염시키며 자신과 같은 동류를 늘리고 싶은 욕망만이 남은 괴물 같은 존재라고 볼 수 있습니다. 이러한 개념과 비슷하게 암세포 또한 정상적인 세포 기능은 사라지고 생존과 증식 욕구만 강해진 좀비와 같은 존재입니다. 이에 더해 암세포는 주변의 정상적인 세포들을 파괴하면서 증식하는 특징을 보여줍니다.

모든 생명체는 태어나는 순간부터 안팎의 환경으로부터 끊임없이 영향을 받습니다. 이러한 환경의 영향으로 세포가 가진 DNA 원본이 상처를 입어 결함이 생기기도 하지만 보통은 크게 문제가 되지는 않습니다. 결함을 가진 세포는 스스로 사멸하도록 자체적으로 프로그래밍이 되어 있기 때문입니다. 젊을 때는 기본적으로 DNA에 결함이 생기는 확률이 낮고 세포사멸 프로그램도 잘 작동하기 때문에 나쁜 환경에 노출되어도 대부분 암이 발생하지는 않습니다. 그런데 나이가 들면 세포에 결함이 생길 확률이 높아지고 사멸 프로그램의 능력은 떨어지게 됩니다. 이러한 조건 속에서 결함이 있으면서도 사멸되지 않고 살아남은 세포가 생기게 되고, 만약 그중에 무한 증식하는 돌연변이세포가 있게 되면 바로 그 세포가 악성종양으로 진행되는 것입니다.

암세포가 만들어지는 원인은 다양한데, 그중에 핵심 원인은 유전자의 기능 오류로 인한 것입니다. 유전자의 기능 오류는 원래 돌연변이가 원인이지만 후성유전 시스템의 오류에 의해서도 생길 수 있습니다. 만약에 이 후성유전 시스템의 오류를 약물로 수정할 수 있게 된다면 이에 해당하는 원인을 가진 암에 한해서는 새로운 치료의 가능성이 열리게 되는 것입니다.

암세포의 기본 특성과 발생 원인

다세포 생물체에서 세포증식은 필수적인 과정입니다. 세포증식은 수정란의 발생 과정이나 성체로 성장하는 과정에서 꼭 필요하다고 볼 수 있습니다. 그뿐만 아니라 상처 입은 조직을 재생시키거나 새로운 피부 조직을 만들 때에도 필요하므로 생명체가 생명을 유지하려면 세포증식 기능이 항상 정상적으로 작동해야만 합니다. 세포증식은 세포분열 촉진인자와 억제인자에 의해 엄격하고도 정교하게 조절됩니다. 만약 여기서 세포증식 촉진신호와 제어신호가 제대로 통제되지 않으면 세포증식을 무한히 반복하는 문제가 생길 수 있습니다. 세포증식이 통제되지 못하고 막무가내로 무한 증식하게 된 세포를 암세포 또는 종양세포라고 부릅니다.

정상세포의 세포증식 조절 시스템은 자동차의 엔진 시스템에 비유할 수 있습니다. 자동차 엔진은 가속장치와 제동장치로 되어 있습니다. 여기서 자동차의 가속장치나 제동장치에 결함이 생기면 주행 중에 속도를 제어하는 것이 힘들어지고 큰 사고로 이어지게 될 수도 있습니다. 이와 마찬가지로 세포의 경우에도 세포증식 촉진인자와 억제인자에 결함이 생기면 세포증식을 제어하지 못하여 무한 증식하는 종양이 생길 수 있습니다. 일반적으로 세포증식 촉진인자를 원발암유전자[2], 세포증식

2 원발암유전자: 정상 상태에서는 주로 세포증식이나 세포분열을 촉진하는 기능을 발휘하지만, 돌연변이와 같은 유전자 결함이 동반되면 원래 기능과는 달리 암 발생을 촉진하도록 기능 전환이 가능한 유전자를 말합니다.

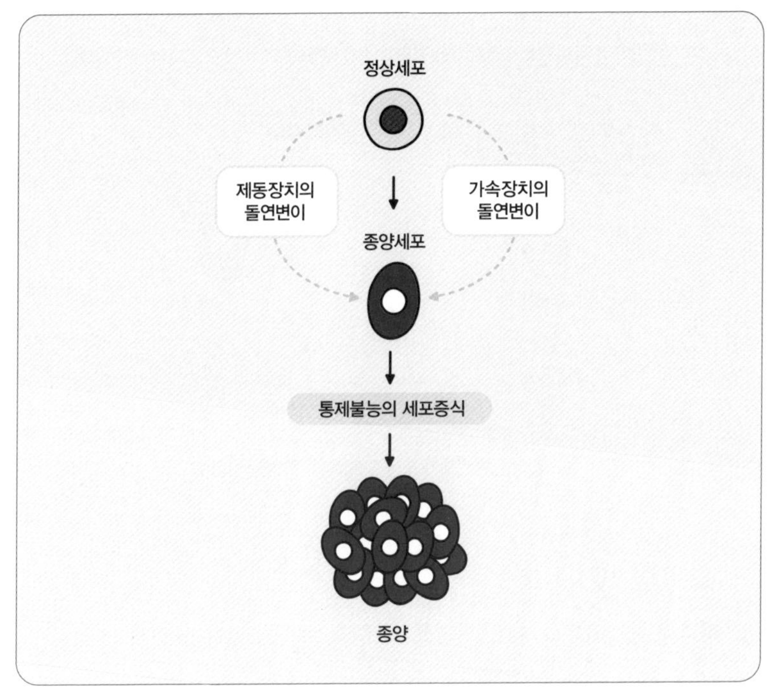

그림 44 세포증식 조절과 종양 발생

억제인자를 종양억제유전자[3]라고 합니다. 원발암유전자와 종양억제유전자 중 하나에 결함이 생기면 종양세포가 될 수 있으며(그림44), 이 종양세포의 원발암유전자나 종양억제유전자에 추가적으로 결함이 생기면 종양이 악성화되는 것입니다.

생명체는 살아가는 동안 끊임없이 외부의 자극을 받게 되고, 그로 인

3 종양억제유전자: 발암유전자와 달리 암(또는 종양) 발생을 억제하는 기능을 가진 유전자를 말합니다.

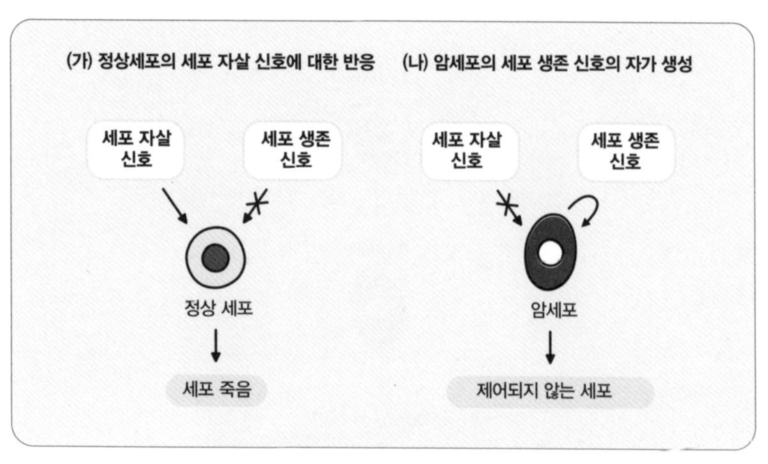

그림 45 암세포가 자살프로그램을 피하는 방법

해 세포에 결함이 생깁니다. 본래 정상세포는 자신에게 생긴 결함을 치유할 능력이 있으며, 만약 치유할 수 없는 돌연변이가 발생하게 되면 자살프로그램을 가동합니다. 세포의 자살프로그램은 생명체가 건강한 삶을 유지하는 데 매우 중요합니다. 한편 자살프로그램은 생명체의 건강한 삶을 유지하는 데에만 필요한 것이 아니라 수정란의 발생 과정에서도 매우 중요한 역할을 합니다. 발생 과정에서 자살프로그램의 대표적인 역할은 쓸모없는 세포를 제거하는 것입니다. 인간의 손가락과 발가락은 처음부터 분리된 모양이 아니고 오리발처럼 연결된 상태로 시작됩니다. 이렇게 오리발처럼 연결된 상태에서 불필요한 조직과 세포들을 제거하여 손가락과 발가락을 만드는 과정은 조각가가 통나무를 조각하여 작품을 만드는 것과 비슷합니다. 모체의 몸속에서 태아가 성장

하는 동안 이와 같은 방법으로 자살프로그램이 작동하여 태아의 몸을 구성하는 여러 기관의 모양을 적절하게 갖춰 나가는 것입니다.

자살프로그램은 우리 몸의 면역세포 성숙 과정에도 필수적입니다. 면역세포는 단백질 분자를 인식하는 촉을 가지고 있습니다. 면역세포는 우리 몸을 구성하는 단백질 분자에는 면역반응을 일으키지 않고 외부에서 들어온 단백질 분자만을 인식하여 제거하는 특징이 있습니다. 만일 자신의 단백질 분자에도 면역반응을 일으켜 파괴한다면 심각한 문제가 발생할 것입니다. 따라서 면역세포 성숙 과정에서 외부 단백질이 아닌 자신의 단백질을 인식하여 반응하는 면역세포를 제거하는 과정은 매우 중요하다고 할 수 있습니다. 이 과정에도 세포 자살프로그램이 이용됩니다.

우리 몸에서는 다양한 이유로 자살프로그램이 가동되며, 정상세포는 자살프로그램의 신호를 받으면 죽음을 받아들입니다. 그러나 암세포는 자살프로그램의 지시를 받아들이지 않습니다. 암세포는 자살프로그램의 신호를 차단하거나, 생존 신호 물질을 만들어내서 자살프로그램을 무력화하는 방법으로 살아남습니다. 그리고 그렇게 살아남은 암세포는 무한히 증식합니다(그림45).

종양의 발생은 종양억제유전자의 결함에 의한 것과 원발암유전자의 결함에 의한 것으로 나눌 수 있습니다. 종양억제유전자의 결함과 원발암유전자의 결함이 종양을 유발하는 방식은 완전히 다릅니다. 먼저 종양억제유전자의 결함에 의한 종양부터 살펴보겠습니다. 종양억제유전자는 세포분열을 억제하는 유전자입니다. 따라서 종양억제유전자의 기

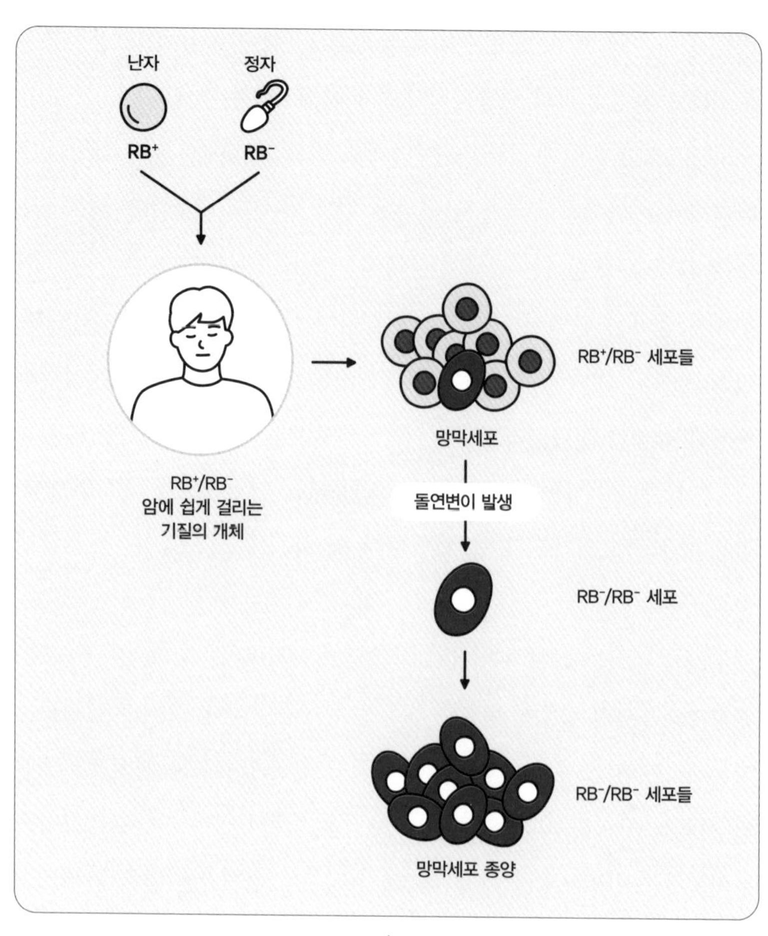

그림 46
RB- 돌연변이 대립유전자를 물려받은 사람은 망막세포에 종양이 잘 생깁니다.

능이 제거되면 종양이 발생할 수 있습니다. 유전자는 한 쌍의 대립유전자로 되어 있으므로 세포분열을 억제할 수 없게 하려면 두 개의 대립유전자에서 종양억제유전자의 기능이 모두 상실되어야 합니다. 과거에 최초로 발견되었던 종양억제유전자는 망막아세포종retinoblastoma; Rb의 원인 유전자인 Rb유전자입니다. 망막아세포종은 부모로부터 돌연변이 Rb유전자를 받았을 때 발병하는 선천성 유전질환입니다. 그런데 여기서 부모 양쪽으로부터 모두 돌연변이 Rb유전자를 받은 아기는 망막아세포종을 앓지만, 한쪽으로부터만 돌연변이 Rb유전자를 받은 아기는 망막아세포종을 앓지 않습니다. 대립유전자 중 하나가 정상이면 종양억제유전자가 작동할 수 있으므로 망막아세포종이 나타나지 않는 것입니다. 그러나 한쪽 대립유전자에 돌연변이가 있는 보인자인 사람은 망막세포 종양에 쉽게 걸리는 기질을 또한 가지고 있습니다. 종양억제유전자의 기능이 있는 정상 Rb 대립유전자가 하나밖에 없기 때문입니다. 그렇기에 보인자인 아동은 정상 Rb 대립유전자에 돌연변이가 생겨 망막세포에 종양이 나타날 확률이 다른 정상 아동들에 비해 상대적으로 높게 됩니다(그림46).

알프레드 누드슨Alfred Knudson(1922-2016)이 제안한 암 발생 관련 가설은 지금은 여러분이 너무나 당연하다고 생각할 정도로 간단해 보일지 모르지만 그 당시로서는 매우 특별하고 의미가 있는 것이었습니다. 그가 제안한 가설은 종양억제유전자의 기능 상실로 종양을 설명하는 이중적중 모델이었습니다. 풀어서 설명해 보자면 다음과 같습니다. 우선 종양억제유전자가 모두 정상인 대립유전자를 가진 경우에는 대립유전자 중 하나에 돌연변이가 생기더라도 종양이 생기지 않으며, 나머지 대립유전자에도 돌연변이가 생기는 2차 적중이 일어날 때만 종양이 발생할 것입니다(그림47 ㈎). 그러나 부모 중 한쪽으로부터 종양억제유전자

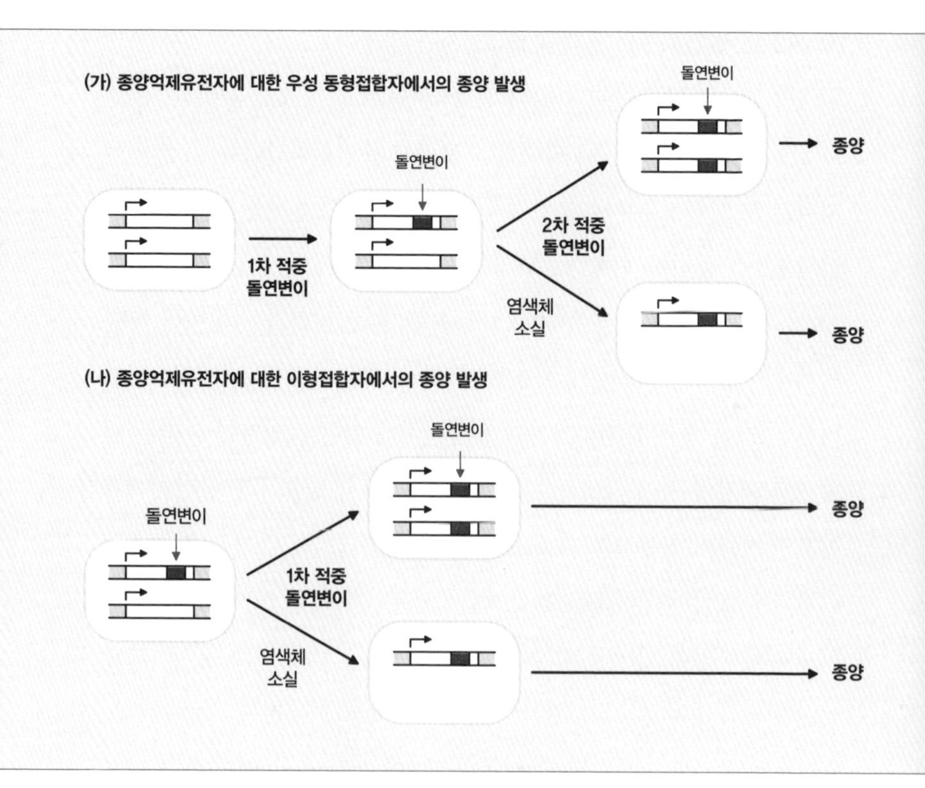

그림 47 누드슨의 이중적중 모델

의 결함을 물려받은 사람은 1차 적중 돌연변이만 일어나도 종양이 발생하게 됩니다(그림47 (나)). 즉 종양억제유전자가 모두 정상인 사람은 두 번의 적중 돌연변이가 일어나야만 종양이 발생하고, 부모로부터 돌연변이 종양억제유전자를 하나 받은 사람은 한 번의 적중 돌연변이만으로도 종양이 발생한다는 뜻입니다. 따라서 두 개의 대립유전자가 모두 정상인 사람은 한쪽 대립유전자에 돌연변이를 가진 보인자인 사람보다 종양이 생기는 빈도가 당연히 낮을 것입니다.

이제 원발암유전자의 결함으로 종양이 유발되는 경우를 살펴보겠습니다. 원발암유전자는 세포분열을 촉진하는 유전자이며, 세포증식이 필요한 상황에서만 정상적인 세포분열이 일어나도록 돕는 역할을 합니다. 수정란의 발생 과정이나 어린 개체가 성체로 성장하는 시기에는 세포분열이 활발히 일어나므로 원발암유전자의 역할은 중요합니다. 그러나 성체가 된 후에는 대부분의 세포에서 세포분열이 일어나지 않게 되므로 그 역할의 중요도는 내려가게 됩니다. 다만 조직재생이 필요해질 때마다 세포를 생산해야만 하는 성체줄기세포는 원발암유전자의 기능을 반드시 유지해야 합니다. 건강한 사람의 성체줄기세포의 경우에는 원발암유전자가 제대로 통제되고 있습니다. 그런데 성체줄기세포의 원발암유전자에 돌연변이가 생기게 되면 세포분열을 제어하는 기능을 잃어버리게 되어 종양세포가 될 수 있습니다. 여기서 돌연변이로 인해 암을 일으키는 능력을 획득한 원발암유전자를 발암유전자라고 부릅니다. 원발암유전자가 정상적으로 제어되지 못하면 세포증식 신호와는 상관없이 과도한 세포증식이 일어날 수 있습니다.

그렇다면 원발암유전자의 활성이 필요 이상으로 강해지는 이유에 대해서 살펴보겠습니다. 첫 번째는 유전자 증폭으로 원발암유전자의 개수가 비정상적으로 많아지는 경우입니다. 원발암유전자가 많아지면 세포분열 촉진 기능을 하는 단백질 분자 개수도 늘어나므로 과도한 세포증식이 유발됩니다. 두 번째는 원발암유전자를 포함한 염색체 조각이 강력한 프로모터 근처로 이동한 경우입니다. 강력한 프로모터의 영향을 받아 원발암유전자의 전사 활성도 함께 높아지는데, 이로 인해서 과도한 세포증식이 일어나게 됩니다. 세 번째는 원발암유전자의 활성을 제어하는 분자스위치에 돌연변이가 생긴 경우입니다. 제어 스위치에 해당하는 코돈에 돌연변이가 생겨 원발암유전자의 활성을 제어하지 못하면 세포증식 신호가 없어도 세포분열이 촉진될 수 있습니다. 대표적인 원발암유전자인 Ras가 암호화하는 단백질은 평소에는 GDP라는 분자와 결합하여 비활성 상태로 지내지만, 세포막에 도착한 증식 신호에 반응하여 GDP 대신 GTP와의 결합을 통해 활성화되고 이후 세포분열을 촉진하는 신호를 다음 단계로 중개하게 됩니다. 그런데 Ras 유전자에서 GDP 또는 GTP와의 결합에 중요한 코돈에 생긴 돌연변이 중에는 증식 신호와 무관하게 GTP와 결합하여 활성화 상태로 유지되고 세포분열을 과도하게 촉진하는 종류도 있으며, 이렇게 종양을 만들기도 합니다.

우리 몸에서 종양이 발생하는 과정은 종양의 종류에 따라 다르고 매우 복잡합니다. 그리고 아직까지는 세포가 돌연변이로 인해 종양세포로 변하는 과정, 종양세포가 악성화되어 암으로 진행되는 과정을 다 밝히지도 못했습니다. 그래도 비교적 종양의 발달 과정이 가장 잘 연구된 모델은 대장암입니다. 대장암 모델에서 밝혀진 사실을 토대로 종양의 발달 과정을 간략하게 알아보자면 다음과 같습니다. 앞에서 언급한 대로 세포는 세포분열을 억제하는 시스템과 세포분열을 가속하는 시스템을 가지고 있는데, 이 시스템에 생기는 돌연변이는 무한 증식하는 양성종양세포[4]가 될 가능성이 있습니다. 양성종양세포는 세포분열을 멈추지 않고 무한 증식하는 특징이 있기는 하지만 주변의 세포들을 침범하여 파괴하지는 않습니다. 그러나 양성종양세포가 세포분열을 거듭하면 다른 돌연변이가 추가로 일어날 확률이 높아집니다. 이에 따라 양성종양세포에 만약 돌연변이가 발생하게 된다면 그 때문에 이웃한 세포들까지도 파괴할 힘을 가진 암세포로 변질될 수도 있습니다. 그렇기에 양성종양세포를 그대로 놔두면 악성화될 확률이 점점 높아지는 것이고, 이렇게 악성화된 종양세포를 암세포라고 부르는 것입니다. 의사들의 경험에 의하면 대장에 생긴 용종(양성종양)이 크면 클수록 대장암으로 발전할 위험이 크다고 합니다. 여기서 아셔야 할 점은 암세포라는 것이 그저 단순히 무한 증식으로 커지기만 하는 것이 아니라 정상세포였을 때 가졌던 단백질 분해 효소를 이용하여 주변의 조직을 파괴함으로써 인간의 생명에 위협을 가하기도 하는 존재라는 사실입니다.

종양세포는 여러 가지 면에서 정상세포와 다릅니다. 우선 섭취하는 에너지원의 요구량에서부터 큰 차이가 있습니다. 세포분열 속도가 빠른 종양세포는 에너지원인 포도당 소모량이 정상세포와 비교가 되지 않을 정도로 많습니다. 심지어 종양세포는 혈액이나 림프액 속을 떠다니는 동안에도 영양분을 흡수할 수 있습니다. 여기서 정상세포를 입맛이 까다로운 사람에 비유해 본다면 종양세포는 먹성이 매우 좋은 사람이라고 할 수 있을 것입니다. 또한 자리를 옮겨 다닐 수 있다는 점에서

4 양성종양세포: 세포분열을 멈추지 않는 특징을 가지고 있으며, 딸세포를 대량으로 생산하여 세포 덩어리 또는 혹을 만들지만 주변 세포나 조직을 침범하지는 않습니다.

도 차이가 있습니다. 악성종양세포는 혈액이나 림프액 속에서도 먹이 활동이 가능하므로 처음의 자리에 고정되어 있지 않고 체액을 통해 다른 조직으로 옮겨 갈 수 있습니다. 악성종양세포가 다른 조직으로 옮겨 가서 새 조직에 암을 일으키는 과정을 전이metastasis라고 하는데, 악성종양세포는 양성종양세포와 달리 약물 처리를 해도 잘 죽지를 않습니다. 약물을 세포 밖으로 배출하는 효율적 수송단백질 시스템을 구축하고 있기 때문입니다. 이에 항암제를 처리해도 죽지 않고 살아남은 종양세포들은 항암제 내성을 가지게 되며, 항암제 내성을 가진 경우는 치료하기가 더 어려워집니다. 따라서 항암제를 강하게 투여해서 모든 암세포를 한 번에 죽여야 하는데, 항암제의 심각한 부작용을 생각해 본다면 이는 쉽지 않은 일입니다.

후성유전적 오류에 의한 돌연변이

종양억제유전자의 기능 상실로 종양이 발생하는 경우에는 오류가 생긴 종양억제유전자의 기능만 회복해 주면 암세포의 성장이 멈추리라고 유추할 수 있습니다. 이 전략을 사용한 것이 바로 보리노스태트라는 후성유전학 관련 약물입니다. 기존 항암제는 대부분 암세포만 죽이는 것이 아니라 정상세포를 함께 파괴하는 부작용이 있었습니다. 또한 암 발생 원인으로 알려진 표적에 대한 맞춤형 항암제를 쓴다고 하더라도 다른 원인으로 생긴 암에는 치료 효과를 기대하기 어렵다는 게 현실입니다.

만약 환자의 암이 후성유전적 오류로 인해 생겼다면 이런 오류는 보리노스태트와 같은 후성유전학 관련 약물 외에는 고칠 수 없을 것입니다. 이처럼 후성유전적 오류가 고쳐지면 종양억제유전자의 기능을 회복할 수 있고 암세포의 사멸까지도 유도할 수 있으므로 기존의 항암제에 반응이 없던 암도 치료할 수 있게 될 것입니다. 보리노스태트의 임상결과는 후성유전학으로 암을 치료할 수 있음을 보여준 아주 중요한 사례라고 할 수 있겠습니다.

이제 종양억제유전자에 생기는 후성유전 오류에 대해 알아보겠습니다. 종양억제유전자의 기능이 상실되는 원인은 크게 둘로 나눌 수 있습니다. 하나는 돌연변이로 인해 기능을 상실하는 것이고, 다른 하나는 후성유전 시스템 오류로 인해 기능을 상실하는 것입니다. 후성유전 시스템은 기본적으로 전사가 필요한 유전자에는 전사 ON 스위치를 달고 전사가 불필요한 유전자에는 전사 OFF 스위치를 다는 역할을 합니다. 여기서 3장과 8장에서 살펴보았던 DNA 포장 시스템에 관한 내용을 다시 한번 떠올려 보겠습니다. 우선 일반포장을 하면 유전자를 전사하여 필요한 단백질을 만들 수 있지만 압축포장을 하면 유전자의 RNA 복사본을 만들 수 없으므로 단백질로의 번역도 불가능하게 된다는 내용이 있었습니다.

후성유전 작동 시스템은 전사 ON/OFF 스위치를 이용하여 전사가 필요한 부위는 일반포장을 하고 전사가 불필요한 부위는 압축포장을 합니다. 그런데 후성유전 작동 시스템이 오류를 일으켜서 일반포장을 할 부위에 압축포장을 하면 압축포장 된 부위의 유전자 기능이 발현되지 못해 문제가 생길 것입니다. 종양억제유전자는 필요한 경우에 유전자 발현이 될 수 있도록 일반포장을 해야 하는 유전자입니다. 만약에 후성유전 시스템의 오류로 인해 종양억제유전자를 압축포장 해버리면 세포분열을 제어하는 능력을 잃게 될 것입니다.

여기서 종양억제유전자의 압축포장 방식에 대해 좀 더 알아보겠습니다. 종양억제유전자를 압축포장 하는 대표적인 방식은 프로모터 부위의 CpG에 DNA 메틸화가 일어나는 경우와 히스톤단백질 꼬리의 아세틸화를 제거하는 경우라고 할 수 있습니다. 프로모터 부위의 CpG에 생기는 DNA 메틸화는 압축포장을 지시하는 후성유전적 변화이고, 히스톤단백질 꼬리에 있던 아세틸화를 제거하는 것은 일반포장을 지시하던 암호를 없애는 후성유전적 변화입니다. 이와 같은 후성유전적 변화로 종양억제유전자가 압축포장 되면 종양억제유전자의 전사가 차단되어 제 기능을 하지 못하게 됩니다.

누드슨의 이중적중 모델은 1차 적중 단계에서 돌연변이가 일어난 후 2차 적중 돌연변이가 일어나면 종양이 생긴다는 논리입니다. 누드슨의 모델은 돌연변이에 대한 것이기는 하지만, 여기에 후성유전적 오류를 한번 반영해 보도록 하겠습니다. DNA 메틸화로 인해 전사가 차단되는 후성유전 오류도 종양억제유전자의 기능 상실을 초래하므로 종양이 생기는 원인은 다양해집니다.

1차와 2차 적중 단계에서 모두 돌연변이가 일어난 경우, 1차 적중 단계에서 돌연변이가 일어나고 2차 적중 단계에서 후성유전적 오류가 일

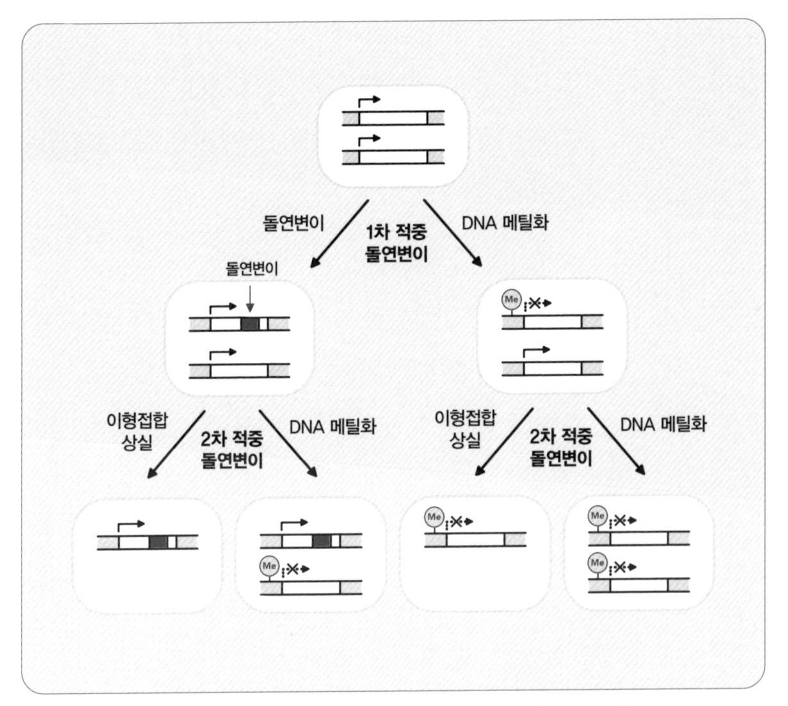

그림 48 **후성유전적 오류를 반영한 누드손의 이중적중 수정모델**
돌연변이는 단백질 암호화 부위에 생기는 일반적인 DNA 염기서열 변화를 말하며, 이형접합 상실은 염색체 소실로 야생형 대립유전자가 없어지는 상태를 의미합니다.

어난 경우, 1차 적중 단계에서 후성유전 오류가 일어나고 2차 적중 단계에서 돌연변이가 일어난 경우가 있을 것입니다. 즉 1차 적중 단계에서 돌연변이가 일어난 후 2차 적중 단계에서 염색체 소실로 인한 이형접합 상실 또는 DNA 메틸화가 일어나면 종양이 발생할 수 있을 것입니다. 반대로 1차 적중 단계에서 DNA 메틸화라는 후성유전 오류가 일어난 후 2차 적중 단계에서 돌연변이가 일어나도 종양이 발생할 수 있습니다. 또한 1차 적중 단계에서 DNA 메틸화가 일어나고 2차 적중 단계에서는 염색체 소실로 인한 이형접합 상실이 일어나도 종양이 발생합니다. 그리고 1차 적중 단계와 2차 적중 단계에서 모두 DNA 메틸화가 일어나는 경우에도 종양이 발생할 수 있겠습니다(그림48).

유전자 프로모터 부위에 압축포장을 지시하는 DNA 메틸화 암호를 달거나 일반포장을 지시하는 아세틸화 암호를 제거하는 후성유전적 변화로 인하여 해당 유전자의 발현이 차단되는 일이 생길 수 있는데, 이런 후성유전 오류는 돌연변이와 동일한 결과를 초래할 수 있습니다. 앞에서 살펴본 것처럼 돌연변이와 같은 결과를 초래하는 후성유전 오류를 특별히 후성돌연변이epimutation라고 부릅니다.

후성유전학에서 찾은 암 치료의 새로운 길

2000년대에 들어오면서 후성유전학에 관한 연구로 개발된 약물이 판매되기 시작했습니다. 최초의 후성유전학 약물은 5-아자사이티딘5-azacytidine으로, 백혈병으로 진행할 가능성이 큰 상태의 질환을 치료하는 효과가 있습니다. 5-아자사이티딘은 2004년에 미국 식약처FDA의 승인을 받았습니다. 5-아자-2-디옥시사이티딘5'-aza-2'-deoxycytidine은 5-아자사이티딘과 유사한 구조와 약효를 가지고 있으며, 2006년에 FDA의 승인을 받았습니다. 5-아자사이티딘은 DNA 메틸화 효소 관련 약물로서 스크리니바산P.R. Scrinivasan과 어니스트 보렉Ernest

Borek[1911-1986]이 논문을 발표한 후 40년이 지나서야 개발되었습니다. 세 번째로 성공한 후성유전적 약물은 앞에서 언급한 보리노스태트입니다. 보리노스태트는 히스톤 아세틸화를 제거하는 효소를 저해하는 기능을 가진 저분자 화합물이며, 2006년에 미국 FDA의 승인을 받았습니다. 그 이후 보리노스태트와 유사한 약효를 가진 새로운 후성유전적 약물이 추가로 나왔습니다. 2009년에 FDA 승인받은 로미뎁신Romidepsin은 일반 합성화합물이 아닌 펩타이드 계열의 약물로 T-세포 관련 림프종 치료제입니다. 또한 2014년에는 벨리노스태트Belinostat가 T-세포 림프종 치료제로 FDA 승인을 받은 히스톤 탈아세틸화 효소 저해제로 이름을 올렸습니다.

이제 후성유전적 약물 개발 전략에 관해 간단히 알아보겠습니다. 후성유전적 변화가 암의 원인일 수 있다는 결과를 토대로 연구자들이 종양억제유전자 프로모터 부위의 전사 스위치를 OFF에서 ON으로 바꿀 수 있는 물질을 찾기 시작했습니다. 이러한 노력으로 찾은 것이 5-아자사이티딘과 보리노스태트라는 약물입니다. 5-아자사이티딘은 DNA 메틸화 효소를 저해하여 프로모터의 DNA 메틸화를 제거할 수 있고 그 결과 압축포장을 전사 가능한 일반포장으로 전환할 수 있는 물질입니다. 앞에서 언급한 대로 보리노스태트는 히스톤 탈아세틸화 효소를 저해하여 히스톤 아세틸화를 높은 수준으로 유지할 수 있게 하는 약물입니다. 여기서 5-아자사이티딘이 DNA 메틸화를 제거한 후 보리노스태트가 히스톤 아세틸화를 유도하면 종양억제유전자의 전사 스위치를 ON으로 바꿀 수 있으므로 종양세포의 사멸을 유도할 수 있게 되는 것입니다

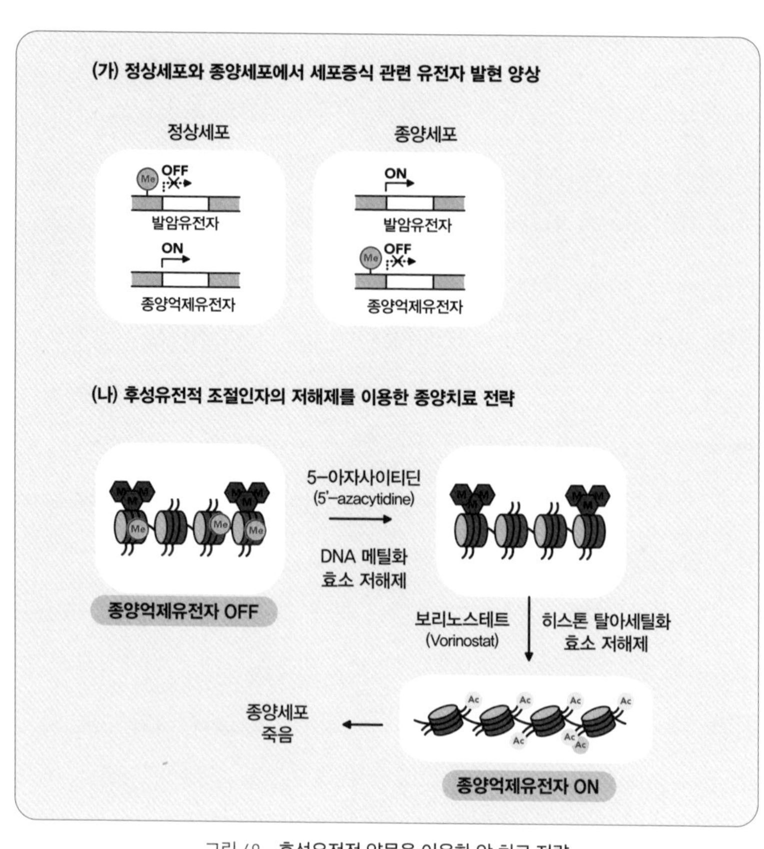

그림 49 후성유전적 약물을 이용한 암 치료 전략

(그림49).

애초에 암이 발생하는 원인은 매우 다양하며, 같은 암이라고 해도 발병 원인에 따라서는 다른 치료법이 필요할 것입니다. 그런데 전통적인 암 치료제는 암세포가 정상세포에 비해 빠른 성장 속도를 가지고 있다는 사실에만 근거한 약물입니다. 그렇기에 세포의 빠른 성장 속도를 늦추는 약물이 대부분이며, 이는 정상세포와 암세포의 구별 없이 작용하기 때문에 부작용이 많을뿐더러 맞춤형 치료와도 거리가 멀어 아쉬운 점이 많습니다. 때문에 암 치료 과정에서 생기는 부작용을 줄여나가려면 앞으로도 암의 발병 및 진행 과정에 대해 더 많은 연구가 필요합니다. 특히나 암에 대한 정확한 지식을 바탕으로 하는 약물의 필요성이 대두되는 요즘, 그에 발맞춰 나갈 수 있는 후성유전학 관련 약물이야말로 새로운 대안이 될 것이라고 기대하는 바입니다.

암 환자 생존율 개선을 위한 새로운 전략

현재 우리가 사용하는 항암제는 보통 치료 효과가 입증된 것들이지만 부작용을 무시할 수 없는 것 또한 사실입니다. 또한 항암제에 내성이 생기거나, 치료되었다고 생각한 암이 재발하거나, 암이 다른 장기로 전이되는 등의 심각한 문제가 여전히 존재하고 있습니다.

최근 발표된 연구에 의하면 항암제에 대한 내성, 암의 재발, 암의 전이 등은 암 줄기세포cancer stem cell; CSC와 연관이 있다고 합니다. 거의 모든 종양에는 낮은 비율이긴 하지만 암 줄기세포가 들어 있습니다. 암 줄기세포는 줄기세포의 특성이 있어서 무제한으로 세포분열을 하여 수많은 딸세포를 만들 수 있습니다. 또한 암 줄기세포는 외부에서 들어온 약물 분자를 암세포 밖으로 제거해 내는 활성화된 펌프 기능이 있어서 항암제를 처리해도 치료 효과가 크지 않습니다. 암 줄기세포는 상피세포

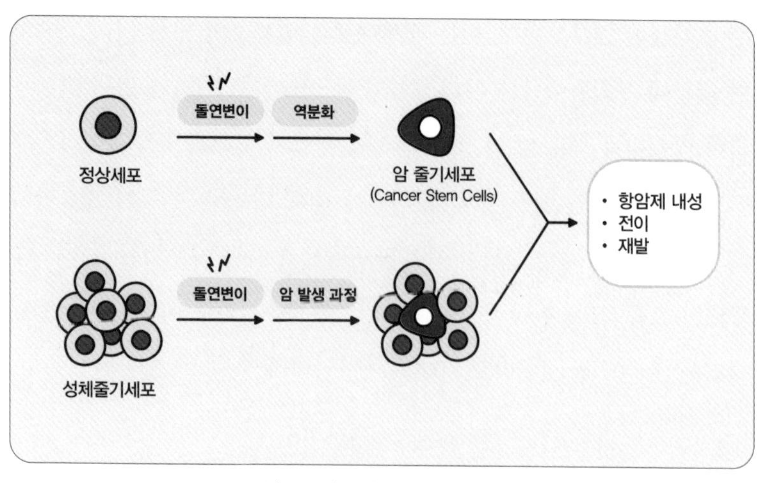

그림 50 암 줄기세포의 기원과 특성

에 돌연변이가 일어난 후 돌연변이 상피세포에 역분화가 일어나면 만들어집니다. 또는 성체줄기세포에 돌연변이가 일어나도 암 줄기세포가 만들어질 수 있습니다(그림50).

악성종양에는 대부분 암 줄기세포가 들어 있으므로 항암제를 써도 암세포를 완전히 죽일 수는 없습니다. 암 줄기세포는 항암제를 세포 밖으로 배출하는 펌프 기능이 매우 발달해 있기 때문에 그렇습니다. 이렇게 항암제로 죽이기 어려운 암 줄기세포 때문에 항암제 내성이 생기거나 암이 재발하게 됩니다. 따라서 암을 완전히 치료하려면 암 줄기세포까지도 완전히 제거할 수 있는 표적 약물 개발이 필요합니다(그림51). 암 줄기세포에서만 주로 발견되는 표적 분자에는 신호전달 단백질, 세포막의 표면단백질, 전사인자, 해독 단백질 등이 있습니다. 중요한 사실은

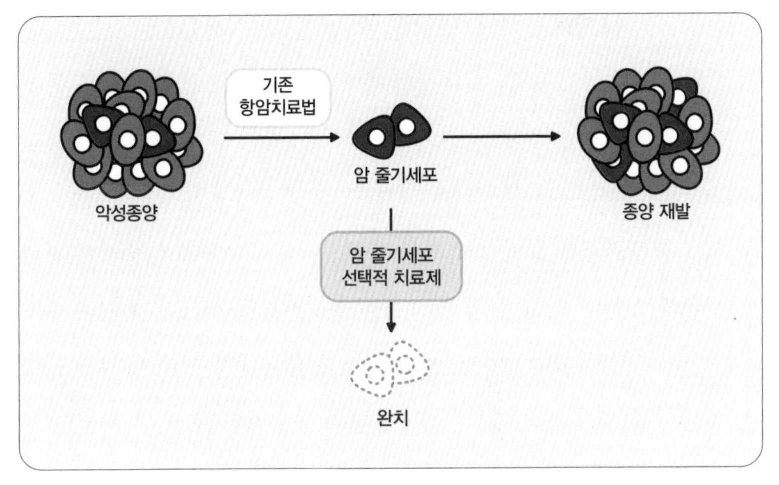

그림 51　암 줄기세포 선택적 치료제의 필요성

후성유전적 조절인자들이 암 줄기세포의 표적 분자와 상호작용한다는 것입니다. 따라서 후성유전적 조절인자를 우리가 원하는 대로 제어하는 약물을 개발한다면 획기적인 암 치료제가 될 것입니다.

특히 후성유전적 기술로 개발할 암 줄기세포 치료제를 기존의 항암제와 병행하여 처방한다면 암 환자의 생존율을 획기적으로 끌어올릴 수 있을 것입니다. 필자의 연구실에서는 히스톤 탈메틸화 효소 저해제 중 하나인 JIB-04 약물이 대장암 및 간암 줄기세포에 매우 선택적인 증식억제 효과가 있음을 찾아냈고, 논문으로도 발표한 바가 있습니다. 비록 아직은 과학자들이 발표하는 논문 한 편 한 편이 암 치료제 개발에 큰 영향을 주지 못할지라도 머지않아 그 연구들이 점점 모이고 모여 획기적인 발전을 이루어내리라고 기대하고 있습니다.

나가며 생물학 연구의 블루오션, 후성유전학

우리는 왜 후성유전학에 주목해야 할까요? 후성유전은 유전자가 같아도 선택과 노력에 따라 삶이 달라지는 현상을 과학적으로 설명해 주기 때문이라고 감히 이야기하고 싶습니다. 물론 우리가 어떤 선택과 노력을 하느냐에 따라 운명에 미치는 영향은 긍정적일 수도, 부정적일 수도 있습니다. 또한 후성유전 현상에 관한 연구에는 당연히 명과 암이 있을 수 있습니다. 하지만 우리가 어떤 쪽을 믿을지를 묻는다면 이렇게 답하고 싶습니다. 현명한 선택과 적절한 노력이 있다면 후성유전을 통해 DNA에 흔적과 기록을 남길 수 있습니다. 더 나아가 형질을 바꾸는 힘으로 작용할 수 있으므로 우리 삶도 좋은 방향으로 나아갈 수 있다고 말입니다. 바로 희망의 메시지를 공유하고 싶은 것입니다.

과연 후성유전 변화는 우리가 하는 선택과 노력을 안정적으로 운명에 반영할 수 있을까요? 본문에서 이미 보셨듯이 후성유전 변화 중 DNA 메틸화는 생식세포에 새겨지면 수정을 통해 자손에게 안정적으로 전달되어 운명에 영향을 주게 됩니다. 한발 더 나아가 DNA 메틸화는 유전자 사용 여부에만 영향을 주는 것이 아니라, 흥미롭게도 유전자 자체(즉 DNA 암호)를 바꾸는 핵심 부위가 된다는 사실이 밝혀져 있습니다. 따라서 우리가 삶의 방향을 정할 때, 현명한 선택과 노력으로 유전자도 바꾸고 타고난 운명도 바꿀 권리가 있음을 기억했으면 좋겠습니다. 여러분은 과연 어떤 선택을 하실 건가요?

후성유전학은 지구상의 생물들이 얼마나 영리하면서도 적극적으로 환경 자극에 적응해 나가는지를 이해할 수 있게 만들어주는 학문입니다. 또한 후성유전 원리는 부모에게서 물려받은 DNA가 우리의 운명을 결정하는 유일한 요소가 아님을 알게 해줍니다. 물론 개체의 형질을 결정하는 가장 중요한 요소가 DNA임에는 변함이 없습니다. 그러나 살아가면서 경험하게 되는 음식, 약물, 교육, 성장 환경, 만성 스트레스 등은 개체의 형질을 변하게 만들기도 합니다. 이러한 후성유전적 변화는 기본적으로 개체의 세포에 새겨지게 됩니다.

생명을 지닌 개체는 살아가는 동안 다양한 환경 자극을 계속해서 받습니다. 지속적인 환경 자극으로 인해 세포에는 DNA 메틸화 같은 후성유전적 변화가 생길 수 있습니다. 후성유전적 변화는 세포의 염색체 위에 새겨지는 삶의 흔적과도 같은 기록이며, 개체 형질의 변화를 만드는 동력으로 작용합니다. 특히 유아기에 후성유전적 변화가 나쁜 방향으로 일어난다면 개체의 일생이 힘들어질 수도 있습니다. 따라서 유아기에 부모의 안전하고 따뜻한 돌봄을 받는 것은 매우 중요한 일입니다. 부모에게 충분한 돌봄을 받지 못하거나 학대와 같은 지속적인 스트레스에 노출된다면 그 개체는 뇌세포에 새겨진 후성유전적 각인 때문에 평생을 힘들게 살아갈 수 있는 것입니다.

이와는 반대로 긍정적인 환경에 노출된 경우 해마 부위의 신경세포에서 BDNF(뇌 유래 신경영양인자) 유전자 발현을 유도하는 후성유전적 변화가 생기며, 이로 인해 기존의 신경세포 보호뿐 아니라 새로운 신경세포 형성이 촉진된다는 사실이 밝혀졌습니다. 결론적으로 신경세포의 가소성에 중요한 BDNF 유전자의 발현은 어떤 환경조건에 노출되는지에 따라 후성유전적 변화를 통해 결정됩니다. 따라서 좋은 환경에 노출된 경우 뇌세포에 새겨지는 후성유전적 변화는 신경세포의 활성화를 도와 회복 탄력성이 좋은 뇌를 유지할 수 있게 해준다는 점을 기억하고 근육처럼 우리 뇌도 단련할 필요가 있습니다.

4장의 일란성 쌍생아에 대한 연구는 후성유전의 하이라이트라고 할 수 있습니다. 일란성 쌍생아는 DNA가 같아도 다른 형질을 나타낼 수 있음을 가장 잘 보여주는 모델입니다. 일란성 쌍생아는 똑같은 DNA를 가지고 태어나지만 발생 과정의 후성유전적 변화로 태어나는 순간부터도 형질이 완전히 같지는 않습니다. 가족이나 친구들이 쌍둥이 형제를 구별할 수 있는 것은 이러한 후성유전적 변화로 인해 쌍둥이의 형질에 차이가 발생한 덕분입니다. 쌍생아 형질의 차이는 태어나는 순간이 가장 작습니다. 쌍생아라고 하더라도 성장 과정에서 경험하는 일상이나 노출되는 환경 등이 다르므로 쌍생아의 형질 차이는 시간이 지날수록 점점 커질 것입니다. 이는 후성유전적 변화가 누적되기 때문입니다. 따라서 쌍둥이 형제는 어렸을 때보다 나이가 들수록 구별하기가 쉬워집니다.

세포에 새겨진 후성유전적 기록은 단순한 삶의 흔적이 아닙니다. 선천성 당뇨병 원인유전자를 가진 쌍둥이 형제를 예로 들어보겠습니다. 쌍둥이 형제는 당뇨병 원인유전자를 가지고 있으므로 당뇨병의 발병 확률과 시기가 비슷할 것입니다. 그러나 후성유전적 변화가 형질의 차이를 가져올 수 있습니다. 쌍둥이 형제가 서로 다른 방식이나 환경에서 살아간다면 이들 형제가 당뇨병을 앓을 확률과 시기가 크게 달라질 수 있다는 것입니다. 쌍둥이 형제 중 한 명은 한국에서 자라고 다른 한 명은 외국으로 입양되어 자란 경우를 생각해보겠습니다. 어른이 되어 만났을 때 한 명은 건강하게 살고 있고 다른 한 명은 당뇨로 고생하며 살고 있을 수 있습니다. 즉 환경의 영향으로 당뇨병 원인유전자의 스위치가 켜지는 시기가 크게 달라질 수 있다는 것입니다. 심지어는 당뇨병 원인유전자의 스위치가 켜지지 않을 수도 있습니다. 이러한 일란성 쌍생아 연구를 통해 질병에 영향을 주는 환경 요인 등을 찾는 작업은 지금도 계속되고 있습니다. 이렇게 쌍둥이임에도 발병의 차이가 심하게 나는 경우를 생각하면 후성유전적 변화의 중요성을 새삼 느낄 수 있습니다.

이 책에서도 언급하고 있듯이 후성유전적 변화가 해당 개체의 형질뿐만 아니라 다음 세대의 형질에도 영향을 미친다는 증거는 계속해서 발견되고 있습니다. 체세포가 아닌 생식세포에도 후성유전적 변화가 생길 수 있으며, 생식세포에 새겨진 후성유전적 변화는 자손 세대로 전달됩니다. 다시 말해서 개체가 환경에 의한 후성유전적 변화로 획득한 형질이 자손 세대로 유전되는 것입니다. 생식세포에 새겨진 후성유전적 변화가 자손 세대로 유전되는 것에 대해서는 각인 현상(7장과 10장 참조)에서 알아보았습니다. 1장에서 언급한 설치류 연구에서 보았듯이 개체가 먹는 음식이나 기호품 또는 만성 스트레스의 종류에 따라서도 개체의 체세포나 생식세포에 다양한 후성유전적 변화가 기록으로 남겨집니다. 체세포에 생긴 후성유전적 변화는 해당 개체의 형질에만 영향을 주지만 생식세포에 기록된 후성유전적 각인은 다음 세대의 형질에도 영향을 미칩니다. 즉 부모 세대가 나쁜 환경에 지속적으로 노출되면 부모의 DNA에 돌연변이가 발생하지 않았더라도 체세포와 생식세포에 후성유전적 변화가 새겨지게 되고, 여기서 특히 생식세포에 생긴 후성유전적 변화는 생식 과정을 통해 자손에게 전해지므로 자손의 형질 결정에 영향을 주게 되는 것입니다. 물론 후성유전적 변화로 인한 형질은 생식세포 없이 경험 의존적 방식으로도 대물림될 수 있습니다. 이와 같은 후성유전적 변화와 동반된 개체 형질의 유전현상은 라마르크의 획득형질의 유전 개념과 매우 닮아 있습니다.

이 책에서 후성유전학의 모든 분야를 다루지는 못했습니다. 부족하지만 이 책과 함께한 시간이 여러분에게 즐거운 시간이었기를 바랍니다. 후성유전과 연관된 생명 현상이 더 궁금하신 독자께서는 에필로그를 읽어보시길 권해드립니다. 서문에서도 언급했듯이 본문에서 다루지 못한 후성유전 관련 주제와 최신 동향 중 흥미로운 내용을 에필로그 형태로 정리해 두었습니다. 후성유전학 원리는 인간이 앓는 많은 질병의 원인과 연관이 있는 것으로 연구되고 있습니다. 12장에서는 암과 후성유전의 관련성을 다루는 데 그쳤지만, 후성유전학은 자가면역질환, 치매, 파킨슨, 조현병, 노화 등을 이해하는 데까지 그 분야를 확장하고 있습니다. 후성유전 원리가 적용되는 분야는 매우 넓고 확장성이 있는 것입니다. 일부 후성유전적 약물은 이미 특정 암 치료제로 사용되고 있습니다. 따라서 여러 다른 질병 치료에 후성유전적 약물이 사용될 날도 머지않았다고 전망합니다. 또한 음식이 건강에 미치는 영향, 장내 미생물과 숙주의 상호작용 등도 후성유전학의 활약이 기대되는 분야입니다. 고정된 삶을 살면서 온갖 환경자극을 견뎌내는 식물체는 후성유전 조절 시스템을 잘 활용하는 장인이라고 할 수 있습니다. 특히 식물육종과 가축육종 분야에서의 후성유전학의 중요한 역할은 계속 이어질 것입니다.

그리고 생물학 분야의 가장 큰 주제인 진화론의 완성도를 높이는 데에도 후성유전의 원리가 큰 역할을 할 것이라고 생각합니다. 학교에서 배운 진화론을 간단히 정리해 보면, 돌연변이로 인해 개체집단에 새로 생긴 형질이 환경 변화에 적응하여 생존하고 번식하는 데 도움이 될 때 새로운 형질의 개체나 종이 탄생한다는 내용입니다. 그렇게 된다면 새로운 종의 탄생은 기존의 생물집단에 다양한 종류의 새로운 형질을 가진 돌연변이 개체가 충분한 수로 존재해야만 가능할 것입니다. 그러나 자연계에서 돌연변이의 발생 빈도는 매우 낮아서 현재와 같은 다양한 종의 생물이 존재하는 상황을 설명하는 데에는 역부족입니다. 그러나 후성유전적 변화는 돌연변이와는 달리 매우 높은 빈도로 일어날 수 있으며, 후성유전적 변화를 통해 유도된 새로운 형질이 다음 세대로 유전되는 것도 가능하기 때문에 기존의 진화론에서 설명하지 못한 한계를 넘어서는 데 새로운 돌파구가 될 것으로 기대하고 있습니다.

이제 여러분은 이 책을 통해 생식세포에 새겨진 후성유전적 변화가 DNA 돌연변이에 의한 것이 아닐지라도 자손에게 전달될 수 있음을 알게 되었습니다. 건강한 아이를 얻으려면 태교를 잘해야 한다는 얘기는 허튼 말이 아니었습니다. 태아가 엄마 몸에서 자라는 동안 수많은 후성유전적 선택이 일어나며, 이러한 선택은 태아의 형질을 결정하는 중요한 요소가 되는 것입니다. 우리의 선택이 자신뿐만 아니라 자식 세대에까지 영향을 미칠 수 있다는 것을 생각하면 지나온 삶에 대한 무게가 더 크고 무겁게 느껴집니다. 하지만 우리의 시선은 미래를 향해야 합니다. 비록 남보다 능력이 약간 부족한 DNA를 가졌더라도 후성유전적 변화로 개선할 수 있다는 사실은 긍정의 메시지를 넘어서 우리의 미래를 향한 가능성을 더욱더 풍요롭게 만들어 줄 것입니다.

The Gene Switch

에필로그

겨울의 추운 날씨를 견뎌내야만 봄이 되었을 때 꽃을 피울 수 있는 식물이 있습니다. 여러분은 봄이 되면 꽃은 당연하게 피는 게 아닌가, 생각을 하시겠죠. 이것은 우리에게 너무나도 익숙한 상식이니까요. 그만큼 식물종은 반려동물 못지않게 우리의 삶 속으로 깊숙이 들어와 자리 잡고 있습니다. 추운 겨울이 지나고 봄이 오면 사람들은 나무에 돋아나는 새순과 다채로운 꽃들을 기다립니다. 이 시기에는 산수유, 매화, 벚꽃 등을 즐기는 축제가 열리기도 합니다. 이렇게 사람들은 만개한 꽃들을 즐기면서도 정작 식물이 꽃을 피우는 개화 과정에 대해서는 잘 모릅니다. 식물의 개화 과정은 정교하고 복잡하며 매우 아름답습니다.

추위를 견뎌내야만 꽃을 피우는 식물의 비밀

식물은 아무 때나 꽃을 피우지 않습니다. 식물의 개화에는 시기와 조건이 정해져 있습니다. 개화 과정은 세포기억 시스템과 관련이 있습니다. 이 책의 11장에서 세포기억 시스템에 대해 다루었습니다. 세포기억 시스템은 다세포 생물의 다양한 조직과 기관이 그 특징에 맞는 정체성을 유지할 수 있게 하는 데 매우 중요한 기능입니다. 그러나 생리적, 환경적 조건에 대응하기 위해서 유전자가 원래 자신의 발현 상태를 바꾸어야만 하는 불가피한 경우가 생길 수 있습니다. 가장 대표적인 예가 식물의 춘화vernalization 입니다. 춘화는 라틴어 '봄'vernum 에서 유래한 용어입니다. 또한 춘화는 식물 세포가 겨울처럼 추운 날씨에 일정 기간 노출된 사실을 기억하는 능력을 말합니다. 겨울밀과 같은 식물은 이런 저온 노출을 경험한 뒤에야 따뜻한 봄에 꽃을 피울 수 있습니다.

춘화 과정으로 겨울을 기억하는 식물의 경우 꽃을 피우는 과정에 관여하는 세포만 겨울을 기억하는 것이 아니라 식물체의 모든 세포가 겨울을 기억하게 됩니다. 따라서 저온에 일정 시간 노출된 식물체의 어느 부위에서 세포를 채취하더라도 그 세포를 인공 배양하여 식물 개체를 만들면 그 개체도 반드시 겨울을 기억하여 봄이 오면 어김없이 꽃을 피우게 되는 것입니다. 즉 춘화 처리된 식물은 낮과 밤의 길이와 기온을 감지하여 개화 과정의 스위치를 켜는 능력을 가지고 있습니다.

식물은 일주기 생체 시계와 계절의 변화에 따라 생장, 생리 등의 대사 활동을 맞추는 것이 중요합니다. 그리고 적절한 환경 조건 시기에 맞추어 열매를 맺는 것이 자손을 만들어 번성하는 데 중요하므로, 환경에 따라 생장 시기와 개화 시기를 유연하게 전환하는 것이 필수적입니다. 이러한 전환을 가능하게 하는 것이 바로 후성유전 조절 시스템입니다. 덧 붙여서 말하자면 후성유전 조절 시스템의 초창기 연구 주제가 바로 춘화였습니다.

물론 모든 식물에서 춘화가 필요한 것은 아닙니다. 춘화가 필요하지 않은 식물종도 많습니다. 그러나 춘화가 필요한 식물에게는 저온에 노출된 경험이 개화의 필수 요건입니다. 겨울밀은 섭씨 10도 이하에 몇 주 동안 노출되어야만 꽃을 피울 수 있게 됩니다. 겨울밀이 개화하기 위해서는 춘화뿐만 아니라 적절한 낮과 밤의 길이와 기온이 필요합니다. 기본적으로 식물이 야생에서 꽃을 피우고 번식하려면 기온이 따뜻한 계절을 감지할 수 있어야 합니다. 겨울밀은 추운 겨울을 경험한 경우에만 충분한 생장을 거쳐 비로소 개화할 수 있는 능력을 얻게 되는 것입니다. 이런 춘화에서 핵심 과정은 꽃 기관 발달에 관련된 유전자의 발현을 후성유전적 조절 시스템으로 정교하게 관리하는 것입니다. 흥미로운 사실은 춘화의 핵심 후성유전 조절자가 바로 11장에서 다룬 세포기억 시스템의 PcG라는 점입니다.

춘화는 가장 인기 있는 식물 모델인 애기장대에서 집중 연구되고 있습니다. 씨앗 발아 이후부터 어린 모종 시기 동안 겨울을 경험한 애기장대에서는 따뜻한 봄이 오면 제일 먼저 개화 방지용 PcG의 족쇄가 풀리면서 꽃대가 올라오고 개화 과정이 시작됩니다. 이와 더불어, 겨울을 경험한 덕분에 춘화 전담 PcG가 활성화되면서 개화가 촉진됩니다. 따라서 겨울을 경험한 애기장대에서 봄이 오면 자연스럽게 꽃대가 올라오고 꽃이 피는 것입니다.

최근 연구에 따르면 춘화 전담 PcG에 의해 개화가 촉진되기 위해서는 쿨에어COOLAIR와 콜드에어COLDAIR라고 불리는 두 종류의 새로운 장신 비암호화 RNA가 필요하다는 것이 밝혀졌습니다. 특히 콜드에어는 개화를 억제하는 제동 장치에 해당하는 FLC 유전자의 압축포장과 전사 차단에 중요합니다. 흥미롭게도 식물의 생식기관에서 씨앗을 만드는 과정 동안 부모가 경험했던 추운 겨울에 대한 기억을 지우는 작업이 진행됩니다. 즉 춘화는 한 세대에서만 유지되고, 다음 자손 세대는 추운 겨울을 다시 경험해야만 봄이 왔을 때 꽃을 피울 수 있는 것입니다.

세포기억 시스템의 오류와 암 발생

세포기억은 수정란이 배발생을 진행하면서 수립되고 우리 몸속의 세포에서 안정적으로 유지됩니다. 우리 몸을 구성하는 조직과 기관의 세포가 자신의 정체성을 기억하고 유지하는 것은 세포기억 시스템 덕분입니다. 하지만 후성유전적 오작동이 발생하면 세포기억이 상실될 수도 있습니다. 이것은 암 발생의 원인이 됩니다.

세포기억 시스템의 두 축은 PcG와 TrxG인데, 실제로 다양한 암세포에서 PcG와 TrxG 유전자의 돌연변이가 종종 발견됩니다. PcG 연관 유전자에 돌연변이가 생겨 정체성을 상실한 세포는 비정상적으로 증식하는 특징을 보입니다. 특히 이런 후성유전적 작동 오류는 일반 체세포를 줄기세포 상태로 돌아가도록 유도합니다. 말하자면 후성유전적 작동 오류로 인해 체세포에서 줄기세포가 만들어지는 역분화가 발생하면 암세포가 탄생하게 되는 것입니다. 역분화de-differentiation는 분화 과정이 반대 방향으로 진행되어 체세포에서 줄기세포가 만들어지는 과정을 말합니다. 이것은 곧 체세포가 역분화를 통해 줄기세포의 성질을 가지게 된다는 뜻입니다.

돌연변이 PcG로 인해 세포기억이 상실되어 역분화가 일어난 암세포는 줄기세포의 특성을 지니고 있으므로, 레티노산retinoic acid 같은 분화 유도 물질에 반응하여 다시 체세포로 분화되도록 유도할 수 있습니다. 즉 암세포에 레티노산을 처리하여 체세포로 분화되게 유도하면 종양을 억제할 수 있다는 것입니다. 이런 분화 유도를 통한 암 치료법은 줄기세포의 특성을 가진 암세포에만 유효합니다. 분화 유도 약물에 의한 암 치료 효과는 급성 전골수성 백혈병acute promyelocytic leukemia; APL뿐만 아니라 대장암을 포함한 다양한 고형암에서 확인됩니다. 분화 유도를 통한 치료법은 암 재발의 주요 원인인 암 줄기세포를 제거할 수 있으므로 암 재발률을 낮출 것으로 기대되며, 더 나아가 맞춤형 암 치료에 기여할 것으로 전망됩니다.

후성유전으로 풀어본 노화와 식생활 상식

일반적인 건강 상식에 따르면 엽산, 비타민 B6, 비타민 B12가 들어 있는 영양제와 항산화 물질을 포함한 음식은 우리 몸을 건강하게 할 뿐만 아니라 질병 예방에도 효과가 있다고 합니다. 이런 건강 상식의 근거는 무엇일까요? 최근 후성유전학 분야에서는 우리 몸에서 일어나는 물질대사 과정이 후성유전과 깊숙이 관련되어 있음을 보여주는 연구 결과에 주목하고 있습니다. 우리가 먹는 음식이 후성유전에 영향을 준다는 것은 어찌 보면 너무나 당연한 생각일 것입니다. 우리가 먹은 음식이 대사 과정을 통해 세포가 필요로 하는 물질로 분해, 합성되고 이 물질을 세포가 제공받기 때문입니다.

후성유전 조절에서 히스톤단백질 등에 암호를 심는 핵심 인자는 효소단백질이며, 세포가 제공하는 대사물질을 사용하게 됩니다. 예를 들어 앞서 언급한 DNA 메틸화나 히스톤 리신 잔기의 메틸화를 담당하는 효소는 메틸기 암호를 SAM[S-adenosyl methionine]이라는 대사 과정에서 만들어진 물질 분자에서 제공받습니다. SAM은 필수 아미노산인 메싸이오닌에서 출발해서 여러 효소 활성의 작용으로 만들어지며, 최종적으로 생체 내 모든 메틸화 효소에 제공됩니다.

SAM을 합성하는 대사 과정을 메싸이오닌 회로라고 하는데, SAM 합성에 참여하는 효소는 엽산, 비타민 B6, 비타민 B12와 같은 보조인자를 사용합니다. 따라서 엽산, 비타민 B6, 비타민 B12와 같은 보조인자를 영양제로 섭취하면 SAM의 합성이 촉진되고 히스톤이나 DNA의 메틸화 암호의 수준이 높아집니다.

후성유전 조절에서 히스톤단백질 등에 메틸화 암호를 심을 수도 있고 반대로 메틸화 암호를 제거할 수도 있습니다. 메틸화 암호를 제거하는 효소도 보조인자를 사용하는데, 보조인자에는 전자전달계의 주요 분자인 FAD, 철이온, 구연산회로의 중간 산물인 알파-케토글루타르산 α-ketoglutarate 등이 있습니다. 히스톤단백질에 아세틸기 암호를 새기는 효소는 아세틸 조효소 A acetyl-CoA 를 필요로 하고, 아세틸화 암호를 제거하는 효소는 전자운반체인 NAD를 사용하기도 합니다. 이와 같이 후성유전 조절에 관여하는 효소단백질이 요구하는 보조인자나 조효소는 대사 과정에서 만들어지는 물질입니다. 따라서 후성유전 조절 회로가 정상적으로 작동하기 위해서는 생체 내 대사 과정이 원활하게 진행되어 보조인자와 조효소를 충분히 공급받는 것이 필수적입니다. 또한 이런 경로 간의 상호연계 조절은 생명체의 건강 상태나 질병에도 직접적으로 영향을 주게 됩니다.

최근 연구에 따르면 알파-케토글루타르산은 구연산회로에서 아이소시트르산으로부터 효소 작용을 통해 만들어지는데, 이를 담당하는 효소 IDH 에 돌연변이가 생기면 조효소인 알파-케토글루타르산 결핍으로 메틸기 제거효소의 기능에 결함을 일으켜 결국 암 발생의 원인으로 작용하기도 한다고 알려졌습니다.

후성유전 조절과 대사경로 간의 연계, 건강 및 질병의 관련성을 극명하게 보여주는 예는 NAD 의존적인 아세틸기 제거효소에 대한 연구를 보면 알 수 있습니다. 맥주 효모를 모델로 한 연구에서, 효소의 활성을 증가시키는 항산화 물질이 효모의 수명을 연장해 준다는 것을 확인할 수 있었습니다. 반대로 이 효소의 활성을 저해하면 맥주 효모의 수명이 줄어들었습니다.

맥주 효모의 수명 연장에 직접적인 영향을 주는 효소가 바로 NAD

의존적인 아세틸기 제거효소입니다. 이 효소는 후성유전 조절인자 중의 하나입니다. 이 외에 선충과 초파리 모델에서도 아세틸기 제거효소인 Sir2에 의한 수명 연장 효과를 증명하는 논문이 발표되었습니다. 그런데 2012년에는 데이비드 젬스David Gems(1960-) 연구팀이 선충과 초파리에서 수명 연장 효과가 없다는 상반된 결과의 논문이 발표되었고, 이후 약간의 논란을 거쳐 지금은 의미 있는 수준의 약한 수명 연장 효과가 있다고 정리되었습니다. 또한 인간을 포함한 포유류에서는 Sir2와 닮은꼴 유전자가 무려 7개나 있는데 이 중 일부 유전자에 한해 수명 연장 효과가 있음이 밝혀져 있습니다.

생쥐 모델을 통해 후성유전 정보의 상실이 노화의 원인임을 증명한 논문이 2023년 생물학 잡지 《Cell》에 발표되었습니다. 이 논문의 주저자인 데이비드 싱클레어David A. Sinclair(1969-)는 『노화의 종말Lifespan』이라는 책을 출간한 바 있는 저명한 노화생물학자이며, 현재 하버드 의대에 재직하고 있습니다. 이 논문에 따르면 노화가 일어난 세포에서는 후성유전 조절 회로가 제대로 작동하지 못하므로 정상적인 세포의 기능을 상실하는 것이라고 합니다. 그의 연구팀은 체세포를 줄기세포로 되돌리는 역분화 전사인자를 노화된 생쥐에 주입하여 제대로 작동하지 못하던 후성유전 조절 회로를 재활성화하는 데 성공했고, 이를 통해 노화된 생쥐가 회춘한다는 것을 보여주었습니다. 싱클레어 교수는 노화는 어쩔 수 없는 현상이 아니라 하나의 질병이며, 줄기세포의 기능을 회복시키는 세포치료법을 통해 젊고 건강한 몸으로 되돌릴 수 있다고 주장합니다. 그의 연구 결과가 정말 사실인지는 수많은 검증 과정이 필요할 것입니다.

싱클레어 교수가 주장하는 개념이 인간에게 적용되어 노화를 포함한 만성질환을 치료하는 데 쓰이기까지는 오랜 시간이 걸리겠지만, 인간이 오랫동안 갈망해 온 수명 연장의 꿈이 현실화될 수도 있겠다는 생각이 듭니다. 하지만 영생을 얻는 것이 좋은 일인지에 대해서는 많은 이견이 있을 것이고, 영생으로 인해 생기는 부작용에 대해서도 충분한 논의와 합의 과정이 필요할 것입니다. 이런 논란에도 불구하고, NAD 의존적인 아세틸기 제거효소 연구에서 출발한 노화 연구에서 얻을 수 있는 교훈은 건강한 삶을 영위하는 데 식생활이 중요하다는 것입니다.

건강하게 오래 살기 위해서는 소식(적게 먹는 것)이 중요하다는 말을 들어봤을 것입니다. 적게 먹는 것이 노화를 늦추고 수명을 연장하는 데 어떻게 도움이 되는 것일까요? 가장 단순한 연결고리는 우리 몸이 에너지를 얻는 포도당의 분해 과정에 NAD가 반드시 필요하다는 사실입니다. 생명체는 에너지를 얻기 위해 포도당을 분해하는데, 이 과정에 NAD가 계속 투입되어야 합니다. 따라서 섭취한 음식물의 양이 많으면 투입되어야 할 NAD의 양도 함께 늘어납니다. 분해해야 할 포도당이 많아서 NAD를 많이 소비하면 후성유전 조절효소인 NAD 의존적인 아세틸기 제거효소의 활성이 감소할 수밖에 없습니다. 반대로 음식물 섭취를 제한하면 포도당의 분해 과정에 투입되어야 할 NAD의 양도 줄어듭니다. 따라서 NAD 의존적인 아세틸기 제거효소가 이용 가능한 NAD는 충분할 것이고, 후성유전 조절효소인 NAD 의존적인 아세틸기 제거효소의 활성이 높아집니다.

음식물 섭취를 줄이고 Sir2 효소 활성을 증가시키는 항산화 물질을 가진 레드와인, 사과, 녹차 같은 음식을 즐겨 먹으면 노화를 늦추고 수명을 늘릴 수 있다고 간단히 정리할 수 있습니다. 그러나 인간이 아닌 다른 생물 모델을 활용한 연구 결과를 인간에게 바로 적용하는 것은 매우 조심스러운 일입니다.

최근 생쥐를 모델로 한 연구에서 알츠하이머를 일으키는 원인으로 알려진 표적 분자를 억제하는 약물을 찾아냈으나 이를 인간의 치매 치료에 적용하는 데에는 실패했습니다. 또한 히스톤단백질 등에 새겨지는 메틸화 암호를 제공하는 물질인 SAM은 선충과 초파리에서 노화를 촉진하는 특징을 보이지만 인간을 포함한 포유류에서는 건강을 유지하고 질병을 억제하는 역할을 한다는 것이 알려졌습니다. 이와 같이 생물 종에 따라 다른 양상을 보이는 경우가 있으므로 다양한 생물 모델을 활용한 연구 결과를 인간에게 바로 적용할 수는 없는 것입니다.

생체시계를 관리하는 후성유전

우리 인간은 보통 해가 뜨면 활동을 하고 해가 지면 잠에 드는 수면 주기를 가지고 있습니다. 물론 이런 수면 주기를 따르지 않는 사람들도 있게 마련입니다. 그렇다면 이런 일반적인 수면 주기는 과연 인간을 포함한 포유류의 고유한 특성인 것일까요? 물론 그렇지만은 않습니다. 지구상의 초파리나 식물을 포함한 수많은 다세포생물체는 유사한 수면 주기를 가지고 살아갑니다.

식물 연구 결과에 따르면 일주기 리듬(생체시계)은 보통 24시간을 주기로 반복됩니다. 이런 일주기 리듬은 기본적으로 생물체에 내장된 생체시계 덕분에 유지되는 것입니다. 콩과 식물의 경우 수면 주기와 맞물려 잎을 쳐들었다가 내리는 수면 운동을 합니다. 즉 낮에는 햇빛을 많이 받기 위해 잎을 쳐들고, 밤이 되면 잎을 내리는 것입니다. 우리가 비행기를 타고 여행을 갈 때, 시간대가 다른 지역에 가게 된다면 시차 적응을 해야 할 정도로 수면 주기가 바뀌어 고생한 경험이 한 번쯤은 있을 것입니다. 이런 시차 적응 과정은 우리 몸속의 생체시계가 매일매일 반복되는 낮과 밤의 주기와 그 리듬을 맞추고 있다는 것을 의미합니다.

그렇다면 수면 주기라는 개념이 생명 활동에서 차지하는 비중은 과연 어느 정도나 될까요? 다소 과장해서 표현해 보자면 수면 주기는 생명 활동의 전부라고 할 수 있습니다. 그 이유는 수면 주기에 따라 생명체의 먹이 활동, 체온, 소변량을 포함한 여러 생리 대사 활동이 자연스럽게 그리고 직간접으로 영향을 받기 때문입니다. 간단한 예를 들어보자면 보통 잠자는 동안 우리의 체온은 활동 시간 때보다 약 0.3도 낮아진다고 합니다.

그러면 우리가 일정한 수면 주기를 갖게 된 구체적인 이유는 무엇일까요? 그것은 우리 몸의 모든 세포가 일주기 생체시계circadian clock를 가지며 뇌조직의 일부인 일주기 조절센터의 관리와 감독을 받기 때문입니다. 이런 일주기 조절센터는 시신경교차상핵suprachiasmatic nucleus, SCN이라고 불리는데, 뇌조직 중 시상하부의 전엽에 위치하는 소수의 신경세포로 구성됩니다. 이 일주기 조절센터에 내장된 중앙 생체시계는 빛을 감지하는 망막의 신경세포로부터 직접 정보를 받아 일주기 리듬을 만들기도 하고, 주변 환경 온도 등의 정보에 따라 생체시계를 재설정하기도 합니다. 즉 외부에서 전달된 일주기 신호를 통합 처리하여 호르몬이나 말초자율신경계를 통해 거의 모든 조직의 세포에 내장된 말초 생체시계에 전달하고 자신의 중앙 생체시계에 맞추게 지시한다는 것입니다.

이런 일주기 생체시계는 초파리에서 처음 발견되어 노벨상 수상의 단초가 되었습니다. 2017년 제프리 홀Jeffrey C. Hall(1945-), 마이클 로스배시Michael Rosbash(1944-), 마이클 영Michael W. Young(1949-)이 바로 그 주인공들입니다. 이들의 생체시계 연구는 『위대한 세포』라는 책에 잘 정리되어 있습니다. 생체시계의 조절을 받는 유전자는 낮과 밤에 따라 주기적으로 전사활성화되거나 억제되는 특성을 반복합니다. 이런 전사조절 회로의 핵심 인자는 생체시계의 이름을 딴 클락CLOCK과 비말BMAL이라는 단백질인데, 이들은 짝으로 상호 복합체를 형성하여 작용합니다. 밤 동안 만들어진 클락과 비말은 낮 동안 생체시계의 조절을 받는 표적유전자에 작용하여 RNA 복사본을 만들도록 기능합니다.

그렇다면 생체시계 조절을 받는 유전자는 밤 동안 어떻게 조절될까요? 밤이 되면 RNA 복사본 합성을 촉진하던 클락과 비말의 활성은 다른 억제단백질의 결합으로 차단되며, 따라서 생체시계 조절 유전자의 RNA 복사본은 더 이상 만들어지지 않게 됩니다. 초파리 생체시계 연구의 시작은 바로 클락과 비말의 억제단백질 중 하나인 주기Period에서 비롯되었습니다. 후성유전을 이야기하면서 생체시계를 다루는 이유는 앞서 언급한 일주기 리듬 조절 과정의 핵심 전사인자 기능 조절에는 후성유전 조절 시스템이 매우 깊숙이 참여한다는 사실이 밝혀졌기 때문입니다. 구체적인 분자 수준의 조절 과정은 상당히 복잡하므로 여기서는 자세히 다루지 않도록 하겠습니다.

하지만 몇 가지 놀라운 사실은 짚고 넘어가겠습니다. 클락이라는 전사조절 핵심 인자는 히스톤단백질뿐만 아니라 자신의 파트너 단백질인 비말에 아세틸기 암호를 새기는 효소 활성을 가집니다. 이 단백질처럼 전사인자이면서 효소 활성을 지니는 경우는 종종 발견됩니다. 클락이 히스톤과 비말에 새긴 아세틸기 암호는 낮 동안 생체시계 조절 유전자의 RNA 복사본 합성을 촉진하는 데 중요한 역할을 합니다. 이 외에도 다양한 후성유전 조절인자가 전사활성화를 위해 참여하게 됩니다. 반면 밤 동안에는 전사 억제를 유도하기 위해 염색질의 압축포장을 돕는 후성유전 조절인자가 조력자로 참여합니다. 특히 수명 연장의 꿈과 연관되어 유명해진 아세틸기 제거효소 Sir2의 닮음꼴 유전자인 서티원SIRT1은 밤 동안 비말의 아세틸기를 제거하며, 이런 과정은 클락과 비말에 의한 전사활성화를 차단하는 효과를 나타냅니다. 이와 같은 방식으로 생체시계에 의한 일주기 리듬 조절을 받는 유전자는 낮과 밤 동안 발현이 주기적으로 달라지게 되는 것입니다.

장내미생물-숙주세포 상호작용도 후성유전적 변화가 동반된다

인간을 포함한 여러 숙주의 장내에 서식하는 미생물을 공부하는 것은 미생물이 만들어내는 다양한 환경 자극이 숙주세포에 미치는 영향을 평가하는 후성유전적 연구 모델로 매우 중요하다고 볼 수 있습니다. 이에 대해 알아보기 위해서 우리 몸속에 사는 장내 미생물의 일반적인 특징을 먼저 살펴볼 필요가 있습니다. 우리 몸속의 위장관이나 점막 조직에 서식하는 세균은 놀랍게도 우리 몸을 구성하는 세포 수인 약 30조 개보다 더 많다고 합니다. 우리 분변 무게의 약 60%가 미생물의 자체 무게라니 놀랍기만 한 것입니다.

이들은 특히 대장에 가장 많이 살고 있는데, 도대체 어떻게 우리 몸속에 들어와 살게 된 것일까요? 기본적으로 엄마 뱃속의 태아는 무균 상태이며 아기가 탄생한 이후 세균에 노출된다는 것이 그동안의 상식이었습니다. 여기서 한 가지 분명한 사실은 아기가 태어나는 환경에 따라 아기 몸속으로 들어오는 세균이 달라진다는 것입니다. 자연분만으로 태어난 신생아는 엄마의 질내 미생물이 장내 미생물로 자리 잡게 되고, 제왕절개로 태어난 신생아는 엄마의 피부에서 발견되는 미생물이 장내 미생물로 자리 잡게 됩니다. 이유식을 시작하면서 어떤 음식을 먹는지에 따라서도 미생물의 종류가 달라지며, 이후 성장하면서 점점 성인과 비슷한 미생물 분포를 갖게 되는 것입니다.

그렇다면 인간의 위장관에 살고 있는 미생물의 종류는 몇 가지나 될까요? 2010년 롭 나이트Rob Knight(1976-) 연구팀의 실험 결과에 따르면 물론 개인차는 있으나 160여 종이 공통적으로 발견되며, 1,000여 종의 미생물이 함께 서식하고 있다고 합니다. 만약에 이런 장내 미생물을 동정同定하고 체외에서 배양할 수 있는 기술이 개발되면 인간의 건강과 질병 치료에 미생물들을 활용하는 것이 가능해질 것입니다. 이미 연구를 통해 확보한 미생물들은 발효된 김치와 같이 다른 환경에서 발견된 유산균과 함께 대량 배양되어 유산균 제제로 대중화되고 있습니다.

우리가 먹는 음식의 종류, 항생제 복용, 생활 습관 그리고 앓고 있는 질환에 따라 장내 미생물의 종류는 급격하게 변한다고 합니다. 자가면역질환의 발병 원인은 현재 명확하게 밝혀지지 않은 상황이지만 천식, 아토피 피부염, 크론병, 베체트병과 같은 자가면역질환의 발병 빈도는 급속하게 증가하고 있습니다. 짐작해 보자면 깨끗해진 생활 환경, 항생제 남용 등이 자가면역질환의 발병과 밀접하게 연관이 있을 것입니다. 또한 자가면역질환과 암은 나이가 많아지면서 증가하는 양상을 보이는데, 이런 질환과 나이의 상관관계를 이해하는 데는 앞에서 살펴본 일란성 쌍둥이 연구가 단서를 제공할 수 있습니다. 즉 나이를 먹으면서 개체 간의 후성유전적 차이가 증가하므로 염증 반응 관련 유전자에서 발생하는 DNA 메틸화 같은 후성유전적 오류가 자가면역질환과 암의 발병에 영향을 줄 수 있다는 것입니다. 또한 무균 동물을 실험 모델로 사용하여 미생물 이식을 진행한 연구에서는 장내 미생물의 종류가 비만과 대사성 질환의 원인일 수 있다는 것을 보여줍니다. 실제 장내 미생물의 분포 양상에 따라 비만과 제2형 당뇨병 환자에서 DNA 메틸화와 아세틸화 같은 후성유전적 변화가 관찰되었습니다. 이것은 장내 미생물의 발효 과정 등에서 만들어지는 대사물질이 숙주세포에 직접 전달되어 후성유전 조절 시스템에 영향을 준 결과입니다.

병원성 세균이나 바이러스의 감염은 염증을 일으킬 뿐만 아니라 종종 암 발생에도 영향을 줍니다. 전체 암의 약 20% 정도는 바이러스 감염이나 기생충 및 세균 감염으로 인해 발생합니다. 그렇다면 세균이나 바이러스에 의한 감염은 어떻게 암을 일으키는 것일까요? 물론 세균이 우리 몸속으로 들어온다고 해서 모두 다 암에 걸리는 것은 아닙니다. 다만 세균의 수가 일정 수준 이상으로 많아지면 그 가능성이 생기는 것입니다. 원래 우리 몸의 세포는 장내 미생물에서 유래한 물질 분자를 감지하여 대응하는 신호체계를 갖추고 있습니다. 여기서 만약 미생물에서 유래한 물질 분자가 증가하여 면역계 활성화가 필요하다고 판단되면 항미생물성 펩타이드 등을 만들어 직접 세균을 죽이거나 사이토카인 같은 물질을 대량 생산하여 염증 반응을 일으키게 됩니다. 이런 사이토카인과 성장인자는 주변의 대식세포와 같은 백혈구를 불러 모으는 신호로 작용합니다.

여기서 미생물 유래 성분을 감지한 숙주세포는 어떻게 면역물질을 생산하게 될까요? 면역활성화에 중요한 사이토카인 유전자의 전사활성화를 통해 RNA 복사본을 대량 생산하고, 이에 따라 단백질도 많이 만들어지는 것입니다. 2002년 디미트리스 타노스Dimitris Thanos 연구팀은 센다이 바이러스를 인간 유래 암세포에 감염시킨 후 후성유전적 변화를 살펴보았습니다. 이 연구팀은 숙주세포가 바이러스 감염에 대항하기 위해 후성유전 조절을 활성화하여 바이러스를 잡는 데 유효한 면역물질인 인터페론 유전자에서 RNA 복사본의 대량 생산을 유도한다는 사실을 발견했습니다. 우리 인간과 같은 숙주가 미생물 감염에 대응하기 위해 면역계를 활성화시키는 것과 정반대로 병원성 세균은 숙주세포의 면역계를 회피하며 생존하기 위해 응전하게 됩니다. 이때 미생물이 만들어내는 독소를 포함한 다양한 물질 분자가 장내 상피세포에 작용하여 후성유전 조절과 면역 관련 유전자의 전사 프로그램을 변경시켜 숙주의 면역계를 회피하는 것입니다.

이미 1장에서 언급한 대로 코로나 바이러스도 감염 후 자손 바이러스를 대량 생산하기 위해 숙주인 인간 세포의 후성유전 조절 체계를 망가뜨리는 전략을 사용한다고 했습니다. 여름철 냉방기에 서식하며 호흡기 질환의 원인균으로 잘 알려진 리스테리아Listeria는 숙주세포에 감염될 때 자신의 독소를 주입하여 숙주세포 핵 속의 히스톤단백질에 새겨진 전사활성화 관련 암호인 인산기나 아세틸기 등을 제거합니다. 이런 작용은 특히 사이토카인과 같은 면역 관련 유전자의 발현을 억제하는 효과를 낳게 되므로 결국 세균 입장에서는 숙주의 면역계를 회피하게 되는 것입니다.

2019년 코로나 바이러스가 처음 인간에게 감염되어 질병을 일으켰을 때는 숙주인 인간에게 매우 치명적이었습니다. 하지만 3년이라는 시간 동안 도전과 응전을 반복하면서 코로나의 치명률이 낮아지고 계절성 독감 바이러스처럼 자손 바이러스 증식을 위해 숙주인 인간의 세포를 활용하는 안정기에 이르게 되었습니다. 만약 초창기 코로나의 치명률이 지속되었다면 숙주인 인간의 피해가 컸겠지만 코로나 바이러스도 더 이상 숙주세포를 활용한 자손 번식을 할 수 없어 사라지게 되었을 것입니다. 이처럼 우리 인간과 같은 숙주와 미생물은 오랜 시간 동안 도전과 응전의 상호작용으로 서로에게 적응하며 살아왔습니다. 만약 미생물에서 유래한 물질 분자가 면역계에서 도저히 감당할 수 없을 정도로 많은 양이라고 판단되면 숙주세포는 스스로 자살의 길을 선택하게 될 것입니다.

장내 미생물과 숙주의 상호관계에 대한 연구는 현재 가장 주목을 받는 분야 중 하나입니다. 만약 우리 몸속에 사는 미생물의 면면을 알게 되고 이들로 구성된 생태계가 우리 몸에 미치는 영향을 더 잘 이해하게 되면 우리의 건강과 질병 치료에 응용할 수 있는 획기적인 방법을 개발해 낼 수 있을 것으로 전망합니다.

후성유전이란 극장의 레드 카펫을 빛내는 비암호화 RNA

다음은 후성유전 조절의 주연배우이지만 독립적인 장으로 다루지 못한 초소형 RNA를 포함하는 비암호화 RNA의 존재에 대해 알아보겠습니다. 비암호화 RNA란 생체 내에 필요한 단백질을 만드는 암호(유전정보)를 가지고 있지 않고 RNA 그 자체로 기능을 가진 RNA를 말합니다. 사실 생체 내에서 DNA 속의 정보를 복사해 생산한 전체 RNA 복사본 중에서 단백질을 암호화하는 RNA는 약 3~5% 정도밖에 되지 않습니다. 나머지 약 80%의 RNA는 비암호화 RNA입니다. 비암호화 RNA의 대부분은 리보솜의 핵심 요소인 rRNA입니다. 비암호화 RNA의 정보를 담고 있는 유전자 수는 여전히 논란의 대상인 가운데, 이는 대략 수만 개로 추정하고 있습니다.

후성유전 조절에 관여하는 RNA도 비암호화 RNA인데, 이질염색질 형성을 안내하는 초소형 RNA[siRNA]와 바소체를 만드는 데 관여하는 Xist 등은 이 책에서 이미 살펴보았습니다. 인간과 다양한 생물종들의 게놈을 분석한 결과, 예상과 달리 인간 게놈 내의 유전자 수는 약 2만 2,000개로 초파리 유전자 수의 겨우 1.6배 정도밖에 되지 않았습니다. 이에 따라 인간처럼 구조와 기능이 복잡한 생물체와 단순한 생물체의 차이를 생물체가 가진 유전자 수만으로는 설명할 수 없다는 결론에 도달하게 되었습니다. 게놈 분석이 완료된 후 단백질을 암호화하지 않는 비암호화 RNA의 중요성이 더 부각되었습니다.

게놈 분석에 따르면 인간의 경우에 단백질을 암호화하거나 rRNA나 tRNA에 대한 정보를 가진 염기서열의 크기는 전체 게놈의 2% 이하입니다. 나머지는 알려진 유전정보를 가지고 있지 않거나 반복적인 염기서열이 포함된 정크 DNA[Junk DNA]로 대부분 채워져 있습니다. 하지만 최근 연구에 따르면 아무런 의미 없이 반복된 염기서열로 이루어진 DNA 부위에서도 RNA 복사본이 만들어진다고 합니다. 일부 구역에서는 비암호화 RNA를 만드는 정보를 가진 유전자가 새로 발견되고 있습니다. 그렇기에 이 영역은 앞으로 생물학 연구의 블루오션이 될 전망입니다.

비암호화 RNA는 크기를 기준으로 단신 비암호화 RNA와 장신 비암호화 RNA로 나눕니다. 염기서열이 200개 이하로 작으면 단신 비암호화 RNA, 염기서열이 200개 이상으로 크면 장신 비암호화 RNA라고 합니다. X 염색체 불활성화에 중요한 Xist나 Tsix는 장신 비암호화 RNA에 해당합니다.

비암호화 RNA의 중요성이 주목을 받게 된 계기는 앤드루 파이어Andrew Fire(1959-)와 크레이그 멜로Craig Mello(1960-)의 연구에 있다고 할 수 있습니다. 이들 연구자는 특정 유전자로부터 서로 반대 방향으로 복사해서 얻은 두 종류의 RNA 복사본을 섞어주면 DNA 분자처럼 이중나선 RNA를 형성한다는 점을 이용했습니다. 이런 이중나선 RNA를 선충 모델의 세포에 넣어주면 이미 세포 속에 농축된 표적 유전자의 RNA 복사본이 제거되고 결국 단백질도 만들지 않는다는 사실을 발견했습니다.

본래 DNA 속 유전자 정보의 복사본인 전령 RNA는 한번 만들어지면 자연 수명을 다할 때까지 단백질을 만드는 데 사용됩니다. 하지만 놀랍게도 이중나선 RNA는 세포 속에 이미 만들어져 있던 전령 RNA 복사본을 직접 없애거나 번역 과정을 방해하여 단백질을 만들지 못하게 하는 능동적인 방식으로 유전자 발현을 관리합니다. 이는 한번 만들어진 전령 RNA 복사본의 유효 기간이 자연 소멸 방식으로 정해진다고 생각했던 것과 다르게 호르몬 같은 외부 신호의 지시에 따라 전령 RNA의 수명이 이중나선 RNA에서 유래한 초소형 RNA에 의해 능동적으로 제어될 수 있음을 말해줍니다.

1998년에 발표한 논문에서는 이중나선 RNA가 유전자 발현을 간섭

하는 것을 강조해서 이런 현상을 RNA 간섭RNA interference으로 불렀습니다. 후속 연구를 통해 생체에는 이중나선 RNA을 가공하여 초소형 RNA를 만드는 내장된 시스템이 있다는 것을 발견했습니다. 이렇게 완성된 초소형 RNA는 파트너 단백질과 공조하여 상보 결합이 가능한 염기서열을 가진 전령 RNA 복사본을 찾아내 결합하게 되면 파트너 중 하나인 RNA 분해효소의 도움으로 표적 RNA 복사본을 제거하거나 단백질 합성 과정인 번역을 방해하는 방식으로 유전자 발현을 차단하게 됩니다.

앞서 언급한 파이어와 멜로의 1998년 발표 논문이 다른 연구자의 논문에 인용된 횟수(논문 인용지수)는 현재 시점을 기준으로 무려 2만 회를 상회합니다. 이런 놀라운 발견으로 파이어와 멜로는 논문 발표 후 단 8년 만에 노벨생리의학상의 주인공이 되었습니다. 이들의 연구는 비암호화 RNA 세계의 비밀을 밝히는 신호탄이 되었습니다.

8장에서 언급한 이질염색질 형성에 참여하는 초소형 RNA의 역할은 기존의 RNA 간섭 현상과는 달리 염색질 구조를 압축포장 하여 DNA 속의 정보를 읽어 RNA 복사본을 만드는 전사 과정을 차단하는 새로운 방식의 유전자 발현 억제 기작이라고 할 수 있겠습니다. 2008년에는 성염색체의 유전자량을 보정하는 분자저울에서도 초소형 RNA가 발견되어 주목을 받았습니다. 초소형 RNA의 원재료인 이중나선 RNA는 Xist와 Tsix가 서로 결합하여 만들어집니다. 흥미롭게도 Tsix RNA는 Xist RNA와 상보적으로 결합할 수 있으므로, 이중나선 형태의 RNA를 만들어 파트너 RNA인 Xist의 기능을 방해할 수 있고 초소형 RNA로 가공되어 X 염색체에서 압축포장을 유도하는 안내자로도 작용할 수 있는 것입니다. 이렇게 만들어진 바소체 전용 초소형 RNA를 xiRNAs라고 부릅니다. xiRNAs는 염색질 포장 시스템과 공조하여 압축포장 된 X 염색체를 만드는 데 중요한 역할을 할 것으로 예측되었으나 후속 연구가 부족하여 아직까지도 정설로 받아들여지지는 못하고 있습니다. 또한 xiRNAs 외에도 바소체 형성에 관여하는 비암호화 RNA는 계속해서 발견되고 있습니다.

후성유전 조절과 비암호화 RNA의 연관성에 대한 연구는 식물 모델에서도 활발히 진행되고 있습니다. 식물은 환경의 변화가 일어나도 서식 장소를 이동할 수 없고 고정된 위치에서 살아야 합니다. 따라서 동물에 비해 후성유전 조절 시스템이 더 강력한 힘과 다양성을 갖도록 발달했습니다.

왜 생명체는 비암호화 RNA를 활용한 RNA 간섭 현상을 발달시킨 것일까요? 식물을 감염시켜 병들게 하는 바이러스는 대부분 단일사슬 RNA나 이중나선 RNA를 게놈으로 가지고 있습니다. 또한 생물체의 게놈 안에서 천방지축으로 옮겨 다니며 유전체를 망가뜨리고 무단 점유하는 점핑인자 중에는 RNA 복사본을 만들어 이동하는 종류가 있는데, RNA 간섭은 이들의 활성을 없애는 데에도 매우 유용합니다. 식물체는 RNA 바이러스의 게놈과 점핑인자를 제거하여 감염 예방과 유전체 보호를 위해 RNA 간섭을 발달시켰지만, 진화 과정 동안 RNA 간섭의 쓰임새가 자신의 유전자 발현을 제어하는 데까지 이르게 된 것입니다. 최근 연구 결과에 따르면 바이러스 감염에 대응하는 초소형 RNA가 물관과 체관을 통해 식물체 내의 거의 모든 세포에 전해질 수 있고 이에 따라 식물체의 모든 세포는 자동으로 바이러스 감염에 대비할 능력을 갖게 된다는 사실이 밝혀졌습니다. 비암호화 RNA는 최근 가장 활발하게 연구되고 있는 분야인데, 이 분야에서는 이미 노벨상이 나왔지만 두 번째 노벨상 수상도 충분히 나올 수 있을 것으로 보고 있습니다.

끝으로 슬픈 소식을 하나 전하며 에필로그를 마무리하려고 합니다. 2023년 1월에 『후성유전학Epigenetics』의 저자인 데이비드 앨리스 박사가 안타깝게도 생을 마감하게 되었습니다. 필자가 후성유전 관련 지식과 통찰력을 얻는 데에는 그가 대표 집필진의 한 명으로 참여하여 출간한 『후성유전학』의 도움이 컸습니다. 여기서 앨리스 박사의 제자인 김정애 박사에게서 전해 들은 에피소드 하나를 공유하고자 합니다. 앨리스 박사는 히스톤단백질에서 발견된 히스톤 암호를 실험실 복도의 이동식 칠판 위에 채우고 이를 전부 다 외우고 있었으며, 새로운 암호가 발견될 때마다 바로 칠판에 그에 관한 정보를 하나씩 추가하며 학문에 관한 무한한 애정과 자긍심을 보였다고 합니다. 필자는 앨리스 박사를 예누바인과 함께 후성유전학 분야에서 가장 명망 높은 학자라고 생각합니다. 그가 후성유전학 분야에 쏟은 열정과 노고에 다시 한번 감사드리며, 삼가 고인의 명복을 빕니다.

The Gene Switch

감사의 글

이 책을 쓸 용기를 얻은 것은 동료들과 학생들 덕분입니다. 생물교육에 대한 애정이 남다른 장수철 선생님께서는 만날 때마다 과학교육의 중요성과 과학 대중화가 필요한 이유에 관해 이야기하셨고, 과학 교양서를 집필하는 것이 중요하다고 말씀하셨죠. 처음에는 글쓰기 능력이 좋은 분들이나 책을 쓰는 것으로 생각했지만, 그분의 열정에 설득이 되어 책을 쓸 용기를 내게 되었습니다.

집에서 연구실까지 조금 먼 산길을 걸어서 출근하면서 어떤 내용으로 책을 쓰면 좋을지를 구상했습니다. 어렵사리 쓴 첫 글은 다른 사람이 이해하기 어려운 부분이 많았지만, 그 글을 읽고 도움을 준 아내 덕분에 어두운 터널을 무사히 빠져나온 기분입니다. 글이 써지지 않아 힘들 때마다 지루한 넋두리를 들어주고 격려해 주셨으며 겨우 완성된 초고를 읽고 많은 도움을 주신 최광민 교수님께 진심으로 감사드립니다. 학부 과정에서 후성유전학을 함께 강의하고 있는 조면행 교수님과의 협업도 이 책을 완성하는 동력이 되었습니다.

좋은 출판사를 소개해 주시고 항상 응원해 주신 김응빈 교수님, 책을 출판한 경험을 공유해 주신 금동호 교수님과 김정훈 교수님께도 고마운 마음을 전합니다. 그리고 항상 격려의 말씀을 아끼지 않으신 이주헌 교수님과 이태호 교수님, 정인권 교수님, 조진원 교수님, 이명민 교수님, 정광철 교수님 그리고 조현수 교수님을 비롯한 학과 동료 교수님들께도 깊은 감사를 드립니다. 확신 없이 시작한 원고 작업 얘기를 듣고 응원의 말과 지지를 보내준 학부생 친구들에게도 고마움을 전합니다. 애들 이모와 이모부가 선물해 준 굽타 박사의 책은 원고 작업에 좋은 참고 자료가 되었으며, 이 자리를 빌려 두 사람에게 감사의 말을 전합니다.

고백하건대 대학원과 학부 과정의 후성유전학 강의에 참여한 학생들의 열정이 없었다면 책 원고 작업은 애초에 시작할 수도 없었을 것입니다. 아주 부족한 나의 강의에 참여해 날카로운 질문과 호기심을 보여준 수강자들께 진심 어린 감사를 드리고 싶습니다. 또한 후성유전학 연구실에서 학문적 동지로서 후성유전의 미로를 함께 탐험한 학부연구생, 대학원생과 박사후연구원께도 감사를 드립니다.

이 책의 출간까지 정말 수고하신 김선형 편집자님과 장상호 디자이너님께 특별히 감사드립니다. 또한 동아시아의 히포크라테스 출판사 편집부, 마케팅부 선생님들 그리고 이 책이 나오는 마지막까지 깊은 관심을 보여주신 한성봉 대표님께도 감사를 드립니다. 마지막으로 항상 옆에서 응원해 준 아들과 딸에게 고맙다는 말을 전합니다.

참고문헌

그림

1 Brooker R.J. (2015) *Genetics Analysis and Principles*. 5th ed., McGraw-Hill.

5 이준규 외 5인. (2011) 『고등학교 생명과학 II』, (주)천재교육.

6 Alberts B., Hopkin K., Johnson A., Morgan D., Raff M., Roberts K., and Walter P. (2019) *Essential Cell Biology*, 5th ed., W.W. Norton & Company.

7 위의 책.

8 Fraga MF et al. (2005) 《*Proc.Natl.Acad.Sci.USA.*》, 102:10604-10609.

9 Allis C.D. et al. (2015) *Epigenetics*, 2nd ed., CSH Press.

11 Brooker R.J. 위의 책.

14 Campbell et al. (2018) *Biology (A global approach)*. 11th ed., Pearson Edu-cation Limited.

15 위의 책.

16 Hartwell L. et al. (2011) *Genetics from Genes to Genomes*. 4th ed., The McGraw-Hill.

20 Brooker R.J. 위의 책.

21 Allis C.D. et al. 위의 책.

22 Allis C.D. et al. 위의 책.

25 Kim HS et al. (2004) 《*Journal of Biological Chemistry*》, 279:42850-42859.

26 Allis C.D. et al. 위의 책.

30 May F. Lyon. (1963) Attempts to test the inactive-X theory of dosage compensation in mammals, 《*Genetics Research*》, 4(1):93-103.

32 Allis C.D. et al. 위의 책.

33 Brooker R.J. 위의 책.

34 Brooker R.J. 위의 책.

35 Allis C.D. et al. 위의 책.

36 Allis C.D. et al. 위의 책.
37 Hyde D. (2009) *Introduction to Genetic Principles*, McGraw-Hill Inter-national Edition.
38 Hyde D. 위의 책.
39 Hyde D. 위의 책.
40 Brooker R.J. 위의 책.
42 Allis C.D. et al. 위의 책.
43 Allis C.D. et al. 위의 책.
44 Allis C.D. et al. 위의 책.
46 Hartwell L. et al. 위의 책.
47 Allis C.D. et al. 위의 책.
48 Allis C.D. et al. 위의 책.
49 Allis C.D. et al. 위의 책.

1장 라마르크의 귀환, 후성유전

Agalioti T., Chen G., and Thanos D. (2002) Deciphering the transcriptional histone acetylation code for a human gene, 《*Cell*》, 111:381-392.

Allis C.D., Caparros M.-L., Jenuwein T., Reinberg D., and Lachner M. (2015) *Epigenetics*, 2nd ed., CSH Press.

Anway M.D., Cupp A.S., Uzumcu M., and Skinner M.K. (2005) Epigenetic trans-generational actions of endocrine disruptors and male fertility, 《*Science*》, 308(5727):1466-1469.

Brooker R.J. (2015) *Genetics Analysis and Principles*. 5th ed., McGraw-Hill.

Champagne F.A., Weaver I.C.G., Diorio J., Dymov S., Szyf M., Meaney M.J. (2006)

Maternal Care Associated with Methylation of the Estrogen Receptor-α 1b Promoter and Estrogen Receptor-α Expression in the Medial Preoptic Area of Female Offspring, 《*Endocrinology*》, 147(6): 2909-2915. https://doi.org/10.1210/en.2005-1119.

Craig J.M. and Wong N.C. (2011) *Epigenetics A reference manual*, pp. 3-23. Caister Academic Press.

Esteller M. (2009) *Epigenetics in Biology and Medicine*, pp.241-260. CRC Press.

Fraga M.F., Ballestar E., Paz M.F., Ropero S., Seiten F., Ballestar M.L., et al. (2005) Epigenetic differences arise during the lifetime of monozygotic twins, 《*Proc. Natl.Acad.Sci.USA.*》, 102:10604-10609.

Francis D., Diorio J., Liu D., Meaney M.J. (1999) Nongenomic transmission across generations of maternal behavior and stress responses in the rat, 《*Science*》, 286:1155-1158.

Kee J., Thudium S., Renner D.M. et al. (2022) SARS-CoV-2 disrupts host epigenetic regulation via histone mimicry, 《*Nature*》, 610:381-388.

Lange F. (2011) Epigenetics in the post genomic era: Can behaviour change our gene? 《*Evolution essay*》, University of Glasgow.

Liu D., Diorio J., Tannenbaum B., Caldji C., Francis D., Freedman A., Sharma S., Pearson D., Plotsky P.M., Meaney M.J. (1997) Maternal care, hippocampal glucocorticoid receptors, and hypothalamic-pituitary-adrenal responses to stress, 《*Science*》, 277:1659 - 1662.

Mashoodh R., Franks B., Curley J.P., and Champagne F.A. Paternal social enrichment effects on maternal behavior and offspring growth, 《*Proc.Natl. Acad.Sci.USA.*》, 109 (supplement_2):17232-17238.

McGowan P.O., Sasaki A., D'Alessio A.C., Dymov S., Labonte B., Szyf M., Turecki G., and Meaney M.J. (2009) Epigenetic regulation of the glucocorticoid receptor in human brain associates with childhood abuse, 《*Nature Neuroscience*》, 12:342-348.

Murgatroyd C., and Spengler D. (2011) Epigenetics of early child development, 《*Frontiers in Psychiatry*》, 2(16):1-15.

Queitsch C., Sangster T.A., and Lidquist S. (2002) Hsp90 as a capacitor of phenotypic variation, 《*Nature*》, 417(6889):618-624.

Rutherford S.L. and Lindquist S. (1998) Hsp90 as a capacitor for morphological evolution, 《*Nature*》, 396(6709):336-342.

Sollars V., Lu X., Xiao L., Wang X., Garfinkel M.D., and Ruden D.M. (2003) Evidence for an epigenetic mechanism by which Hsp90 acts as a capacitor for morphological evolution, 《*Nature Genetics*》, 33(1):70-74.

Tollefsbol T.O. (2017) *Handbook of Epigenetics (The new molecular and medical genetics)*, 2nd ed., Academic Press.

Weaver I.C., Cervoni N., Champagne F.A., D'Alessio A.C., Sharma S., Seckl J.R., Dymov S., Szyf M., and Meaney M.J. (2004) Epigenetic programming by maternal behavior, 《*Nature Neuroscience*》, 7:847-854.

Weaver I.C., Meaney M.J., and Szyf M. (2006) Maternal care effects on the hippocampal transcriptome and anxiety-mediated behaviors in the offspring that are reversible in adulthood, 《*Proc.Natl.Acad.Sci.USA.*》, 103(9):3480-3485.

로렌 그레이엄(Loren Graham) 지음, 이종식 옮김. (2021) 『리센코의 망령(Lysenko's Ghost)』, 동아시아.

이준규 외 5인. (2011) 『고등학교 생명과학 II』. ㈜천재교육.

2장 디지털 암호로 된 DNA 속의 유전정보

Brooker R.J. (2015) *Genetics Analysis and Principles*. 5th ed., McGraw-Hill.

Campbell, Urry, Cain, Wasserman, Minorsky, and Reece. (2018) *Biology (A global approach)*, 11th ed., Pearson Education Limited.

이준규 외 5인. (2011) 『고등학교 생명과학 II』, (주)천재교육.

3장 DNA의 포장 시스템

Alberts B., Hopkin K., Johnson A., Morgan D., Raff M., Roberts K., and Walter P. (2019) *Essential Cell Biology*, 5th ed., W.W. Norton & Company.

Allis C.D., Caparros M.-L., Jenuwein T., Reinberg D., and Lachner M. (2015) *Epigenetics*, 2nd ed., CSH Press.

Brooker R.J. (2015) *Genetics Analysis and Principles*. 5th ed., McGraw-Hill
Paro R., Grossniklaus U., Santoro R., and Wutz A. (2021) *Introduction to Epi-genetics* (Open access ebook), Sringer. https://doi.org/10.1007/978-3-030-68670-3.
Russell P.J. (2010) *iGenetics (A molecular approach)*, 3rd ed., Pearson Benjamin Cummings.

4장 일란성 쌍둥이가 완전히 똑같을까?

Allis C.D., Caparros M.-L., Jenuwein T., Reinberg D., and Lachner M. (2015) *Epi-genetics*, 2nd ed., CSH Press.
Brooker R.J. (2015) *Genetics Analysis and Principles*. 5th ed., McGraw-Hill.
Campbell, Urry, Cain, Wasserman, Minorsky, and Reece. (2018) *Biology (A global approach)*, 11th ed., Pearson Education Limited.
Castillo-Fernandez et al. (2014) 《*Genome Medicine*》, 6:60. http://genomemedicine.com/content/6/1/60.
Fraga M.F., Ballestar E., Paz M.F., Ropero S., Seiten F., Ballestar M.L., et al. (2005) Epigenetic differences arise during the lifetime of monozygotic twins, 《*Proc. Natl.Acad.Sci.USA.*》, 102:10604-10609.
Kaminsky Z.A., Tang T., Wang S-C, Ptak C., Oh G.H.T., Wong A.H.C., Feldcamp L.A., Virtanen C., Halfvarson J., Tysk C., McRae A.F., Visscher P.M., Montgomery G.W., Gottesman II, Martin N.G., Petronis A. (2009) DNA methylation profiles in monozygotic and dizygotic twins, 《*Nat Genet*》, 41:240-245.
Levesque M.L., Casey K.F., Szyf M., Ismaylova E., Ly V., Verner M.P. et al. (2014) Genome-wide DNA methylation variability in adolescent monozygotic twins followed since birth, 《*Epigenetics*》, 9(10):1410-1421.
매트 리들리 지음, 김한영 옮김. (2004) 『본성과 양육』, 김영사.

5장 우리 몸을 만드는 세포의 탄생 비밀

Alberts B., Hopkin K., Johnson A., Morgan D., Raff M., Roberts K., and Walter P. (2019) *Essential Cell Biology*, 5th ed., W.W. Norton & Company.

Allis C.D., Caparros M.-L., Jenuwein T., Reinberg D., and Lachner M. (2015) *Epigenetics*, 2nd ed., CSH Press.

Brooker R.J. (2015) *Genetics Analysis and Principles*. 5th ed., McGraw-Hill.

Esteller M. (2009) *Epigenetics in Biology and Medicine*, CRC Press.

Hall I.M., Shankaranarayana G.D., Noma K., Ayoub N., Cohen A., Grewal S.I. (2002) Establishment and maintenance of a heterochromatin domain, 《*Science*》, 297:2232-2237.

Jenuwein T., and Allis C.D. (2001) Translating the histone code, 《*Science*》, 293:1074-1080.

Rea S., Eisenhaber F., O'Carroll D., Strahl B.D., Sun Z.W., Schmid M., Opravil S., Mechtler K., Ponting C.P., Allis C.D. et al. (2000) Regulation of chromatin structure by site-specific histone H3 methyltransferases, 《*Nature*》, 406:593-599.

Tollefsbol T.O. (2017) *Handbook of Epigenetics (The new molecular and medical genetics)*, 2nd ed., Academic Press.

6장 유전자와 형질의 일반적인 관계

Brooker R.J. (2015) *Genetics Analysis and Principles*. 5th ed., McGraw-Hill.

Campbell, Urry, Cain, Wasserman, Minorsky, and Reece. (2018) *Biology (A global approach)*. 11th ed., Pearson Education Limited.

Hartwell L., Hood L., Goldberg M., Reynolds A.E., Silver L.M. (2011) *Genetics from Genes to Genomes*. 4th ed., The McGraw-Hill Companies.

Hyde D. (2009) *Introduction to Genetic Principles*, McGraw-Hill International Edition.

7장 DNA는 우리의 운명이라는 등식을 깨는 미스터리들

Allis C.D., Caparros M.-L., Jenuwein T., Reinberg D., and Lachner M. (2015) *Epigenetics*, 2nd ed., CSH Press.

Brooker R.J. (2015) *Genetics Analysis and Principles*. 5th ed., McGraw-Hill.

Esteller M. (2009) *Epigenetics in Biology and Medicine*, pp.241-260. CRC Press.

Hartwell L., Hood L., Goldberg M., Reynolds A.E., Silver L.M. (2011) *Genetics from Genes to Genomes*. 4th ed., The McGraw-Hill Companies.

Hyde D. (2009) *Introduction to Genetic Principles*, McGraw-Hill International Edition.

Smith G.D. (2012) Epigenetics for the masses: more than Audrey Hepburn and yellow mice? 《*International Journal of Epidemiology*》, 41:303-308.

8장 DNA 포장 시스템의 특별한 사용설명서

Alberts B., Hopkin K., Johnson A., Morgan D., Raff M., Roberts K., and Walter P. (2019) *Essential Cell Biology*, 5th ed., W.W. Norton & Company.

Allis C.D., Caparros M.-L., Jenuwein T., Reinberg D., and Lachner M. (2015) *Epigenetics*, 2nd ed., CSH Press.

Craig J.M. and Wong N.C. (2011) *Epigenetics A reference manual*, pp. 3-23. Cai-ster Academic Press.

Ekwall K., Olsson T., Turner B.M., Cranston G., and Allshire R.C. (1997) Transient inhibition of histone deacetylation alters the structural and functional im-print at fission yeast centromeres, 《*Cell*》, 91:1021-1032.

Girton J.R. and Johansen K.M. (2008) Chromatin Structure and the Regulation of Gene Expression: The Lessons of PEV in Drosophila, 《*Advances in Genetics*》, Vol. 61. pp. 1-41. Elsevier. Inc.

Hecht A., Laroche T., Strahl-Bolsinger S., Gasser S.M., and Grunstein M. (1995) Histone H3 and H4 N-termini interact with SIR3 and SIR4 proteins: A molecular model for the formation of heterochromatin in yeast, 《*Cell*》, 80:583-592.

Imai S.L., Armstrong C., Kaeberlein M., and Guarente L. (2000) Transcriptional silencing and longevity protein Sir2 is an NAD-dependent histone deacetylase, 《*Nature*》, 403:795-800.

Kim H.S., Choi E.S., Shin J.A., Jang Y.K., and Park S.D. (2004) Regulation of Swi6/HP1-dependent heterochromatin assembly by cooperation of components of the mitogen-activated protein kinase pathway and a histone deacetylase Clr6, 《*Journal of Biological Chemistry*》, 279:42850-42859.

Nakayama J., Rice J.C., Strahl B.D., Allis C.D., and Grewal S.I. (2001) Role of histone H3 lysine 9 methylation in epigenetic control of heterochromatin assembly, 《*Science*》, 292:110-113.

Rea S., Eisenhaber F., O'Carroll D., Strahl B.D., Sun Z.W., Schmid M., Opravil S., Mechtler K., Ponting C.P., Allis C.D. et al. (2000) Regulation of chromatin structure by site-specific histone H3 methyltransferases, 《*Nature*》, 406:593-599.

Schotta G., Ebert A., Krauss V., Fischer A., Hoffmann J., Rea S., Jenuwein T., and Reuter G. (2002) Central roel of Drosophila SU(VAR)3-9 in histone H3-K9 methylation and heterochromatin gene silencing, 《*The EMBO journal*》, 21:1121-1131.

Schotta G., Lachner M., Sarma K., Ebert A., Sengupta R., Reuter G., Reinberg D., and Jenuwein T. (2004) A silencing pathway to induce H3-K9 and H4-K20 trimethylation at constitutive heterochromatin, 《*Genes Dev*》, 18:1251-1262.

Sinclair D.A. and Guarente L. (1997) Extrachromosomal rDNA circles—A cause of aging in yeast. 《*Cell*》, 91:1033-0142.

Volpe T.A., Kidner C., Hall I.M., Teng C., Grewal S.I., and Martiessen R.A. (2002) Regulation of heterochromatin silencing and histone H3 lysine-9 methylation by RNAi, 《*Science*》, 297:1833-1837.

9장 종 보존을 위한 분자저울

Allis C.D., Caparros M.-L., Jenuwein T., Reinberg D., and Lachner M. (2015) *Epigenetics*, 2nd ed., CSH Press.

Brooker R.J. (2015) *Genetics Analysis and Principles*. 5th ed., McGraw-Hill.

Gontan C., Achame E.M., Demmers J., Barakat T.S., Rentmeester E., van Ijcken W., Grootegoed J.A., Gribnau. (2012) RNF12 initiates X-chromosome inactivation by targeting REX1 for degradation, 《*Nature*》, 485:386-390.

Hyde D. (2009) *Introduction to Genetic Principles*, McGraw-Hill International

Edition.

Lyon M.F. (1963) Attempts to test the inactive-X theory of dosage compensation in mammals, 《*Genetics Research*》, 4(1):93-103. DOI: https://doi.org/10.1017/S0016672300003451

Lee J.T. et al. (1996) A 450 kb transgene displays properties of the mammalian X-inactivation center, 《*Cell*》, 86: 83-94.

Lee J.T. et al. (1999) Tsix, a gene antisense to Xist at the X-inactivation centre, 《*Nat. Genet*》, 21: 4000-404.

Paro R., Grossniklaus U., Santoro R., and Wutz A. (2021) *Introduction to Epi-genetics* (Open access ebook), Sringer. https://doi.org/10.1007/978-3-030-68670-3.

Penny G.D., Kay G.F., Sheardown S.A., Rastan S., and Brockdorff N. (1996) Requirement for Xist in X chromosome inactivation, 《*Nature*》, 379: 131-137.

10장 단성생식을 막아라

Allis C.D., Caparros M.-L., Jenuwein T., Reinberg D., and Lachner M. (2015) *Epigenetics*, 2nd ed., CSH Press.

Bell A.C. and Felsenfeld G. (2000) Methylation of a CTCF-dependent boundary controls imprinted expression of the Igf2 gene, 《*Nature*》, 405: 482-485.

Brooker R.J. (2015) *Genetics Analysis and Principles*. 5th ed., McGraw-Hill.

Hark A.T. et al. (2000) CTCF mediates methylation-sensitive enhancer-blocking activity at the H19/Igf2 locus, 《*Nature*》, 405: 486-489.

Hyde D. (2009) *Introduction to Genetic Principles*, McGraw-Hill International Edition.

Meng L. et al. (2013) Truncation of Ube3a-ATS unsilences paternal Ube3a and ameliorates behavioral defects in the Angelman syndrome mouse model, 《*PLOS Genet*》, 9: e1004039.

Paro R., Grossniklaus U., Santoro R., and Wutz A. (2021) *Introduction to Epigenetics* (Open access ebook), Sringer. https://doi.org/10.1007/978-3-030-68670-3.

Sahoo T. et al. (2008) Prader-Willi phenotype caused by paternal deficiency for the

HBII-85 C/D box small nucleolar RNA cluster, 《*Nat.Genet*》, 40: 719-721.

Tsai T.F. et al. (1999) Paternal deletion from Snrpn to Ube3a in the mouse causes hypotonia, growth retardation and partial lethality and provides evidence for a gene contributing to Prader-Willi syndrome, 《*Hum.Mol.Genet*》, 8: 1357-1364.

11장 세포기억 시스템의 기적

Allis C.D., Caparros M.-L., Jenuwein T., Reinberg D., and Lachner M. (2015) *Epigenetics*, 2nd ed., CSH Press.

Brooker R.J. (2015) *Genetics Analysis and Principles*. 5th ed., McGraw-Hill.

Campbell, Urry, Cain, Wasserman, Minorsky, and Reece. (2018) *Biology (A global approach)*. 11th ed., Pearson Education Limited.

Cao R., Wang L.J., Wang H.B., Xia L., Erdjument-Bromage H., Tempst P., Jones R.S., and Zhang Y. (2002) Role of histone H3 lysine 27 methylation in Polycomb-group silencing, 《*Science*》, 298:1039-1043.

Hyde D. (2009) *Introduction to Genetic Principles*, McGraw-Hill International Edition.

Kennison J.A. (1995) The Polycomb and trithorax group proteins of Drosophila: Trans-regulators of homeotic gene function, 《*Annu.Review Genetics*》, 29: 289-303.

Klymenko T. and Muller J. (2004) The histone methyltransferases Trithorax and Ash1 prevent transcriptional silencing by Polycomb group proteins, 《*EMBO Reports*》, 5:373-377.

Lewis E.B. (1978) A gene complex controlling segmentation in Drosophila, 《*Nature*》, 276:565-570.

Paro R., Grossniklaus U., Santoro R., and Wutz A. (2021) *Introduction to Epigenetics* (Open access ebook), Sringer. https://doi.org/10.1007/978-3-030-68670-3.

12장 우리 몸속의 암세포를 찾아서

Allis C.D., Jenuwein T., Reinberg D., and Caparros M-L. (2007) *Epigenetics*. 1st ed., Cold Spring Harbor Press.

Allis C.D., Caparros M.-L., Jenuwein T., Reinberg D., and Lachner M. (2015) *Epigenetics*, 2nd ed., CSH Press.

Brooker R.J. (2015) *Genetics Analysis and Principles*. 5th ed., McGraw-Hill.

Cameron E.E., Bachman K.E., Myohanen S., Herman J.G. and Baylin S.B. (1999) Synergy of demethylation and histone deacetylase inhibition in the re-expression of genes silenced in cancer, 《*Nature Genetics*》, 21:103-107.

Campbell, Urry, Cain, Wasserman, Minorsky, and Reece. (2018) *Biology (A global approach)*. 11th ed., Pearson Education Limited.

Hartwell L., Hood L., Goldberg M., Reynolds A.E., Silver L.M. (2011) *Genetics from Genes to Genomes*. 4th ed., The McGraw-Hill Companies.

Issa J.P., Garcia-Manero G., Giles F.J., Mannari R., Thomas D., Faderl S., Nayar E., Lyons J., Rosenfeld C.S., Cortes J., and Kantarjian H.M. (2004) Phase I study of low-dose prolonged exposure schedules of the hypomethylating agent 5'-aza-2'-deoxycytidine (decitabine) in hematopoietic malignancies, 《*Blood*》, 103:1635-1640.

Kim M.S., Cho H.I., Yoon H.J., Ahn Y.H., Park E.J., Jin Y.H., Jang Y.K. (2018) JIB-04, a small molecule histone demethylase inhibitor, selectively targets colorectal cancer stem cells by inhibiting the Wnt/beta-catenin signaling pathway, 《*Scientific Reports*》, 8:6611.

Lee J., Kim J-S., Cho H-I., Jo S-R. and Jang Y-K. (2022) JIB-04, a Pan-inhibitor of histone demethylases, targets histone-lysine-demethylase-dependent AKT pathway, leading to cell cycle arrest and inhibition of cancer stem-like cell properties in hepatocellular carcinoma cells, 《*International Journal of Molecular Sciences*》, 2022, 23, 7657. https://doi.org/10.3390/ijms23147657.

Paro R., Grossniklaus U., Santoro R., and Wutz A. (2021) *Introduction to Epigenetics* (Open access ebook), Sringer. https://doi.org/10.1007/978-3-030-68670-3.

Tollefsbol T.O. (2017) *Handbook of Epigenetics (The new molecular and medical genetics)*, 2nd ed., Academic Press.

장연규. (2008) 에피제네틱스 연구는 현재진행형이다, 《분자세포생물학 뉴스지》, 20(2):31-37.

나가며

Allis C.D., Caparros M.-L., Jenuwein T., Reinberg D., and Lachner M. (2015) *Epigenetics*, 2nd ed., CSH Press.

Kuzumaki N., Ikegami D., Tamura R., Hareyama N., Imai S., Narita M., et al. (2011) Hippocampal epigenetic modification at the brain-derived neurotrophic factor gene induced by an enriched environment, 《*Hippocampus*》, 21(2):127-132.

Resendiz M., Chen Y., Ozturk N.C., Zhou F.C. (2013) Epigenetic medicine and fetal alcohol spectrum disordores, 《*Epigenomics*》, 5(1): 73-86.

Tollefsbol T.O. (2017) *Handbook of Epigenetics (The new molecular and medical genetics)*, 2nd ed., Academic Press.

김응빈 지음. (2021) 『술, 질병, 전쟁: 미생물이 만든 역사』, 교보문고.

로렌 그레이엄(Loren Graham) 지음, 이종식 옮김. (2021) 『리센코의 망령(Lysenko's Ghost)』, 동아시아.

산제이 굽타 지음, 한정훈 옮김, 석승한 감수. (2020) 『킵 샤프: 늙지 않는 뇌』, 니들북(대원씨아이(주)).

에필로그

Agalioti T, Chen G, Thanos D. (2002) Deciphering the transcriptional histone acetylation code for a human gene, 《*Cell*》, 111(3):381-392. doi: 10.1016/s0092-8674(02)01077-2.

Allis C.D., Caparros M.L., Jenuwein T., Reinberg D., and Lachner M. (2015) *Epigenetics*, 2nd ed., CSH Press.

Aschoff J. (1983) Circadian control of body temperature, 《*Journal of Thermal*

Biology》, 8(1-2): 143-147. https://doi.org/10.1016/0306-4565(83)90094-3.

Audia J.E., Campbell R.M. (2016) Histone modifications and cancer, 《*Cold Spring Harb Perspect Biol*》, 8(4):a019521. https://doi.org/10.1101/cshperspect.a019521.

Baulcombe D.C., Dean C. (2014) Epigenetic regulation in plant responses to the environment, 《*Cold Spring Harb Perspect Biol*》, 6(9):a019471. doi: 10.1101/cshperspect.a019471. PMID: 25183832; PMCID: PMC4142964.

Beira J.V., Torres J., Paro R. (2018) Signaling crosstalk during early tumorigenesis in the absence of Polycomb silencing, 《*PLoS Genet*》, 14(1):e1007187. https://doi.org/10.1371/journal.pgen.1007187.

Briggs, S., Xiao, T., Sun, ZW. et al. (2002) Trans-histone regulatory pathway in chromatin. 《*Nature*》, 418:498. https://doi.org/10.1038/nature00970.

Burnett, C., Valentini, S., Cabreiro, F. et al. (2011) Absence of effects of Sir2 overexpression on lifespan in C. elegans and Drosophila, 《*Nature*》, 477:482-485. https://doi.org/10.1038/nature10296.

Chi P, Allis CD, Wang GG. (2010) Covalent histone modifications—miswritten, misinterpreted and mis-erased in human cancers, 《*Nat Rev Cancer*》, 10(7):457-469. doi: 10.1038/nrc2876. PMID: 20574448; PMCID: PMC3262678.

Campbell, Urry, Cain, Wasserman, Minorsky, and Reece. (2018) *Biology (A global approach)*, 11th ed., Pearson Education Limited.

Costa S., Dean C. (2019) Storing memories: the distinct phases of Polycomb-mediated silencing of Arabidopsis FLC, 《*Biochem. Soc. Trans*》, 47(4):1187-1196. https://doi.org/10.1042/BST20190255.

Dang L., K. Yen, E.C. Atta. (2016) IDH mutations in cancer and progress toward development of targeted therapeutics, 《*Ann. Oncol*》, 27(4): 599-608. DOI:https://doi.org/10.1093/annonc/mdw013.

Donohoe M.E., Silva S.S., Pinter S.F., Xu N., Lee J.T. (2009) The pluripotency factor Oct4 interacts with Ctcf and also controls X-chromosome pairing and counting, 《*Nature*》, 460(7251):128-132. doi: 10.1038/nature08098. Epub 2009 Jun 17. PMID: 19536159; PMCID: PMC3057664.

Fire, A., Xu, S., Montgomery, M. et al. (1998) Potent and specific genetic interference by double-stranded RNA in Caenorhabditis elegans, 《*Nature*》, 391:806–811. https://doi.org/10.1038/35888.

Francesco Perri and R. Cotugno and Ada Piepoli and Antonio Merla and Michele Quitadamo and Annamaria Gentile and Alberto Pilotto and Vito Annese and Angelo Andriulli. (2007) Aberrant DNA Methylation in Non-Neoplastic Gastric Mucosa of H. Pylori Infected Patients and Effect of Eradication, 《*The American Journal of Gastroenterology*》, 102: 1361–1371.

Gontan C., Achame E.M., Demmers J., Barakat T.S., Rentmeester E., van Ijcken W., Grootegoed J.A., Gribnau. (2012) RNF12 initiates X-chromosome inactivation by targeting REX1 for degradation, 《*Nature*》, 485:386–390.

Hamon, M.A., Batsche, E., Regnault, B., Tham, T.N., Seveau, S., Muchardt, C., and Cossart, P. (2007) Histone modifications induced by a family of bacterial toxins, 《*Proc.Natl.Acad.Sci.USA*》, 104, 13467–13472.

Han, S., Liu, Y., Cai, S.J. et al. (2020) IDH mutation in glioma: molecular mechanisms and potential therapeutic targets, 《*Br J Cancer*》, 122:1580–1589. https://doi.org/10.1038/s41416-020-0814-x.

Hansen LA, Sigman CC, Andreola F, Ross SA, Kelloff GJ, De Luca LM. (2000) Retinoids in chemoprevention and differentiation therapy, 《*Carcinogenesis*》, Jul;21(7):1271–9. PMID: 10874003.

Hayashi, Y., Kashio, S., Murotomi, K. et al. (2022) Biosynthesis of S-adenosyl-methionine enhances aging-related defects in Drosophila oogenesis, 《*Sci Rep*》, 12:5593. https://doi.org/10.1038/s41598-022-09424-1.

Jenuwein T., and C. David Allis. (2001) Translating the histone code, 《*Science*》, 293:1074–1080.

Kanfi, Y., Naiman, S., Amir, G. et al. (2012) The sirtuin SIRT6 regulates lifespan in male mice, 《*Nature*》, 483, 218–221. https://doi.org/10.1038/nature10815.

Kuczynski, J., Costello, E.K., Nemergut, D.R. et al. (2010) Direct sequencing of the human microbiome readily reveals community differences, 《*Genome Biol*》, 11: 210. https://doi.org/10.1186/gb-2010-11-5-210.

Kumar H, Lund R, Laiho A, Lundelin K, Ley RE, Isolauri E, Salminen S. (2014) Gut microbiota as an epigenetic regulator: pilot study based on whole-genome methylation analysis, 《*mBio*》, 5(6): e02113-14. doi: 10.1128/mBio.02113-14. PMID: 25516615; PMCID: PMC4271550.

Kuroda M.I., Kang H., De S., Kassis J.A. (2020) Dynamic competition of polycomb and trithorax in transcriptional programming, 《*Annu. Rev. Biochem*》, 89(1):235-253. https://doi.org/10.1146/annurev-biochem-120219-103641.

Nacev BA, Feng L, Bagert JD, Lemiesz AE, Gao J, Soshnev AA, Kundra R, Schultz N, Muir TW, Allis CD. (2019) The expanding landscape of 'oncohistone' mutations in human cancers, 《*Nature*》, 567(7749):473-478. doi: 10.1038/s41586-019-1038-1. Epub 2019 Mar 20. PMID: 30894748; PMCID: PMC6512987.

Navarro P., Oldfield A., Legoupi J., Festuccia N., Dubois A., Attia M., Schoorlemmer J., Rougeulle C., Chambers I., Avner P. (2010) Molecular coupling of Tsix regulation and pluripotency, 《*Nature*》, 468(7322):457-460. doi: 10.1038/nature09496. PMID: 21085182.

Neu J. (2016) The microbiome during pregnancy and early postnatal life, 《*Seminars in Fetal and Neonatal Medicine*》, 21(6): 373-379. https://doi.org/10.1016/j.siny.2016.05.001.

Obata, F., Miura, M. (2015) Enhancing S-adenosyl-methionine catabolism extends Drosophila lifespan, 《*Nat Commun*》, 6:8332. https://doi.org/10.1038/ncomms9332.

Ogawa Y., Sun B.K., and Lee J.T. (2008) Intersection of the RNAi and X-inacti-vation pathways, 《*Science*》, 320(5881):1336-1341.

Pigeyre M, Yazdi FT, Kaur Y, Meyre D. (2016) Recent progress in genetics, epigenetics and metagenomics unveils the pathophysiology of human obesity, 《*Clin Sci*》(Lond), 130(12):943-86. doi: 10.1042/CS20160136. PMID: 27154742.

Rea S, Eisenhaber F, O'Carroll D, Strahl BD, Sun ZW, Schmid M, Opravil S, Mechtler K, Ponting CP, Allis CD, Jenuwein T. (2000) Regulation of chromatin structure by site-specific histone H3 methyltransferases, 《*Nature*》, 406(6796):593-599. doi: 10.1038/35020506. PMID: 10949293.

Sell S. (2006) Cancer Stem Cells and Differentiation Therapy, 《*Tumor Biol*》, 27:59-70. doi: 10.1159/000092323.

Sylvie Castaigne, Christine Chomienne, Marie Thérèse Daniel, Paola Ballerini, Roland Berger, Pierre Fenaux, Laurent Degos. (1990) All-Trans Retinoic Acid as a Differentiation Therapy for Acute Promyelocytic Leukemia. I. Clinical Results, 《*Blood*》, 76(9):1704-1709, https://doi.org/10.1182/blood.V76.9.1704.1704.

Strahl BD, Allis CD. (2000) The language of covalent histone modifications, 《*Nature*》, 403(6765):41-45. doi: 10.1038/47412. PMID: 10638745.

Tollefsbol T.O. (2011) *Handbook of Epigenetics (The new molecular and medical genetics)*, 1st ed., Academic Press.

Tollefsbol T.O. (2017) *Handbook of Epigenetics (The new molecular and medical genetics)*, 2nd ed., Academic Press.

Torres J., Monti R., Moore A.L., Seimiya M., Jiang Y., Beerenwinkel N., Beisel C., Beira J.V., Paro R. (2018) A switch in transcription and cell fate governs the onset of an epigenetically-deregulated tumor in Drosophila, 《*elife*》, 7:777. https://doi.org/10.7554/eLife.32697.

Volpe T.A., Kinder C., Hall I.M., Teng G., Grewal S.I.S., and Martiessen R.A. (2002) Regulation of Heterochromatic Silencing and Histone H3 Lysine-9 Methylation by RNAi, 《*Science*》, 297:1833-1837. DOI: 10.1126/science.1074973.

Vrieze, A., Holleman, F., Zoetendal, E.G., de Vos, W.M., Hoekstra, J.B. and Nieuwdorp, M. (2010) The Environment within: How Gut Microbiota May Influence Metabolism and Body Composition, 《*Diabetologia*》, 53, 606-613.

Yang J.H., Hayano M., Griffin P.T., et al. (2023) Loss of epigenetic information as a cause of mammalian aging, 《*Cell*》, 186(2):305-326. e27. doi: 10.1016/j.Cell.2022.12.027. Epub 2023 Jan 12. PMID: 36638792.

금동호. (2019) 『위대한 세포: 노벨상을 받은 놀라운 발견들』, 해나무.

유전자 스위치

최신 과학으로 읽는 후성유전의 신비

초판 1쇄 펴낸날 2023년 10월 25일
초판 2쇄 펴낸날 2024년 3월 25일
지은이 장연규
펴낸이 한성봉
편집 김선형·전유경
콘텐츠제작 안상준
디자인 최세정
마케팅 박신용·오주형·박민지·이예지
경영지원 국지연·송인경
펴낸곳 히포크라테스
등록 2022년 10월 5일 제2022-000102호
주소 서울시 중구 필동로8길 73 [예장동 1-42] 동아시아빌딩
페이스북 www.facebook.com/dongasiabooks
전자우편 dongasiabook@naver.com
블로그 blog.naver.com/dongasiabook
인스타그램 www.instargram.com/dongasiabook
전화 02) 757-9724, 5
팩스 02) 757-9726

ISBN 979-11-983566-4-2 93400

※ 히포크라테스는 동아시아 출판사의 의치약·생명과학 브랜드입니다.
※ 잘못된 책은 구입하신 서점에서 바꿔드립니다.

만든 사람들
편집 김선형·전인수
교정 교열 김대훈·권우근
디자인 페이퍼컷 장상호
본문 일러스트 장종윤